Capitaine DESCHAMPS
de la Cavalerie

De Bordeaux au Tchad

PAR BRAZZAVILLE

(NOTES DE VOYAGES ET DE CAMPAGNES)

Ouvrage orné de cinquante reproductions photographiques et de quatre cartes

Préface de Monsieur Eugène ÉTIENNE

Vice-Président de la Chambre des Députés, Ancien Ministre de la Guerre

PARIS
SOCIÉTÉ FRANÇAISE D'IMPRIMERIE ET DE LIBRAIRIE
ANCIENNE LIBRAIRIE LECÈNE, OUDIN ET Cie
15, rue de Cluny, 15

1911

De Bordeaux au Tchad

PAR

BRAZZAVILLE

Capitaine DESCHAMPS
de la Cavalerie

De Bordeaux au Tchad

PAR BRAZZAVILLE

(NOTES DE VOYAGES ET DE CAMPAGNES)

Ouvrage orné de cinquante reproductions photographiques et de quatre cartes

Lettre-Préface de M. Eugène ÉTIENNE
Vice-Président de la Chambre des Députés, Ancien Ministre de la Guerre

PARIS
SOCIÉTÉ FRANÇAISE D'IMPRIMERIE ET DE LIBRAIRIE
ANCIENNE LIBRAIRIE LECÈNE, OUDIN ET Cie
15, rue de Cluny, 15

1911

LETTRE-PRÉFACE

MON CHER CAPITAINE,

Vous avez bien voulu me communiquer les épreuves définitives de votre beau récit qui a pour titre *De Bordeaux au Tchad par Brazzaville*, en me priant modestement de vous adresser quelques critiques.

Je vous remercie de m'avoir permis d'être le premier à connaître un livre qui, je l'espère et j'en suis sûr, obtiendra un légitime succès non seulement parmi les coloniaux et vos camarades de l'armée, mais dans le grand public. Je souhaite même que notre jeunesse, éprise d'action, l'ait souvent entre les mains. Elle y apprendra, par les exemples que vous donnez, ce que vaut l'énergie, l'endurance et l'intelligence au service de la patrie, dans l'un des coins les moins favorisés de notre magnifique empire colonial.

Votre récit, fait sans prétention, reproduisant les notes de votre journal de route, notes écrites « à la merci des gîtes, à tout instant du jour ou des soirées », vous paraît quelque peu décousu, et vous demandez au lecteur de vous en excuser.

Pour ma part, je le fais d'autant plus volontiers que ce décousu n'est qu'apparent et que si, parfois, vous ne pratiquez pas l'art difficile des transitions, votre pensée est toujours saine, claire, précise et pittoresque dans son expression. Ce que vous avez vu et observé, vous excellez à le rendre intelligible à vos lecteurs. Aussi, en vous suivant, apprendront-ils beaucoup, et peut-être dissiperont-ils dans leurs esprits bien des préjugés, bien des opinions fausses, grâce à la claire vision que vous leur donnez de la réalité des choses.

Laisserez-vous pourtant, mon cher capitaine, le vieux colonial que je suis, toujours soucieux du progrès de l'œuvre à laquelle il a pris quelque part, et qu'il voit se développer rapidement pour la bonne renommée du pays, contester deux de vos assertions, sans douter un seul instant, toutefois, ni de la sincérité de vos observations ni de votre bonne foi ?

Comme à tous ceux qui les ont subies, la navigation maritime, même sur les nouveaux et splendides paquebots de la Compagnie des *Chargeurs réunis*, et la traversée du Congo Belge, de Matadi à Léopoldville, par le chemin de fer, vous ont paru longues, fastidieuses. C'est que votre ardeur a hâte d'arriver au terme du voyage, sur le champ ouvert à votre activité militaire. Cependant, si votre souci de l'exactitude et la rapidité du récit vous avaient laissé le loisir de revenir à quelques années en arrière, quels magnifiques progrès vous auriez alors constatés ! Sans insister sur le confortable des paquebots d'aujourd'hui, que dire des avantages qu'offre à tous nos compatriotes l'admirable travail du colonel Thys ! Souvenez-vous de la « route des caravanes » qui menait à Brazzaville. Cependant il est une chose qu'il faut hautement regretter, c'est que nous ne possédions pas encore ce chemin de fer Sud-Congo qui nous libérera, enfin, de la bienveillante mais onéreuse obligeance de nos aimables voisins.

Vous avez eu la bonne fortune de remonter le grand fleuve en aimable compagnie sur un des plus perfectionnés vapeurs de notre flotte congolaise, le *Commandant-Lamy*. Vous avez été d'ailleurs douloureusement ému de la misère physique et morale des indigènes de la forêt.

Pauvres gens qu'un terrible fléau, l'affreuse maladie du sommeil, condamne à disparaître tous, à bref délai, si la science française et notre bonne volonté commune ne leur apportent pas au plus tôt le remède efficace et le bien-être matériel qui leur manquent si cruellement ! C'est avec un sentiment de véritable angoisse que nous pensons tous au malheureux sort de ces déshérités, comme à notre présente impuissance à soulager leur misère qui nous est cependant sacrée !

A bon droit vous vous inquiétez de l'évolution matérielle et morale de cette « poussière de peuplades » que l'on rencontre dans notre Afrique Equatoriale. Mais pourquoi avoir si peu de confiance dans notre action directe au point de vue civilisateur, et compter surtout sur l'islamisme et sur sa pénétration africaine pour faciliter la double évolution des Noirs équatoriaux ? Sans doute beaucoup de bons esprits partagent votre opinion. Elle s'appuie d'ailleurs sur ce fait que partout dans le centre africain l'Islam fait tache d'huile.

Mais est-ce un bien ? N'est-ce pas plutôt un danger ? Devons-nous combattre ou encourager cette propagation d'une croyance qui s'adapte sans doute plus facilement à la mentalité nègre que les croyances chrétiennes ? Grave question que je ne traiterai pas ici ; ce n'en est pas le lieu.

Enfin, après quatre à cinq mois de fatigues, de souffrances et de privations, interrompues par quelques agréables journées d'amicales rencontres, vous parvenez au Tchad. Vous obtenez de votre admirable chef, le colonel Largeau, le poste et les directions qui satisfont à toutes vos courageuses et nobles aspirations. Votre récit s'anime d'autant, se colore, devient plus vivant encore ; l'action vous empoigne ; la mission délicate et dangereuse à accomplir vous séduit ; le voyageur fait place à l'officier. Et aussitôt c'est avec allégresse que vous vous mettez à l'œuvre et que le lecteur vous voit penser, décider et agir. Sans doute le clair soleil du Tchad, ce sol brûlant sur lequel le coq gaulois a tout à gratter, attisent énergie et vigueur. Cela change des sombres ténèbres de la forêt et des humides et déprimantes tornades. Mais ce qui surtout vaut mieux pour un cœur de soldat, c'est l'action en compagnie de ces incomparables Sénégalais qui forment votre escadron de spahis.

Pourtant une première déception vous attend. A peine avez-vous eu le temps de vous réjouir d'être enfin chez vous, « après les nombreuses vicissitudes d'un voyage de quatre mois en saison des pluies et le contre-coup obligé des accès de fièvre », que l'ordre de licenciement du bel et glorieux escadron de spahis que vous avez l'honneur de commander vous atteint, vous et les braves Sénégalais ! Mais il faut obéir. Grandeur et servitude militaire !

Cependant un rezzou ouadaïen qui emmène des enfants en esclavage est signalé. Il faut de suite se mettre à ses trousses.

Heureuse diversion aux ennuis du moment. Avec joie les Sénégalais et leur chef partent pour délivrer les captifs et disperser les pillards. Sans doute le succès des résultats ne répondit pas à l'enthousiasme du départ. Et la vie monotone reprit dans l'inaction à Aouni. Mais combien elle est utile et bienfaisante, cette existence en apparence sans but ! Comme elle développe, en la diversifiant à l'infini, l'ingéniosité pratique de l'officier colonial, tour à tour soldat, médecin, vétérinaire, architecte, administrateur ou juge de paix !

Bref, on signale l'arrivée du colonel Largeau. Il a décidé de changer les postes. Vous êtes envoyé à Ati, près du Ouadaï, en plein centre d'action. C'est que « les incursions continuelles des Ouadaïens chez nous, la vente sur la place publique d'Abécher des femmes et enfants capturés à Malabesse, l'inutilité de toutes ses ouvertures pacifiques au sultan Doudmourrah, la nécessité enfin de donner de l'air à nos confins encombrés de réfugiés, toutes ces raisons d'ordre politique et économique ont décidé le colonel, écrivez-vous, à modifier l'organisation de notre frontière.

Et comme vous en êtes joyeux ! L'occasion tant attendue s'offre enfin de faire votre métier de soldat, de faire respecter le drapeau de la France ! Le temps ne vous paraît plus long. Les fatigues s'évanouissent, les privations vous sont légères. La vie est bonne parce que vous la menez dans les voies de l'honneur militaire. C'est là qu'il me plaît de vous guetter, laissant au lecteur la joie de partager vos ardeurs, vos espérances et vos propres joies comme je les ai partagées moi-même.

Enfin, comme moi encore, ce lecteur attentif et ému vous sera reconnaissant de lui avoir montré la beauté du sacrifice qu'à chaque heure du jour et de la nuit, de Brazzaville au Ouadaï, accomplit l'officier colonial pour l'honneur du drapeau, pour la Patrie !

Votre cordialement dévoué,

Eugène ETIENNE.

Le 7 décembre 1903, en rentrant du théâtre à Alger, je trouvai sur ma table cette dépêche : « Êtes nommé escadron du Tchad, embarquez 15 décembre, Bordeaux. »

Depuis deux ans, j'étais en service comme lieutenant au 5e chasseurs d'Afrique; mon arrivée à Alger avait coïncidé avec celle de plusieurs officiers des missions Foureau-Lamy et Gentil, de retour de cette belle épopée qui venait, entre autres résultats, de combler en partie la tache blanche des cartes dans le centre africain. Les détails que je connus de ces pays complètement neufs, par les conférences, les récits de mes camarades, me captivèrent comme tant d'autres; j'adressai au ministre des colonies une demande de départ pour l'escadron de spahis que l'on venait de créer en même temps qu'un bataillon de tirailleurs sénégalais et une batterie d'artillerie de même recrutement, afin de tenir les contrées conquises dénommées Territoire militaire du Tchad. Ma demande était agréée bien avant l'époque à laquelle je l'espérais : huit jours consacrés à la traversée de la Méditerranée, aux achats indispensables à Paris, aux adieux, et le 15 décembre je m'embarquais aux appontements de Pauillac près Bordeaux.

Mon premier séjour colonial fut de près de trois années, puis après six mois de repos en France, grâce à l'appui bienveillant de mon ancien chef au Tchad, le colonel Gouraud, j'obtenais d'aller retrouver mes spahis et d'accomplir un second séjour colonial terminé récemment.

J'ai eu le souci de mon journal de route pendant chacun de ces longs voyages, — il faut de quatre à cinq mois pour se rendre de France au Tchad ; — les pages qui suivent sont le recueil des péripéties, souvent journalières, de mon deuxième voyage d'aller, augmentées d'impressions recueillies pendant les étapes des trois autres, toutes péripéties et impressions notées sur le vif, à la merci des gîtes, à tout instant du jour ou des soirées, ce qui peut excuser leur décousu; j'y ai joint les faits les plus saillants de mon existence militaire en 1908.

Il n'est pas douteux que lors de mes premières pérégrinations en 1904, en ma qualité de néo-colonial, j'aie vu bien des choses à travers un verre grossissant, j'aie subi des effets de mirage. C'est là un défaut commun à tous les voyageurs africains depuis Ulysse, leur doyen. Mais j'ai eu pour ma part l'occasion d'opérer la mise au point de mes « Notes de voyages et de campagnes ». Je ne fais que les transcrire au net; elles sont l'interprète fidèle de ce que j'ai pensé, après avoir beaucoup vu et beaucoup retenu.

Capitaine DESCHAMPS.

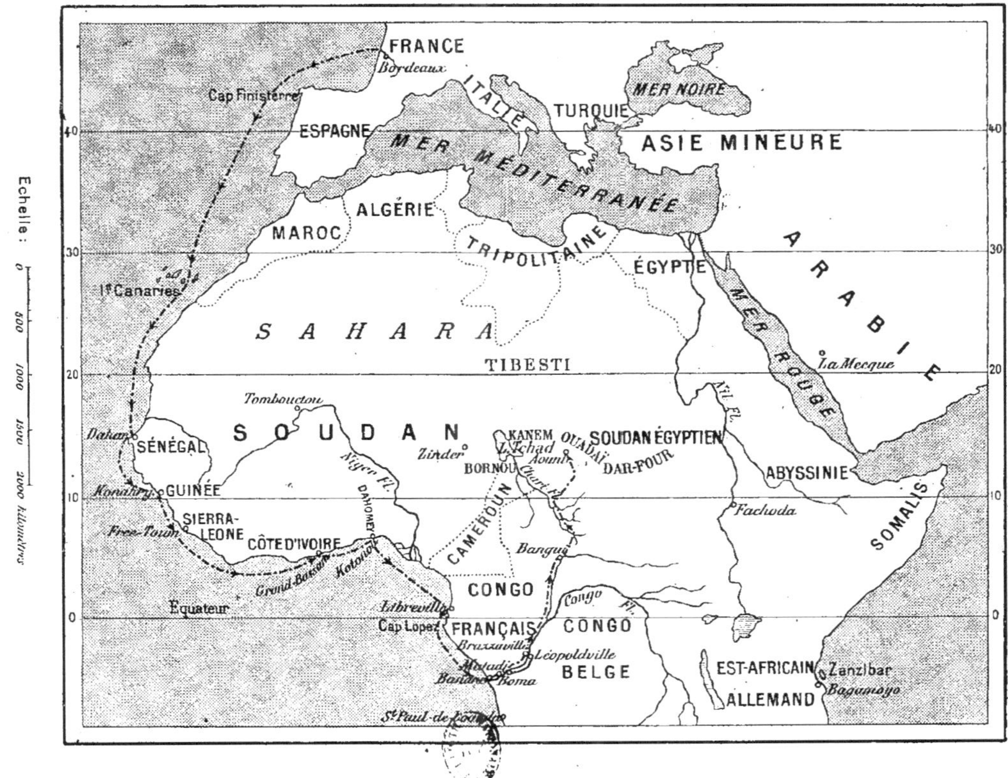
FRANCE
Bordeaux
Cap Finistère
ESPAGNE
ITALIE
TURQUIE
MER NOIRE
ASIE MINEURE
MER MÉDITERRANÉE
ALGÉRIE
MAROC
TRIPOLITAINE
ÉGYPTE
ARABIE
MER ROUGE
La Mecque
Iles Canaries
SAHARA
TIBESTI
Tombouctou
SOUDAN
Dakar
SÉNÉGAL
Zinder
KANEM
L. Tchad
OUADAÏ
SOUDAN ÉGYPTIEN
BORNOU
Aoumi
DAR-FOUR
Nil Fl.
ABYSSINIE
Konakry
GUINÉE
Niger Fl.
DAHOMEY
Chari Fl.
Fachoda
SOMALIS
SIERRA-LEONE
Free-Town
CÔTE D'IVOIRE
Grand-Bassam
Kotonou
CAMEROUN
Bangui
CONGO
Equateur
Libreville
Congo Fl.
Cap Lopez
FRANÇAIS
CONGO
BELGE
Brazzaville
Léopoldville
Matadi
Banana
Boma
EST-AFRICAIN
ALLEMAND
Zanzibar
Bagamoyo
St Paul de Loanda
40
30
20
10
0
Echelle : 0 500 1000 1500 2000 kilomètres
Tracé de l'Itinéraire

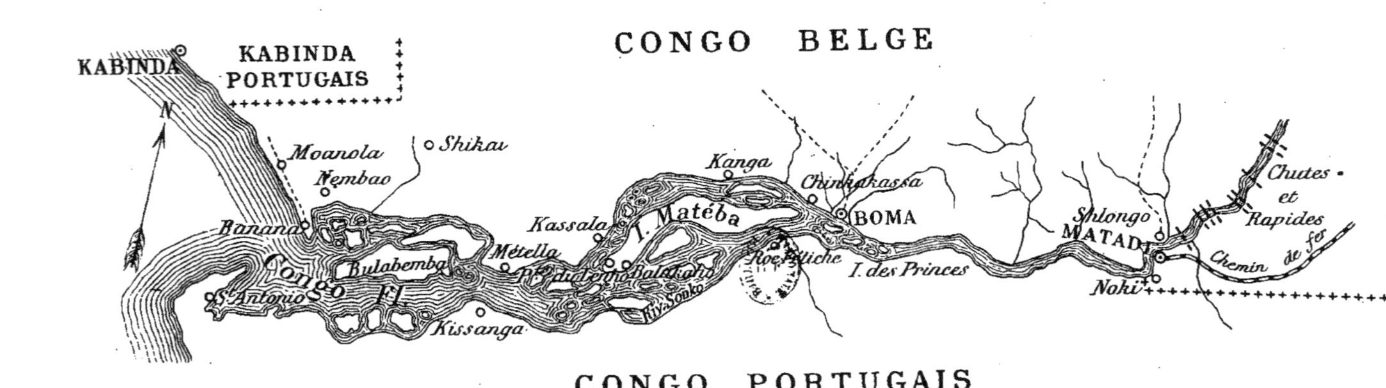

LE CONGO DE SON EMBOUCHURE A MATADI : 160 KILOMÈTRES.

(D'après le chef d'escadron Klobb, de l'artillerie de marine.)

DE BORDEAUX A BRAZZAVILLE.

Le 25 juin 1907, à une heure de l'après-midi, l'*Europe*, paquebot de cinq mille deux cents tonnes de la Compagnie des Chargeurs Réunis, larguait ses amarres des appontements de Pauillac ; nous étions quelque cent cinquante passagers, officiers, fonctionnaires, commerçants, prospecteurs, pressés le long des bastingages, échangeant les adieux toujours les mêmes entre ceux qui partent et ceux qui restent : derniers souhaits, mouchoirs agités, appels de côté et d'autre dominés par les mugissements de la sirène.

Trois quarts d'heure de trajet entre les coteaux ensoleillés de la Gironde et puis la haute mer, les coups d'œil inquiets jetés à l'horizon sur ces vagues blanches que les marins ont dénommées « moutons », la révolte des organismes sensibles, je passe sur tout cela, vite, on m'en saura gré, de même que de la sobriété de détails d'une longue traversée qui demande, pour être supportable, les qualités propres au lièvre au gîte ou au lézard ami des siestes tièdes et prolongées.

J'entendais dire à un passager de l'*Europe*, ennemi mortel de l'onde salée, que pour lui un long voyage en mer est à notre époque l'équivalent des retraites que faisaient les gens des siècles passés, quand ils tentaient l'épreuve du cloître ; pendant les heures désœuvrées des vingt-cinq jours de traversée de Bordeaux au Congo, sur la cellule flottante où il est affranchi des servitudes coutumières, il est certain que l'esprit trouve tout loisir de s'écouter penser ; cela donne peut-être quelques droits de se dire, au terme du trajet, qu'on n'a pas tout à fait perdu son temps.

Il faut six jours de mer pour joindre la première escale, Santa-Cruz de Ténériffe, dans les îles Canaries ; par les grandes fenêtres qu'elles ouvrent sur l'Océan, on jette ensuite un coup d'œil sur les colonies françaises de la Côte occidentale d'Afrique, à Dakar dans le Sénégal, à Konakry dans la Guinée, à Grand-Bassam dans la Côte d'Ivoire, à Kotonou dans le Dahomey, au cap Lopez et à Libreville dans le Gabon, escales courtes, laissant bien juste le temps de se dérouiller les jambes sur la terre ferme, les ports manquant et la présence de la « barre », ce phénomène qui se produit sur les côtes à fonds irréguliers où vient déferler la houle du large, obligeant le paquebot à mouiller à un ou deux milles en mer. Après un trajet d'une dizaine d'heures dans les eaux du fleuve Congo, la traversée aboutit au port belge de Matadi, à cent soixante kilomètres de l'estuaire. En 1903, le steamer *Ville de Maceio*, sur lequel j'avais pris passage, mit trente-trois jours à effectuer le voyage de Bordeaux à Matadi ; l'État a réclamé depuis des progrès à la Compagnie subventionnée, qui s'est décidée à lancer des paquebots d'un tonnage double et de vitesse plus grande, dont l'*Europe* est le premier type.

Depuis ma rentrée en France, beaucoup de camarades, après avoir repéré sur une carte d'Afrique Bordeaux et la tache bleue marquée lac Tchad, m'ont demandé : « Mais, pour arriver à ce point, pourquoi passer par Brazzaville ? C'est là un trajet qui s'écarte bien de la ligne droite. »

Hantés par cette même idée de ligne droite, d'autres me disent : « Ah ! vous venez du Tchad ? vous avez certainement dû voir au passage un de mes amis en garnison en Algérie, à Biskra ou à Beni-Ounif ?... »

Pour ceux de mes lecteurs qui auraient à se poser les mêmes points d'interrogation j'écris quelques lignes d'histoire coloniale rétrospective : quand il s'est agi, il y a neuf ans, d'aller à la conquête du Chari-Tchad, on a lancé trois missions différentes : l'une, la mission Foureau-Lamy, venant de l'Algérie, a dû réaliser pour arriver au but un véritable tour de force à travers un pays de sables dont lord Salisbury a dit qu'il n'avait pu être créé que pour le coq gaulois ; la seconde mission, Joalland-Meynier, est venue du Sénégal et du Soudan par Zinder ; on a bien utilisé, depuis, à plusieurs reprises, cette voie plus directe et plus facile pour envoyer gens et colis au Tchad, comme pour les faire revenir en France, mais des complications ont surgi du fait que la route traverse des pays dépendant d'un autre gouvernement colonial, celui dit de l'Afrique occidentale française ; celui-ci a objecté au Congo que le transport de ses fonctionnaires et de leurs bagages constituait pour lui une charge suffisamment lourde ; la Compagnie des Chargeurs Réunis est venue à la rescousse en arguant de ce qu'il lui avait été demandé des sacrifices pour la construction de nouveaux paquebots et que chaque voyageur embarqué ou débarqué au Sénégal au lieu du Congo représente pour elle une perte de prix de dix-huit jours de voyage, ce qui n'est pas fait évidemment pour servir les intérêts de ses actionnaires.

Enfin, la troisième mission, celle de M. Gentil, suivit l'itinéraire déjà reconnu par son chef au cours d'une précédente expédition qui lui valut de faire flotter le premier notre pavillon sur le lac du Centre africain. Les pays du Tchad devenaient par suite son bien, sa chose, et il était naturel, après leur conquête faite, de les mettre sous son commandement quand il fut placé, avec le titre de commissaire général, à la tête de la colonie du Congo français.

Imposé par des raisons administratives dont on se rend compte maintenant, c'est cet itinéraire que suivent les voyageurs pour le Tchad ; ils vont franchir l'équateur sur l'Atlantique, descendent à 6 degrés dans l'hémisphère sud, remontent le Congo, l'Oubangui où ils passent une seconde fois l'équateur, le Gribingui, le Chari, pour aboutir, après des mois de voyage sur l'eau, dans un pays tout voisin de la zone saharienne.

Il y a bien encore un autre chemin, qui serait de beaucoup le plus court et le plus facile : le paquebot ayant déposé ses passagers à l'embouchure du Niger, ceux-ci remonteraient le bas fleuve, puis son affluent la Bénoué, et, après deux mois et demi seulement de voyage, seraient rendus à Fort-Lamy, capitale du territoire militaire du Tchad; mais, de ce côté, on se bute au pavillon allemand et à un veto formel.

Le 17 juillet, de bon matin, notre paquebot embouchait l'estuaire du Congo. Je m'étais fait réveiller pour assister encore une fois à cette entrée. Le coup d'œil n'est pas banal de cette brèche de vingt-huit kilomètres de large faite dans la côte par ce beau fleuve qui ne le cède qu'à l'Amazone ; il est aussi fort pittoresque. Huit à dix milles avant de parvenir à l'embouchure, son approche est marquée par un changement absolu de la teinte des eaux : ce n'est plus la mer bleue et limpide que nous connaissions depuis Dakar, mais une nappe trouble, souillée de paquets d'écume grisâtre, avec de longs sillons rouges de l'oxyde de fer qu'ils charrient. Telle est, en effet, la force de sa masse à l'entrée dans l'Atlantique que le Congo continue sa route vers le nord-ouest, se mêlant à la mer, creusant un profond estuaire sous-marin; le quartier-maître du bord me disait qu'il a constaté que ses eaux restent douces jusqu'à une vingtaine de kilomètres de la côte.

La rive droite, vers l'embouchure, est constituée par des falaises qui doivent atteindre cent à cent cinquante mètres d'altitude, pelées, arides, sans une forme qui guide l'œil, sans une teinte qui le retienne ; à leur pied on contemple en revanche avec plaisir une bande sablonneuse très blanche, très étroite, longue d'un kilomètre, s'étendant perpendiculairement à l'embouchure qu'elle termine en espèce de bec, c'est Banane. Sur cette bande de sable, qui est évidemment le résultat de la lutte constante à cet endroit des eaux douces avec les eaux salées, ont été bâties cinq ou six factoreries dont les murs de teintes claires, les toits grisâtres en tôle, se détachent en tons éclatants dans une petite forêt de cocotiers et de dattiers sauvages, que leurs habitants ont eu la bonne idée de planter là. Les cocotiers ont été apportés de l'Inde, l'espèce ne fait pas partie de la flore du Congo, mais elle y prospère ; ceux-ci ont jailli avec une vigueur merveilleuse de la vase située au-dessous du sable.

On se demande comment, avant que ces arbres aient fourni leurs jolis parasols en même temps qu'une note gaie à Banane, grâce à l'ombelle noble et harmonieuse de leurs palmes, des êtres humains blancs pouvaient vivre en pareil endroit. Il est vrai que leur moral devait être soutenu par les splendides bénéfices qu'ils retiraient de la traite des nègres ; car Banane, avant la suppression du « commerce de bois d'ébène », en a été l'un des principaux entrepôts ; les négriers y achetaient deux à trois cents francs le nègre qu'ils allaient revendre douze à quinze cents ; ce commerce florissant faisait que les négociants de Banane trouvaient la patience nécessaire pour demeurer là une ou deux années, le temps d'amasser un sérieux pécule qu'ils partaient dépenser chez eux, quitte à venir le reconstituer ensuite. Ces beaux jours ne sont plus ; de port très fréquenté qu'il fut jadis, Banane est d'autant plus déchu aujourd'hui que les steamers dont il était, il n'y a pas longtemps encore, le terminus de la navigation, montent maintenant jusqu'à Matadi.

Au contraire de la rive droite, la rive gauche est peu élevée ; elle appartient aux Portugais jusqu'à près de deux kilomètres en aval de Matadi.

Jusqu'à Boma le lit est barré par des îles sur lesquelles pousse une végétation merveilleuse ; elles forment quantité de couloirs au travers desquels passe l'*Europe*.

Des travaux intéressants ont déterminé qu'avant d'entrer en contact avec l'Océan, le Congo atteint, aux hautes eaux, un débit de soixante-dix à quatre-vingt mille mètres cubes à la seconde, cent soixante fois plus important que celui du Rhône, et que les sédiments déposés vers l'embouchure représentent une quantité annuelle de trois cent cinquante millions de mètres cubes, assez pour dresser au fond de la mer une île ayant trois cents mètres de hauteur sur un kilomètre carré de base. Si je fais mention de ces données hydrographiques, c'est surtout afin qu'on se rende compte des difficultés qu'ont à surmonter les Belges pour le balisage d un chenal praticable à des paquebots de plus de cinq mille tonnes ; ce balisage ne peut être qu'insuffisant, ou tout au moins instable par suite des changements constants de la disposition du lit ; c'est ainsi que pendant le déjeuner, peu d'instants avant d'être en vue de Boma, nous talonnâmes fortement sur un haut fond, ce qui occasionna, avec une légère bousculade, des bris de verre et de bouteilles sur notre table.

De ces variations des fonds du fleuve il résulte, pour les compagnies dont les bateaux font le service, l'obligation de les faire construire à fond suffisamment plat, et, condition en opposition avec la première, il faut en même temps qu'ils puissent donner de la vitesse, car, plus en amont, le fleuve se resserre à huit cents, six cents mètres, quatre cents même quelquefois dans le chenal que ses eaux se sont creusé à travers les monts de Cristal. Suivant la règle en pareil cas, il gagne en vitesse ce qu'il perd en largeur, et le courant, dans ces endroits, atteint jusqu'à dix et douze nœuds. Aussi, pendant un certain nombre d'années, aucun essai d'hydrographie n'ayant encore été tenté, a-t-on considéré comme un vrai tour de force de faire remonter un grand navire jusqu'à Matadi. Les steamers arrivant d'Europe débarquaient passagers et marchandises soit à Banane, soit à Boma, suivant l'état des eaux douces, et de petits bateaux à vapeur dans lesquels ils étaient transbordés les portaient à Matadi. La compagnie Frayssinet, dont les cargo-boats viennent jusqu'à Libreville, dans le Gabon, s'est toujours refusée à les faire entrer dans le Congo, de peur que leurs carcasses n'y tiennent lieu de balises ; il n'y a qu'une dizaine d'années que la Compagnie des Chargeurs-Réunis s'est montrée assez audacieuse pour risquer l'aventure et, depuis, elle n'a eu qu'à se féliciter d'avoir acquis le monopole des transports congolais au chiffre toujours grandissant. Elle a organisé pour Matadi un service mensuel dont le Havre est le point de départ.

Notre marche en zigzag nous fait longer de près la grande île de Matéba, tout ombragée de palmiers élaïs, d'une superficie de plus de douze mille hectares et dont les Belges ont fait un gros centre d'élevage de bœufs et de chevaux. Il n'existe pas, ou du moins il n'existe qu'excessivement peu d'animaux domestiques dans le bassin congolais tout entier : dans certains villages, quelques cochons dont la chair, presque toujours ladre, n'est pas comestible aux Européens, des poulets aussi rares qu'étiques et des moutons ou cabris plus rares que les poulets. J'aurai bientôt l'occasion de parler longuement de cette absence d'animaux domestiques ; je dirai tout de suite que la principale raison en est l'existence presque partout d'une mouche, la mouche tsé-tsé, dont la piqûre leur est mortelle ; puis, par suite surtout d'une trop luxuriante végétation arborescente et du manque de pâturages, les animaux sauvages qui pourraient servir à la subsistance des Européens ne sont pas beaucoup plus nombreux, à part le buffle, le bœuf et l'éléphant, dont la chasse peut être considérée comme difficile, autant pour les Européens que pour les Noirs. Dans les premiers temps de l'organisation de la colonie, l'hippopotame, qui fournit des biftecks excellents, était une ressource ; il n'en reste plus dans le bas Congo, j'en ai vu bien peu aussi dans le bief supérieur jusqu'à Bangui ; s'ils y sont devenus aussi rares, c'est qu'on les tiraille constamment du bord des bateaux fluviaux ; dans peu d'années, lorsque les agences Cook introduiront des touristes dans le grand fleuve de l'équateur, c'est en vain que ces derniers braqueront leurs jumelles dans tous les recoins pour essayer d'apercevoir un de ces amphibies.

Le résultat de cette disette de viande a été que les indigènes se sont rabattus sur celle de leurs semblables : l'anthropophagie fleurit chez eux à l'état d'institution et avec des raffinements même ; ils aiment, nous le verrons, tout comme nous, la viande battue, marinée, datant de quelques jours ou faisandée : ils apprécient particulièrement les tendres tissus de la jeunesse.

Pour les Belges, ils ont été obligés, au début, de se mettre au régime absolu des viandes de conserves, ce terrible régime capable de rendre dyspeptique au bout d'un séjour réglementaire au Congo le meilleur estomac marseillais, puis, pour parer à cet inconvénient dans la plus large mesure possible, ils ont essayé l'importation du bétail, et c'est l'île de Matéba qu'ils ont choisie comme principal centre d'élevage, la première raison de ce choix étant que les différents grains nécessaires, orge, maïs, avoine, y sont facilement transportés par des paquebots ; l'île a en outre des pâturages suffisants. Elle a été donnée en concession en 1896 à une compagnie anversoise qui a essayé d'abord, sans gros succès, d'y acclimater des vaches de son pays ; elle a obtenu de meilleurs résultats en y amenant des animaux de la colonie portugaise d'Angola, et aujourd'hui l'île contient près de cinq mille têtes de bétail ; elles ne sont pas en très brillant état, mais malgré cela, les distributions qu'on en fait à dates fixes sont fort appréciées des habitants de Boma et des agents du chemin de fer jusqu'à Léopoldville, dernière limite possible de ces envois de vivres frais. Le kilogramme en est payé de trois francs cinquante à quatre francs, ce qui est un beau prix ; néanmoins, comme la vente dans de pareilles conditions ne peut s'étendre au delà d'un chiffre de deux cents Européens acheteurs, il est permis de douter que la compagnie réalise de gros bénéfices. Elle s'est aussi occupée de l'importation et de l'élevage de chevaux ; elle y a moins bien réussi que pour le bétail, faute de fourrages leur convenant et le transport de ces fourrages étant autrement compliqué que celui des grains. L'île de Matéba ne contient actuellement que dix-sept chevaux, dont treize nés sur place et descendant du croisement de juments normandes et bretonnes et d'un étalon normand. Le gouvernement de la colonie a fait venir de l'île de Ténériffe, dans les Canaries, des ânes et des mulets qui ont fort bien résisté ; j'ai vu deux des derniers en bel état à Matadi.

Vers midi nous avons fait une station à Boma, où les règlements de la navigation fluviale obligent à prendre un pilote.

Boma est la capitale du Congo belge ; ce point a été choisi avant la construction de la ligne de chemin de fer pour assurer des communications faciles avec l'Europe. Quand le rail a atteint le Stanley-Pool,

DEUX COINS DES CHUTES DU CONGO
(Clichés de la *Dépêche Coloniale*.)

il a été question d'installer le gouvernement et les différents services à Léopoldville, fondé par Stanley en 1881 et point beaucoup plus central ; mais on y a renoncé parce que Léopoldville est à quelques centaines de mètres seulement de la première des trente-deux cataractes qui barrent le fleuve sur une longueur de deux cent soixante-quinze kilomètres jusqu'à Matadi. Le danger d'y être entraînés à la suite d'une avarie de machine est si réel pour les bateaux qu'il y en a toujours un sous pression dans le port, prêt à porter secours en cas de besoin. Cette précaution n'empêche pas toujours les accidents ; ainsi, tout dernièrement, un steam-boat de cent cinquante tonnes appareillait pour l'Oubangui ; on ne saura jamais pour quelle raison, car aucun homme de l'équipage n'en est réchappé, il est allé faire la culbute dans les chutes; on n'en a même pas retrouvé une membrure. Des témoins de l'accident placés sur la berge ont affirmé avoir vu le capitaine, lorsqu'il se rendit compte que tout était perdu, courir à son ratelier d'armes placé sur le pont, y empoigner un fusil et se faire sauter la tête. Ce capitaine avait dû pourtant contempler auparavant, comme je l'ai fait de la rive, le spectacle imposant de ces chutes ; une des impressions qui me sont restées de ma promenade en ce lieu, quelques jours précisément après l'accident du bateau, est que les passagers et l'équipage qui n'avaient pas, comme le capitaine, anticipé sur leur sort, n'ont certainement pas souffert plus que lui pour passer de vie à trépas : dans un gouffre plein de soleil on voit se précipiter mugissante l'énorme masse d'eau qui vient de passer indolente le Stanley-Pool ; dans une nappe d'écume, avec un bruit de tonnerre, elle cascade à travers les rides rocheuses, les arêtes pointues qui encombrent le lit, entraînant avec elle des arbres entiers qu'elle précipite pêle-mêle, avec d'énormes tas de détritus ; ils reparaissent ensuite déjà brisés en partie, roulés avec une force inouïe par des remous qui subsistent jusqu'à un kilomètre en aval de la chute. Le coup d'œil constitue une des rares attractions de Brazzaville et de Léopoldville. Quand un steam-boat a dégringolé par-dessus les trente et une autres cascades du même genre jusqu'à Matadi, il ne doit évidemment, devant cette ville, en rester que des miettes.

Je disais donc que les Belges se sont décidés à conserver leur capitale actuelle. A part un wharf (quai métallique) et un hôpital bien aménagés, il n'y existe pas de constructions remarquables, même pas la maison du gouverneur qui a été construite comme les soixante ou quatre-vingts autres dont se compose la ville, avec des plaques de tôle ondulée venues d'Europe toutes numérotées et prêtes à être reliées les unes aux autres au moyen d'un boulonnage. Mais à deux kilomètres environ au nord-ouest de Boma se trouve un très important ouvrage, le fort de Chinka-kassa, qui a coûté plus de six millions ; c'est l'une des plus belles œuvres et certainement la plus coûteuse dont les Belges puissent s'enorgueillir dans leur colonie. Déjà en 1894 leur était venue l'idée de défense de ce couloir fluvial qui mène chez eux ; dès cette époque et au même point où se trouve aujourd'hui le fort de Chinka-kassa, un officier de l'artillerie belge construisit une batterie et un fort fermé avec des pièces de gros calibre, des canons de 16 centimètres Krupp, placés dans des coupoles blindées. La moitié de ces pièces doit battre le chenal que suivent forcément les grands navires, l'autre peut joindre ses feux à ceux de la première, mais est surtout destinée à tirer en amont des îles qui font face au fort, sur des bâtiments de petit tonnage qui auraient forcé le passage et passé derrière ces îles, à quatre kilomètres environ de la rive droite. Le chenal obligatoire aux gros navires n'est qu'à quinze cents mètres des pièces. Le fort dont la position a été bien choisie, sur une hauteur de trente-cinq mètres, au bord du fleuve, est aujourd'hui complètement armé et approvisionné; une caserne pour sa garnison est construite dans le parapet; les fossés et les coffres flanquants sont creusés en partie dans le roc. Il est certain qu'une flotte européenne venant s'attaquer au Congo aurait maille à partir avec lui. Mais on peut douter qu'aucune paraisse jamais dans les eaux du fleuve ; d'abord, je ne crois pas être injuste envers Boma en disant que, d'ici bien longtemps, elle ne sera pas de valeur à provoquer les feux de toute une flotte ; puis des navires de gros tonnage courraient de grands risques à manœuvrer dans les méandres d'un tel chenal, quand il leur serait si facile, en bloquant l'embouchure, de réduire, sans aucun danger, le Congo à merci. Enfin la colonie belge a été constituée par la convention de Berlin de 1884 en État neutre dont l'existence est par conséquent garantie par la plupart des puissances européennes, signataires de cette convention. Devant deux de mes camarades de l'artillerie belge, avec lesquels j'ai eu le plaisir de déjeuner à Boma, je me suis donc étonné que, dans la prévision, c'est la seule hypothèse possible à mon avis, d'une insulte de la capitale par un ou deux bateaux de faible tonnage, on soit entré dans une pareille voie de dépenses ; je dois dire qu'ils n'ont pu me démontrer l'erreur de mon jugement ni me donner aucune explication satisfaisante de ces six millions, ou davantage, enterrés à Chinka-kassa.

Les difficultés avec le Portugal paraissent avoir déterminé la construction de ce gros engin guerrier. Le Portugal, établi depuis longtemps à Saint-Paul de Loanda, au sud du Congo, et sur de nombreux points de la côte au nord du fleuve, a accepté avec peine la formation de l'État indépendant. La détermination des frontières a été particulièrement laborieuse, et c'est difficilement que le roi des Belges a obtenu, sur la rive gauche du fleuve, Matadi, le point dont il avait besoin pour en faire la tête de ligne du chemin de fer. Les Portugais entretiennent à Kabinda, capitale d'une petite enclave sur la côte au nord de l'embouchure du Congo et à quarante-huit heures seulement de Boma, des forces militaires nombreuses d'artillerie de campagne et d'infanterie indigènes qui sont remarquablement bien équipées, vêtues et logées. L'existence de ces troupes et celle d'un aviso de guerre qui stationne à Kabinda et pousse des pointes nombreuses dans les eaux du Congo ont dû être les seules causes de la construction du fort de Chinka-kassa ; ce qui corrobore mon avis, c'est qu'à peine l'ouvrage belge était-il en train que les Portugais se sont mis aussi à en construire un sur leur rive, juste en face, sur cette « Roche fétiche » que les anciens navigateurs ont si souvent décrite ; un rétrécissement du lit du fleuve en ce point fait que les gueules des pièces des deux forts sont à peine à cinq mille mètres les unes des autres ; le jour où la guerre éclaterait entre le Portugal et l'État belge, les canonniers n'auraient donc pas à faire grands frais de pointage.

Il existe à Boma une compagnie indigène de cent hommes commandés par un officier blanc assisté d'un sous-officier blanc aussi. La colonie n'a pas d'autres troupes que des troupes indigènes ; leur effectif est maintenant d'une dizaine de mille hommes ; les noirs qui les composent n'ont pas un tempérament très guerrier, mais encadrés comme ils le sont, par de bons sous-officiers et officiers, ils forment cependant une force suffisante pour maintenir l'ordre dans un pays où l'autorité indigène n'a jamais dépassé les limites d'un canton et plus souvent d'un village. Une assez nombreuse artillerie, servie également par des indigènes, soutient cette infanterie; soixante pièces sont disséminées dans les postes et les camps, la moitié environ sont des canons Krupp de soixante-quinze millimètres, l'autre des mitrailleuses Maxim ; faute de bêtes de somme, cette artillerie est traînée à bras ou portée dans les expéditions Les soldats sont armés du fusil Albini et habillés à peu près comme nos Sénégalais : leur uniforme se compose d'une chéchia rouge, d'une vareuse de laine bleue bordée de rouge et d'une culotte de même couleur très ample et s'arrêtant au-dessous du genou ; les jambes et les pieds sont nus ; en dehors des exercices, ils sont employés à des travaux de toute nature : à Boma ils ont fait les quais et les routes ; dans les camps de l'intérieur, ils cultivent d'immenses champs de bananiers ou sont employés à la culture du caféier.

Je disais tout à l'heure que la convention de Berlin 1884 a formellement stipulé que l'État indépendant du Congo serait avant tout un État neutre. Une conséquence de cette prescription est l'impossibilité pour le roi Léopold d'y faire entrer seulement un bataillon de l'armée belge, quand même la colonie serait en pleine révolte. En outre, le cadre européen des troupes indigènes d'occupation a dû recevoir des officiers et sous-officiers de plusieurs nations, surtout des Suédois, des Norvégiens, des Italiens et des Hollandais. Les Belges conservent les trois quarts des places ; mais leur situation dans l'armée congolaise n'en est pas moins absolument incohérente, non seulement par suite de cette différence de nationalité, source de multiples ennuis, quand il s'agit de chefs sous les ordres directs desquels ils sont placés, mais encore parce que les conditions qu'on leur impose pour entrer dans les troupes de l'État indépendant sont tout à fait défectueuses : un officier d'un corps quelconque de l'armée belge est-il pris du désir de tâter de l'existence coloniale et de venir au Congo ? Quel que soit le grade qu'il occupait en Belgique, il est, aussitôt sa demande agréée, promu sous-lieutenant et rayé des contrôles de son arme. L'engagement qu'il contracte est de trois ans, c'est ce que les Belges appellent un terme ; après un premier terme, il peut en accomplir un second, puis un troisième si son état de santé le lui permet. Les accès de fièvre paludéenne procurent un avancement rapide ; on rentre généralement chez soi capitaine après le premier terme ; mais pendant cette période de début un ancien capitaine ou chef de bataillon en Belgique peut se trouver comme sous-lieutenant sous les ordres d'un capitaine de l'armée congolaise tout récemment son subordonné. à titre de sous-lieutenant aussi en Europe : ou bien un capitaine du Congo, las de la vie coloniale et qui demande sa réintégration dans son ancien corps. s'y retrouve. trois, six, neuf ans après l'avoir quitté, avec son ancien grade de sous-lieutenant ou lieutenant qui le replace sous les ordres d'un capitaine auquel il a pu commander pendant le temps de sa vie coloniale ; car les services, les blessures même que l'officier belge peut recevoir en Afrique, ne lui comptent pour rien dans son pays ; tout le temps qu'il passe au Congo, il est considéré comme ne faisant plus partie de l'armée. De nombreux camarades belges se sont plaints souvent devant moi de cet état de choses dont le remède serait si facile ; vraiment on se demande pourquoi leur gouvernement persiste à enrayer, par suite de cette situation, les enthousiasmes de ses officiers pour cette belle colonie.

Boma marque à peu près la fin de l'estuaire du Congo. Ses deux rives deviennent ensuite escarpées partout, en même temps que le lit se rétrécit considérablement, jusqu'à moins de trois cents mètres ; c'est peu pour la masse d'un fleuve de plus de quatre mille kilomètres de cours, dont la largeur moyenne est de dix kilomètres, qui en atteint quarante, affirment les Belges, dans son coude le plus septentrional. Aussi les eaux se ruent furieuses dans ce chenal dont la profondeur, dans certains endroits, atteint plus de cent mètres. Le courant est surtout sensible à un coude que l'on a appelé le « Chaudron d'Enfer », d'où l'on aperçoit les premières maisons de la petite ville portugaise de Noki et un peu plus loin celle de Matadi.

Matadi est certainement le coin le plus aride, le plus triste que je connaisse dans tout le Congo ; la largeur du fleuve y est de quatre cents mètres seulement ; il est emprisonné dans des contreforts des monts de Cristal qui doivent atteindre de six à huit cents mètres d'altitude ; c'est sur leurs pentes qu'on a bâti, qu'on a accroché, devrais-je dire, après combien de coups de pics et d'explosions de dynamite, la soixantaine de maisons dont se compose la ville européenne et deux villages indigènes ; on accède à la partie supérieure par des séries de marches taillées la plupart dans le roc ; entre les habitations, des rochers, des dalles nues énormes sur lesquelles le soleil flamboie. La gare et les dépendances sont bâties au pied des montagnes sur un étroit espace plan ; encore a-t-il fallu, pour édifier plusieurs bâtiments, tailler à coups de mine la place nécessaire dans les rochers ; un wharf métallique permet l'accostage des paquebots. Au pied, le Congo roule ses eaux boueuses, toutes bouillonnantes et frémissantes encore de leurs chutes successives.

Certes, par sa situation de terminus de navigation des steamers de haute mer, de tête de ligne sur laquelle se fait un transit des plus importants, par le nombre d'affaires, la vie et le mouvement qui en résultent, Matadi donne une tout autre impression de capitale que Boma ; on peut dire que c'est la seule ville réellement vivante dans les deux colonies française et belge ; elle est le vrai trait d'union entre l'Europe et le Congo. Ce qui la tue et rendra toujours son développement impossible est cette situation en espalier brûlé par le soleil, au fond d'une gorge profonde et étroite : des habitants des maisons les plus bas placées et des employés de la gare m'ont affirmé avoir constaté à des thermomètres placés à l'intérieur de leurs maisons des températures de 60° et au-dessus ; ce qui me fait accorder foi à leurs dires, c'est que j'ai pu me rendre compte à différentes reprises que ces dalles nues en pente, ces rochers presque tous de nature quartzeuse renvoient la chaleur avec une intensité vraiment extraordinaire. Dans cette fournaise on respire à peine de 8 heures du soir à 8 heures du matin ; et on respire quoi ? l'air chaud et malsain en suspension dans le couloir fluvial ; tout le reste du temps on halète et on ruisselle comme dans l'étuve d'un Hammam. Je n'en suis pas sûr, mais je serais bien étonné que les maisons de commerce et sociétés qui demandent à des employés de vivre dans cet enfer arrivent à obtenir leur consentement sans une sérieuse augmentation de leurs émoluments ordinaires dans les autres parties du Congo.

Il a bien fallu installer la tête de ligne du chemin de fer à cette place. En l'établissant sur la rive droite, l'obligation s'imposait de passer sur une portion du territoire français ; la compagnie en avait pris la décision d'abord, mais les négociations entamées avec notre gouvernement n'aboutirent pas. L'autre rive appartient aux Portugais jusqu'à dix-huit cents mètres de Matadi, et après Matadi la navigation était rendue impossible à cause des chutes.

Les derniers événements relatifs aux deux Congos, le Français et le Belge, — on s'en est donné à cœur joie depuis deux à trois ans sur le compte de ces pauvres colonies ! — sont encore dans beaucoup de mémoires ; ce qui l'est moins, c'est l'origine de leur création, de celle du Congo belge surtout. Ce que j'ai dit déjà de cet État neutre et indépendant en Afrique indique son type tout à fait nouveau, ses origines très spéciales.

Léopold II, alors qu'il n'était encore que duc de Brabant, s'adonna passionnément aux voyages ; il vit l'Égypte, la Palestine, la Turquie, les Indes, la Chine. Lorsqu'il monta sur le trône, il s'était formé des idées très arrêtées sur l'expansion commerciale et coloniale qu'il rêvait pour la Belgique. C'est à cette époque, en 1865, que venaient de s'effectuer les grandes découvertes des Livingstone, des Speke, des Grant, des Schweinfurt et des Cameron en Afrique. L'exploration mémorable de Stanley à la recherche de Livingstone décida Léopold à tenter les moyens de coordonner les efforts de tous ces voyageurs. Il réunit à Bruxelles, en 1876, un congrès de personnalités politiques, de savants, d'explorateurs, de philanthropes, dans le but : 1° d'étudier les moyens de suppression de la traite des nègres ; 2° d'ouvrir le cœur de l'Afrique à la civilisation et au commerce. De cette conférence naquit l'Association internationale africaine, dont la première décision fut l'envoi d'une expédition à l'intérieur de l'Afrique ; le point de départ devait être sur la côte Est, en face de Zanzibar, à Bagamoyo, déjà célèbre comme point initial des expéditions de Speke, de Grant, de Cameron, de Stanley.

Mais, alors que cette première expédition lancée par l'Association internationale venait de se mettre en route, en 1877, une nouvelle faisait vibrer l'Europe coloniale. Stanley, parti de Bagamoyo en 1875 et dont on n'avait plus de nouvelles depuis dix-huit mois, avait joint le lac Tanganika, puis ayant touché le Congo de ce côté, il n'avait plus voulu le lâcher jusqu'à son embouchure où il arrivait en 1877, trois ans après avoir quitté Zanzibar.

Pourquoi donc tous ces explorateurs du centre africain sont-ils allés chercher sans cesse Bagamoyo, sur la côte orientale, comme point de départ ? C'est à cause des énormes difficultés que la nature a opposées à l'ouest à l'entrée dans l'immense plaine intérieure où coule la plus grande partie du Congo. L'obstacle consiste dans une barrière de montagnes qui court du nord-ouest au sud-est, depuis la côte du Gabon, sous le nom de monts de Cristal et sur une épaisseur variant de cent à trois cents kilomètres.

Le Congo a trouvé moyen de s'y frayer un passage depuis Léopoldville jusqu'à Matadi, mais en faisant une dégringolade de trente-deux marches et prenant, après sa traversée plutôt indolente de l'Afrique, des allures de torrent furieux qui s'expliquent quand on sait que Matadi est à vingt-cinq mètres au-dessus du niveau de la mer et Léopoldville à deux cent quatre-vingts, ce qui fait une différence de deux cent cinquante-cinq mètres en deux cent soixante-quinze kilomètres. Du reste, cette déclivité plus ou moins accusée vers le littoral est générale en Afrique, et c'est ce qui fait qu'on a comparé la structure de ses bords, comparaison qui a au moins le mérite d'être bien parlante, à celle d'une énorme assiette renversée. Dans cette partie de son cours il ne faut donc pas songer à risquer sur le fleuve seulement une pirogue; en outre, le cheminement à travers l'enchevêtrement de plateaux coupés par des amas de rocs, des crevasses des monts de Cristal, présentait dans cette région de telles difficultés qu'elles ont découragé les Portugais, pourtant passés maîtres dans l'art de l'exploration et qui se sont contentés de rester coloniser à la côte depuis un siècle et demi. Pour atteindre le Stanley-Pool, où le Congo redevient navigable, il existe encore un sentier venant de l'ouest, celui qui part de Loango (au nord de l'embouchure du fleuve) passant sur notre sol, un peu moins difficile parce qu'il prend en écharpe les pentes des monts de Cristal, mais plus long.

En définitive, on voit que le bassin du Congo eût pu rester longtemps inconnu, un parc inviolé à l'usage des éléphants et des anthropophages, si la nature n'eût permis de tourner cette barricade par l'est et si la magnifique énergie de Stanley n'eût, d'un seul coup, résolu le problème. Toutes les richesses naturelles qu'il avait vues au passage, l'explorateur alla les détailler devant Léopold, qui jugea tout de suite la situation : il créa un Comité d'études, mit Stanley à sa tête et envoya ce dernier réattaquer sa conquête, mais cette fois par l'ouest, par l'embouchure, vierge encore de toute occupation européenne. Stanley y arrive avec un personnel noir en août 1879 et se met aussitôt en route pour l'intérieur, tirant à sa suite ou faisant porter démontées les pièces d'un certain nombre de bâtiments destinés à être mis à l'eau sur le Pool (lac) auquel il allait donner son nom. Pendant trois années, les contrées du Bas-Congo virent le rush final de ce merveilleux pionnier traçant des pistes à travers les montagnes, installant des caravanes de porteurs, lançant des bateaux, passant des traités avec les chefs indigènes, fondant vingt stations, dont Léopoldville, faisant échec avec sa violente astuce à la politique de patience et à la diplomatie que sur l'autre bord M. de Brazza mettait en œuvre pour nous.

Pendant ce temps, Léopold II, grâce à l'appui de Bismark tout-puissant alors, obtenait la convocation à Berlin d'une conférence chargée de réglementer le régime politique et commercial des nouvelles contrées ouvertes à la civilisation par les explorateurs faisant partie de l'Association internationale. Le roi qui en avait été l'inspirateur, le créateur et le directeur, plaida chaleureusement sa cause auprès des puissances européennes, si bien que les représentants de ces puissances, réunis à Berlin, proclamèrent en 1885 l'existence de l'État indépendant du Congo.

La souveraineté de ce nouvel État était donnée à Léopold ; il comprend les cinq sixièmes du bassin du fleuve ; la France a eu pour sa part l'autre sixième. Le pavillon de l'État indépendant est bleu, étoilé d'or. La navigation et le commerce sont libres partout ; les Européens jouissent des mêmes droits.

J'ai, encore une fois, fait de l'histoire coloniale rétrospective. Qu'on me le pardonne. J'ai cru préférable d'éviter à mes lecteurs de fouiller trop loin dans leurs souvenirs.

Du partage fait par la convention de Berlin, il résultait que deux puissances étaient intéressées à l'exploration du bassin du Congo et que chacune d'elles chercherait tout naturellement à posséder l'outil nécessaire à cette exploitation, le chemin de fer. Les gouvernements des deux États voisins avaient compris dès le début la vérité de cette parole de Stanley, aussi pratique que volontaire en sa qualité d'Anglo-Saxon : « Sans un chemin de fer, je ne donnerais pas un schelling (vingt-quatre sous français) de tout le Congo. » En France, tous les explorateurs congolais faisaient ressortir la même nécessité d'une voie ferrée. Par quel bord du fleuve allait-on drainer le commerce de cette Terre promise ? De notre côté, la voie la plus courte pour atteindre le Stanley-Pool était celle de Loango-Brazzaville ; nous nous y perdîmes en hésitations, en tentatives timides dans leurs conceptions et leurs capitaux, qui échouèrent l'une après l'autre, alors qu'à Matadi, le principe *Time is money* était mis en pratique avec ardeur et aboutissait à la pose d'une voie ferrée qui est un vrai titre de gloire pour le roi Léopold ; car jamais aucune œuvre africaine n'a été soumise à plus d'aléas, ne connut plus de vicissitudes ; très impopulaire en Belgique, elle fut mise en train, pour cette raison, avec des fonds allemands, dans un pays tellement désert qu'il fallut recruter des travailleurs dans tous les pays tropicaux, en Chine même ; tellement malsain que des centaines de travailleurs, nègres de la côte, noirs des Barbades, de la Jamaïque, Chinois, y ont laissé leurs os.

Le premier coup de pioche est donné en janvier 1890 ; au bout de trois années d'efforts, vingt-cinq millions ayant été dépensés, le rail atteignait le troisième kilomètre ; le roi décide la Belgique à des sacrifices ; deux années encore pour faire cent trente-cinq kilomètres ; en 1897 on en était au kilomètre 264 ; enfin en janvier 1898 les premiers coups de sifflet ont retenti sur les bords du Stanley-Pool.

Du mérite de cette belle œuvre nous pouvons revendiquer une part : ainsi, alors que les travailleurs fondaient comme de la neige, et qu'on ne savait où donner de la tête pour les remplacer, les Belges firent appel à nos Sénégalais, qui seuls résistèrent ; encore aujourd'hui ce sont eux qui conduisent les locomotives ou remplissent les fonctions de chefs de gare ; enfin, l'un des ingénieurs de la ligne, M. Espanet, était Français.

Les frais totaux d'établissement ont monté à quatre-vingt-dix millions, mais les recettes s'élèvent annuellement à plus de dix millions, sur lesquels nous fournissons un tribut obligatoire de près du tiers, et toutes les entreprises rivales que nous essaierons de lancer désormais trouveront évidemment dans le rail belge un concurrent des plus sérieux.

C'est à trois heures et demie de l'après-midi seulement que, suivant la coutume à chaque escale, le petit canon de bronze fixé au gaillard d'avant de l'*Europe* a tonné devant Matadi, faisant vibrer les gorges du Congo, en même temps que retentissait du haut de la passerelle le commandement « Mouillez ! », marquant la fin de la première étape de notre voyage, vingt-cinq jours après notre départ de Bordeaux. Le wharf établi en eau profonde étant occupé par le steamer belge ou plutôt le steamer anglais battant pavillon belge, l'*Albertville*, nous avons dû jeter l'ancre à sa hauteur au milieu du fleuve, dont l'étroitesse ressort plus encore garnie de ces deux masses ; il ne faudrait pas qu'un troisième paquebot songe à évoluer à la même place.

Les trains de voyageurs ne quittent Matadi que tous les deux jours. Il y en a un le lendemain de notre arrivée à sept heures du matin ; c'est la bonne nouvelle que nous apprenons dès qu'un canot du bord nous a déposés à terre. Ce que j'ai dit de Matadi indique assez qu'à peine arrivé le voyageur n'a qu'un rêve, c'est d'en partir au plus vite. Aussi avons-nous, montant et descendant vingt fois les escaliers de roc sous la morsure du soleil, réalisé des prodiges pour nous mettre en règle, avant la fermeture des bureaux, avec la douane, le consulat, le chemin de fer, et venir à bout de toutes les formalités qui assaillent le passant en pays étranger, surtout quand il est pourvu, comme chacun de nous, c'est le minimum pour un voyageur du centre africain, de six à sept cents kilogrammes de bagages, contenant en grande partie des victuailles, des armes et des munitions. Les Belges se montrent pour le transit de ces dernières d'une très grande sévérité et exigent de leurs porteurs des autorisations spéciales visées du ministère des affaires étrangères et des relevés rigoureux du nombre d'armes, voire de cartouches ; l'introduction de fusils et de munitions en pays africain est souvent une source de tels ennuis qu'on ne peut que s'incliner devant les précautions dont s'entourent nos voisins.

Il faisait nuit noire à la berge quand nous y sommes redescendus. Le canot qui devait nous ramener à bord avait manqué le rendez-vous. Il a fallu nous mettre en quête de bateliers nègres de bonne volonté, espèce rare à Matadi ; je ne parle même que de l'espèce batelière en général : le courant est tel dans ces parages et jusqu'à Boma que le poisson ne s'y plaît guère et que le métier de pêcheur n'y nourrit pas son homme ; et puis les pirogues y chavirent avec une facilité navrante ; pour ces raisons, les professionnels, afin d'aller chercher le poisson plus en aval, se sont cotisés pour acquérir deux ou trois de ces petites barcasses, réformes de navires mangées par le temps et les vers que j'ai vues baptisées en pays breton du nom expressif de « risque-tout ». C'est dans l'une d'elles que nous nous sommes entassés, mais après bien des pourparlers avec deux anthropophages qui mangeaient au bord de l'eau et n'ont condescendu à nous faire franchir les six à huit cents mètres qui nous séparaient de chez nous que sur le don immédiat de deux *pathas* (deux pièces de cinq francs) et la promesse d'un pourboire. Jamais je ne me sentis plus disposé à distribuer, *larga manu*, des calottes ; mais il a bien fallu en passer là où ils ont voulu. Voilà pourtant des nègres qui ne sont frottés de civilisation que depuis bien peu de temps et en connaissent déjà une des règles, ma foi assez complexe, l'exploitation de l'étranger ; ce qui prouve en faveur de la pénétration intellectuelle au Bas-Congo, tout au moins quand le petit intérêt est en jeu.

Privé des éclats de lumière africaine qui font pardonner tant de laideurs, ce coin de Matadi est, dans la nuit, tout à fait lugubre. Telle est l'épaisseur de la brume au fond du couloir fluvial que l'on distingue à peine les feux de position de l'*Europe* ; il faut que les yeux se lèvent haut pour retrouver la clarté pâle de la voûte céleste sur laquelle les arêtes des Monts de Cristal se détachent en dents de scie, des arbres rachitiques et des huttes indigènes tranchent, comme taillés à l'emporte-pièce. Le silence est troublé à peine par un mince jet de vapeur qui sort de la cheminée de l'*Albertville ;* pas un bruit dans la gare fermée jusqu'à demain matin, ni du côté de la ville qui nous apparaît bien grandie pourtant, pointillée par les feux de toutes ses lampes et illuminée çà et là sur ses flancs par les bûchers des villages indigènes.

Les cent et quelques passagers partis de Pauillac à bord de l'*Europe* se sont égrenés à toutes les escales : nous ne sommes plus qu'une quinzaine attablés une dernière fois à une extrémité de la grande salle à manger du paquebot.

Ceux de mes compagnons que l'on retrouvera au cours de ces pages sont : M. Guynet, délégué du Congo français au conseil supérieur des Colonies et aussi président de la société des Messageries fluviales du Congo ; il part en tournée dans les pays aux intérêts desquels il s'est voué ; Mme Guynet vaillamment l'accompagne avec leur jeune fils, un enfant de neuf ans seulement, mais d'une trempe admirable ; le capitaine Cellier, les lieutenants Ducroq et Langlois de l'infanterie coloniale, le sous-lieutenant de Villeneuve-Bargemon, de la même arme, frais émoulu de Saint-Cyr ; tous les quatre sont désignés comme moi pour le Tchad ; le chef de bataillon Julien : ce dernier est non seulement un africain, mais une figure du Congo ; ses états de services dans la colonie valent la peine d'être cités : il a débuté, en 1892, dans le Haut-Oubangui comme chef de la mission organisée par le jeune duc d'Uzès ; de 1893 à 1895 il est le second de la mission Monteil ; en 1897 il commande la relève envoyée à la mission Marchand et qui est arrêtée dans le Haut-Oubangui par la nouvelle de Fachoda ; en 1899, M. Gentil lui confie le commandement d'une compagnie dans sa mission : en 1900, il est au Tchad sous les ordres du colonel Destenave ; en 1903 j'avais le plaisir d'être son compagnon pour partir au même territoire ; je l'ai retrouvé cette fois-ci encore à Pauillac ; j'ajouterai à cet état de services si éloquent que le commandant Julien, connaissant le Coran comme le faki le plus lettré, parlant, lisant couramment l'arabe, se classe comme un chef hors de pair en pays musulman, sous les ordres duquel il a toujours été pour moi aussi intéressant qu'agréable de servir.

Le 18 juillet, à sept heures du matin, nous prenions possession des deux wagons qui, avec un fourgon à bagages, attelés à une petite locomotive pesant trente tonnes seulement, constituent un train de la ligne de Matadi à Léopoldville.

La difficulté de se procurer des millions a obligé, pour joindre les deux bouts, à viser à l'économie partout : c'est ainsi que la largeur de la voie n'est que de 0 m. 75 et qu'afin d'éviter les tunnels qui sont des raccourcis coûtant cher, on a dû, dans un pays chaotique, pour contourner les arêtes et franchir les ravins, faire décrire à la voie des S presque fermés, des lacets tellement serrés que nous voyons souvent, dans des courbes de cinquante à cinquante-cinq mètres de rayon le rail à vingt ou trente mètres seulement au-dessus ou au-dessous de nous, alors que plusieurs kilomètres de voie nous en séparent, et qu'à chaque instant nous passons des corniches mi-taillées dans la roche, mi-posées sur une maçonnerie et sur lesquelles, vus d'en bas, les wagons doivent sembler suspendus. Un des gros œuvres a été aussi la construction de ponts métalliques atteignant jusqu'à cent mètres, jetés au travers de cinq ou six affluents à régime torrentueux du fleuve, qu'on a dû franchir tout près de leur confluent.

On conçoit que la longueur des trains ne puisse être bien grande, ni le poids de leur charge bien lourd, quarante tonnes au maximum y compris le poids de la locomotive, car, au départ de Matadi, elle doit, vrai monte-charge, faire grimper ses wagons sur des pentes qui atteignent deux cent cinquante mètres d'altitude en vingt kilomètres. Une autre conséquence d'un pareil trajet qui n'a d'égal que celui des montagnes russes, est que les âmes sensibles y connaissent de nouveau les affres endurées sur le paquebot.

Les wagons sont de trois modèles : ceux des Européens s'ouvrent sur les deux petits côtés ; les grands côtés sont bordés de fauteuils en osier, mobiles sur pivot, séparés par une tablette sur laquelle se mange le repas froid ; les noirs voyagent dans des fourgons, assez semblables à nos fourgons de marchandises, garnis de bancs ; enfin les châssis des wagons à marchandises sont surmontés d'un cadre en treillage métallique qui permet à l'air de circuler librement. Le prix de transport de la tonne varie, suivant les matières, de quatre à cinq cents francs ; celui du billet d'un Européen est de cinq cents francs pour cette distance de trois cent soixante-dix kilomètres environ qui est celle de Paris à Rennes et revient en France, en première classe, à quarante-deux francs.

Après une demi-douzaine d'arrêts pour permettre à la machine de faire de l'eau, dans de toutes petites stations comprenant le puits et une maison de tôle habitée par un noir, Sénégalais ou Sierra-léonais, nous sommes arrivés à cinq heures du soir à Thiesville (prononcez Thaïsville) du nom du colonel belge qui fut le promoteur de la voie ferrée. On y couche le premier soir. Il y a un dépôt de machines, un atelier de réparations et, en dehors de la gare, une trentaine de maisons occupées par des employés du chemin de fer ou de petits traitants qui font un commerce d'échanges avec les indigènes de la région.

Les Belges ont adopté au début, nous l'avons déjà vu à Boma, un genre de constructions à peu près général dans tout leur Congo ; à proprement parler ce ne sont même pas des constructions, puisque les plaques de tôle dont elles se composent arrivent d'Europe toutes préparées et numérotées et qu'il n'y a plus qu'à les emboîter les unes dans les autres. L'avantage que les Belges y trouvent est que leurs habitations sont ainsi très promptement édifiées ; elles ont des murs doubles et un toit double, de sorte que, pour employer l'expression du propriétaire de l'une d'elles qui la faisait admirer tout à l'heure au capitaine Cellier, il y a toujours un « matelas d'air » entre le soleil et les habitants du logis; même dans beaucoup d'habitations édifiées sur des pilotis en fer de un mètre de hauteur, le matelas d'air existe entre le sol et le plancher inférieur. Nos voisins prétendent que, grâce à ce dispositif, leurs maisons ne sont pas trop chaudes ; je trouve qu'on cuit rien qu'à les regarder. Elles ont, du moins, un inconvénient indéniable, c'est d'être l'asile de beaucoup d'animaux qui sortent de la brousse voisine, à commencer par les serpents qui y pullulent et sont d'une familiarité désespérante, et une fois qu'ils se sont établis, ainsi que les rats et les mulots, dans les espaces vides entre les murs et les toits, il n'est pas possible de les en chasser ; il faut se résoudre à cohabiter avec eux. On a dû renoncer à construire des maisons de bois au Congo : il y existe des bois magnifiques, mais les scieries pour les débiter manquent encore ; en faire venir d'Europe coûte fort cher, et ils sont à peine débarqués qu'ils deviennent non seulement la proie de ces terribles fourmis termites auxquelles les métaux seuls résistent, mais de millions de petits vers dont le corps n'atteint pas plus de la grosseur d'une tête d'épingle, mais dont la boulimie est, malgré cela, égale à celle des termites.

Nous avions marché sur les pas des Belges pour le choix des maisons en tôle ; nous commençons à les remplacer, et les Belges en font autant, par des cases aux murs en briques d'argile cuite ou séchée au soleil, entourés de ces larges vérandahs si appréciables dans les pays chauds et sous lesquelles on vit presque autant qu'à l'intérieur ; le tout est revêtu d'un simple toit en tôle ondulée ou d'un toit en paille que les indigènes font à la perfection pour peu qu'on les surveille ; ces habitations présentent de bien plus grands avantages de confort et de salubrité. Néanmoins les partisans du premier mode d'habitations ont pu trouver un sérieux argument en leur faveur dans ce qui s'est passé ici même : aux premiers moments d'une colonie on tâtonne et on change beaucoup ; il y a quelques mois, quand je suis rentré en France, Thiesville n'existait pas. Le train s'arrêtait le premier soir du voyage à Tumba, qui est plus rapproché de Matadi d'une cinquantaine de kilomètres. Il a fallu, pour d'importantes considérations de service, écourter le trajet du second jour, et avancer de deux heures l'arrivée à Léopoldville ; la Compagnie du chemin de fer a donc installé sa station-arrêt avec ses dépôts et ses ateliers en ce nouveau point. Or, comme les cinquante à soixante Européens de Tumba vivaient uniquement du chemin de fer, il a bien fallu qu'ils suivent la station dans son changement ; en quarante-huit heures les maisons de tôle ont été démontées, chargées sur un fourgon et remontées en quarante-huit heures encore à Thiesville, une vraie ville avec deux rues en croix de Saint-André et un large trottoir longeant la gare et déjà planté de manguiers et de papayers. A Tumba, les voyageurs cherchaient leur gîte au

LA « VALÉRIE » SUR UNE CALE DE RÉPARATIONS.
(Cliché de la *Dépêche Coloniale.*)

petit bonheur chez l'habitant ; à Thiesville il existe aujourd'hui, devant la gare, une case-hôtel bâtie par la Société du chemin de fer, qui a eu là une heureuse idée de plus à joindre à son actif. Un point noir du logis, c'est qu'il marque le commencement de cet insipide régime de conserves que ceux de nos compagnons de route désignés pour servir dans le Congo vont avoir à supporter pendant près de deux ans, que nous-mêmes qui allons au Tchad, où la vie matérielle est autrement facile, nous connaîtrons deux mois ; jusqu'à notre arrivée vers le neuvième degré de latitude dans les pays de musulmans pasteurs. Il arrive qu'aux manœuvres en France on couche dans de bien vilains trous où l'auberge même est inconnue ; mais dans la moindre ferme on trouve au moins les apparences engageantes du dîner sous couleur des œufs qui grésillent dans la poêle, ou des cris lamentables du poulet qu'on égorge, ou seulement du quartier de lard accroché au manteau de la cheminé; ici on va composer son menu le nez sur les étiquettes des boîtes de conserves en piles, déplorable moyen de s'ouvrir l'appétit ; et cela vaut tellement mieux pourtant que d'avoir, lorsque l'hôtellerie fait défaut, à fouiller dans trois ou quatre caisses pour organiser son dîner.

Le parcours de la voie ferrée le deuxième jour, après la traversée des Monts de Cristal, est beaucoup moins mouvementé; les trente derniers kilomètres sont même tout à fait plats. Pour gagner Léopoldville le train est obligé à un gros détour qui lui fait longer le Stanley-Pool pendant une dizaine de kilomètres ; il dépose les passagers français sur le bord, à la station de Kinchassa, qui prendra bien probablement un jour la place de Léopoldville, à cause du voisinage dangereux des chutes dont les Belges semblent se préoccuper de plus en plus.

Le petit steamboat la *Valérie* nous y attendait et nous a fait traverser le Pool pour gagner la rive française. Le panorama de ce grand lac en mouvement, où la vue s'étend jusqu'à soixante kilomètres d'une rive à l'autre, est vraiment très beau : les efforts séculaires du fleuve ont créé cette immense vasque de deux cent dix kilomètres au centre de laquelle, entourée de beaucoup d'autres qui sont de vrais bouquets de verdure, se trouve l'île de Bamou, merveilleusement fertile, dit-on, mais qui, encore inculte, attend toujours la bêche. Elle était autrefois le lieu de pâturage préféré des hippopotames qui ont pullulé dans le lac; on les a tellement chassés pour fournir un peu de viande fraîche à Kinchassa, à Léopoldville et à Brazzaville qu'on ne voit plus un museau hors de l'eau. Le Stanley-Pool est bordé partout de monts boisés ; au sud ses eaux reflètent la tache blanche de Léopoldville ; en face, à une dizaine de kilomètres à vol d'oiseau vers le nord et sur un mamelon de quarante mètres qui domine le lac, les maisons de Brazzaville, dispersées parmi les arbres, donnent l'illusion d'une vaste cité ; c'est sur ce mamelon que de Brazza, le 1er octobre 1880, venant du nord, fondait auprès d'un petit village indigène appelé Ntamo la station à laquelle, quelques mois après, la Société de géographie de Paris décidait de donner son nom. Sur le flanc nord-est s'élèvent les bâtiments et l'église de la Mission catholique du Saint-Esprit, dirigée par Mgr Augouard, maison mère des cinq ou six autres installées sur les bords du Congo et de ses affluents. Brazzaville se prolonge fort loin vers le nord sur la rive du Pool ; à peu près au pied du mamelon, est le groupe des bâtiments des services militaires, côte à côte avec une école indigène dirigée par les Sœurs qui essaient d'y former des négrillonnes ; puis ce sont les cases de la Douane et les maisons d'habitation, les magasins et les ateliers de réparations des diverses sociétés commerciales ou fluviales. Le fleuve était nécessaire à toutes les transactions ; tout s'est bâti sur sa rive, sur une longueur de quatre kilomètres. Encore plus au nord tranchent les falaises de teinte claire que

ÉGLISE DE LA MISSION DE BRAZZAVILLE.

Stanley a nommées *Dower Clips,* à cause de leur analogie avec celles de la côte anglaise à Douvres, qui sont comme elles taillées dans un promontoire de craie blanche.

Quelque minime que soit la part d'efforts qu'on ait pu consacrer à l'essor d'une colonie, on y pousse de ce fait des racines, je m'en suis aperçu une fois de plus, au réel plaisir que j'ai eu à constater les progrès qui se réalisent de jour en jour à Brazzaville : adduction d'eaux potables, installation définitive d'hôpitaux pour les Européens et pour les indigènes, nouvelles factoreries s'élevant au bord d'avenues larges et bien plantées, création d'un dispensaire spécial où sont réunis les plus tristes spécimens de ce mal encore mystérieux appelé « maladie du sommeil ». Une mission organisée grâce à l'intervention de la Société de géographie de Paris y est au travail depuis quelques mois guidée par les personnalités les plus en vue de l'Institut Pasteur. On s'est aussi préoccupé sérieusement de la question viande fraîche, si importante pour les estomacs européens ; des envois de bœufs ont été faits de la Guinée. Les pertes dans ces groupes d'animaux sur pied ne seront-elles pas bien fortes? Je suis persuadé d'ailleurs que, dans l'avenir, c'est le territoire du Tchad qui ravitaillera le Congo ; j'aurai occasion de reparler de la question.

Ce qui ne va pas peu contribuer à donner de l'extension au mouvement commercial de Brazzaville, c'est la découverte, à peu de kilomètres, de mines de cuivre dont l'exploitation va être mise en œuvre. Et quel meilleur augure pour une colonie que de voir son sous-sol se mettre à produire ?

Bref, on travaille beaucoup dans la capitale du Congo français et ce que l'on y fait n'est pas de l'artificiel, pas du plaqué, mais bien du solide, le personnel est dévoué et intelligent ; il y a agencement bien ordonné des parties, et, à la tête de tout cela, de l'énergie et de la volonté.

Brazzaville est depuis quatre ans seulement la capitale du Congo français. Je fais remarquer, en passant, que cette appellation de Congo français donnée à la succession de pays très divers qu'englobe la colonie de ce nom, est géographiquement très inexacte. Elle a comme premier défaut, de sembler indiquer que la colonie tout entière est comprise dans le seul bassin du Congo, alors que du 5e degré de latitude sud au 13e degré de latitude nord elle comprend notre vieux Gabon, le sixième du bassin du Congo qui nous a été attribué par la Convention de Berlin et que l'on a administrativement divisé en Moyen-Congo et Oubangui-Chari, et enfin le dernier né, le Territoire militaire du Tchad.

L'ancienne capitale était Libreville, sur la côte du Gabon ; on ne pouvait en avoir une plus excentrique. Après avoir beaucoup hésité à cause des dépenses qui accompagnent tout déménagement, — on n'est pas riche au Congo ! — on s'est décidé à faire déchoir notre vieux poste de 1849 et à transporter le gouvernement et tous ses services à Brazzaville, qui, de toute petite station de brousse, est devenue subitement l'âme d'une colonie, une capitale peuplée de cent à cent cinquante Européens, une capitale restée, dans son élévation, d'allures bien modestes, mais qui a de l'avenir et grandira, pourvu que les décrets lui prêtent vie.

Je viens de faire allusion à la misère pécuniaire au Congo. Tous ses fonctionnaires y ont un mérite bien grand à parfaire un peu et à organiser presque tout, car ils font tout avec les ressources les plus minimes. Pauvre Congo ! on s'en est désintéressé si longtemps, quoiqu'il soit l'une de nos colonies incontestablement la plus riche, riche par son caoutchouc, riche par son ivoire, riche par ses bois magnifiques : l'acajou, le santal, le manglier, l'ébène, l'okoumé et tant d'autres, plus riche encore bientôt lorsqu'à ces premières richesses naturelles vont s'ajouter celles que l'on y crée : le cacao, le café, la vanille.

Alors que la métropole versait aux autres les millions nécessaires, elle s'est montrée pour lui plus que parcimonieuse. Etait-ce une prétention admissible qu'un pays grand comme une dizaine de fois la France, commandant le bassin du haut Nil et celui du Tchad, fût administré et exploité réellement avec un budget, — pesez-en bien les chiffres, — de trois millions et mille cinq cents soldats ?

Aussi, manque d'outillage économique, manque de main-d'œuvre, manque de la densité nécessaire dans l'occupation pour tenir le pays, le policer et le mettre en valeur, voilà ce que l'on constate à Brazzaville et ce que l'on retrouve malheureusement partout ailleurs.

Combien de fois ai-je entendu répéter que le Congo « subit la crise de croissance d'un enfant qui a grandi trop vite » ? Il n'a aujourd'hui que sept à huit ans d'existence. A un enfant dans ce cas on prodigue en général les fortifiants ; celui-ci ne les a guère connus. La parcimonie à son égard a eu du moins pour résultat de montrer que l'enfant est solide, puisque non seulement il se tient debout, mais prospère même.

Les premiers secours qui viennent enfin d'être accordés au Congo ont été une grande satisfaction pour tous ceux qui s'y intéressent. Ce serait vraiment dommage de voir notre plus riche colonie rester vierge faute des emprunts suffisants, usant les énergies et coûtant malgré tout, sans espoir d'avenir.

S'il est un fait qui doive avant tout plaider en faveur de l'accord au Congo français d'autres subsides tout à fait nécessaires, c'est la vue de son frère aîné, en même temps son sosie, le Congo belge, qui aujourd'hui, après les bégaiements et les premiers pas, comblé de soins, est devenu si plein de vie, si joli, avec des organes si sains et si puissants que l'on surprend sans cesse nos amis Belges dans cette plaisante admiration que vous connaissez, de parents devant le bel et unique enfant qu'ils ont procréé.

Or, sous tous les rapports, le Congo français vaut le Congo belge ; pas une production de l'un qui n'existe dans l'autre. Sur ce point tout le monde est d'accord. Beaucoup même assurent qu'il y a plus de caoutchouc et surtout plus d'ivoire dans le nôtre que dans l'autre. Il ne tient donc qu'à nous d'avoir à l'Équateur un beau joyau colonial de plus ; il suffit de venir en aide à toutes les bonnes volontés qui ne demandent qu'à se prodiguer de ces administrateurs de toutes classes, de ces adjoints des affaires indigènes, voire des simples commis, tous ceux que l'on a si étrangement vilipendés dernièrement en France en les montrant allongés dans leur chaise longue, contemplant béatement le supplice d'un de leurs administrés noirs en sirotant leur sixième absinthe, alors qu'il est difficile de trouver des fonctionnaires coloniaux qui s'attachent davantage à leur œuvre et en aient une aussi pénible à remplir.

Nous n'avons fait que passer à Brazzaville, vingt-quatre heures, juste le temps d'y remplir les formalités nécessaires près des autorités civiles et militaires, de faire quelques derniers achats dans les factoreries, de nous préoccuper du choix de « boys » (serviteurs indigènes).

Ce choix ne saurait être indifférent : le boy est un personnage dont l'existence va être intimement liée à celle de son maître. Ses notions plus ou moins étendues d'honnêteté ont comme conséquence la disparition plus ou moins rapide d'un tas de petits objets, tous précieux dans la brousse parce qu'on ne peut les remplacer ; ses qualités de « débrouillard » dans l'existence nomade de l'Africain sont inestimables ; la valeur de ses sauces a une influence incontestable sur les fonctions digestives.

Dans les capitales comme Brazzaville, chacun a sa spécialité : il y a le boy valet de chambre, le boy *lavadère* (celui qui lave et qui repasse), le boy cuisinier, à des degrés différents, depuis celui qu'une femme européenne a initié à tous les secrets de la cuisinière modèle jusqu'à l'autre, dont les talents ne dépassent pas le rôti et le ragoût. Généralement les membres de cette gent boy n'ont pas plus de seize ans d'âge ; beaucoup sont élèves des Pères. En arrivant à Brazzaville, le choix ne manque pas ; les candidats se présentent nombreux, porteurs du carnet où des maîtres différents ont évalué les qualités et les défauts de chacun ; mais l'enthousiasme se refroidit beaucoup quand ils apprennent que le demandeur va au Tchad ; l'amour des voyages et aventures n'est pas encore le propre des noirs du bas Congo.

J'ai donc considéré comme une bonne chance de trouver un grand garçon de race Sara, des environs de Fort-Archambault, le premier poste du territoire militaire que nous rencontrerons et répondant au nom de Tourgou. Il est venu ici avec un officier rapatrié qui le signale : vigoureux, cuisinier suffisant, pas trop sale, pas trop ivrogne, pas trop mauvaise tête. Une perle ! Avantage inappréciable, il en est à ses débuts de boy, a toujours vécu avec son précédent maître dans un petit poste isolé et ne s'est pas trouvé au contact d'agglomérations européennes dans des centres importants ; donc il est tout à fait malléable. Que l'on ne me juge pas paradoxal en l'occasion : l'opinion est commune que les jeunes noirs ne gagnent pas à notre fréquentation et qu'au bout d'un certain temps qu'ils se sont frottés à nous on n'en peut plus rien faire. Un bien ancien colonial que j'ai retrouvé à Brazzaville et avec qui j'en ai causé tout à l'heure, me disait qu'il attribue cette variation d'état d'âme chez ces estimables négrillons à une perte d'illusions à notre égard :

« En effet, me disait-il, dans la vie de brousse ou celle du camp, loin de tout autre, commandé par un Européen isolé, les noirs qui l'entourent se choquent bien quelquefois de ses petites habitudes, mais ils perçoivent surtout les qualités que le genre de vie l'oblige à déployer à tout instant, des qualités qu'ils connaissent et savent apprécier à leur juste valeur : vigueur, endurance, bravoure, énergie dans le commandement. Leur mentalité vit côte à côte avec la sienne ; ils s'inclinent devant sa supériorité évidente qui lui vaut leur respect et quelquefois même leur dévouement. Voyez-les, au contraire, dans l'intimité de la vie plus oisive et infiniment plus renfermée d'un poste-capitale ou en général d'un centre où les Européens sont nombreux ; toutes nos habitudes, nos manies de civilisés qui reparaissent, les heurtent et les froissent ; ils ne nous voient plus que sous un mauvais jour ; ils regimbent sans cesse ; on ne peut plus en venir à bout.

« J'ai constaté, ajoutait mon interlocuteur, des phénomènes psychiques analogues chez des sujets africains parmi ceux que nous avons pris l'habitude d'envoyer aux Galeries du Louvre ou à l'Arc de Triomphe, nos soldats à titre de récompense, ou bien, après chaque conquête, les gens les plus huppés du pays. Nous pensons leur en imposer en leur montrant un tas de beaux monuments auxquels ils voient beaucoup moins que le bon paysan que vous planterez devant un Raphaël ou un Poussin ; quant à nos procédés de civilisés, ils n'en retiennent que ceux qui paraissent les plus incongrus ; vous vous rappelez qu'on a cité, avec quelque ébahissement à l'époque, cette réponse d'un des tirailleurs de la mission Marchand envoyés à Paris et à qui on demandait ce qui l'avait le plus frappé dans la grande ville des Français : « C'est, disait-il, de voir dans la rue des blancs qui, à genoux, ciraient leurs souliers à d'autres. « Dans sa jugeote de noir musulman, ce brave homme était offusqué de voir ces Européens qu'il était habitué à dresser dans son pays sur un piédestal, se livrer à une besogne qu'il appréciait être l'apanage de femmes ou de captifs ; sa réponse en dit long pour qui connaît la mentalité des gens de son espèce ; et il avait dû penser bien autre chose. »

La moralité à tirer de ce que me disait là mon ami le vieux colonial, qui a, je dois l'ajouter, la réputation de connaître admirablement ce qui se passe dans les cerveaux noirs, c'est qu'il n'est pas si aisé que d'aucuns croient, de gagner l'admiration de nos sujets africains chez eux. Pour ce qui est de leur montrer les choses de chez nous, c'est probablement, en effet, commettre la même erreur que si, voulant les faire regarder dans une lorgnette, nous la leur tendions du côté du gros bout.

Le choix de Villeneuve qui m'accompagnait dans ma tournée de Brazzaville, s'est porté sur un jeune chrétien nommé Pierre N'gom ; c'est un natif de Loango, élève des missionnaires du Gabon ; il vient d'une factorerie de la côte et en plus du français parle couramment l'anglais. Ce n'est pas la première fois que je constate chez les noirs cette facilité extraordinaire à s'approprier langues et dialectes ; il y a sept ou huit ans que nous sommes au Tchad ; tous les boys y parlent français, même ceux qui n'ont pas passé la moitié de ce temps au service d'Européens et alors que, parmi ces derniers, on compte ceux qui, venus à deux ou plusieurs reprises dans la même colonie, arrivent à s'exprimer suffisamment pour se faire comprendre des indigènes, ainsi privés de la plus grande force nécessaire pour les commander, si grande que je trouve qu'une bien bonne mesure serait de donner une note spéciale avec un coefficient très élevé aux administrateurs de même qu'aux officiers des armes coloniales qui connaîtraient le dialecte de leurs administrés. Rien ne peut les en rapprocher davantage, leur mieux épargner les froissements, leur attirer leur confiance ; faute de cette qualité ils sont toujours à la merci de ce personnage que l'on retrouve dans tous les postes, dangereux par son insuffisance ou son astuce, l'interprète noir.

Le boy que je viens d'engager connaît le français, l'arabe, le sango (dialecte général du Congo et de l'Oubangui), le yakoma et le baguirmien ; au contact de Pierre N'gom et avant même que nous arrivions au Tchad, je suis certain qu'il va se mettre à parler la langue de Shakespeare.

Donc, le 20 juillet, lendemain de notre arrivée à Brazzaville, le chef de bataillon commandant les troupes du moyen Congo et commandant d'armes nous a délivré notre ordre d'embarquement pour le poste de Bangui, sur l'Oubangui, le principal affluent du fleuve Congo : première étape, Matadi ; deuxième étape, Brazzaville ; pour nous rendre à Bangui, la troisième, c'est encore un voyage sur l'eau que nous allons accomplir, sur l'eau douce cette fois.

Le développement de la navigation sur le Congo et l'Oubangui est dû au chemin de fer belge : en 1881, quatre ans après la découverte du fleuve par Stanley, un seul steamboat flottait sur ses eaux ;

c'était le petit bateau à aubes *En avant*, de cinq tonnes de jauge ; il fut amené par Stanley lui-même à Léopoldville, en trois sections montées sur trucs ; son transport depuis Matadi nécessita deux années d'efforts et l'emploi d'une équipe de plusieurs centaines de porteurs. L'année suivante, un nouveau petit steamer fut traîné en une seule pièce à Léopoldville, puis vint le premier vapeur français *le Ballay*, arrivé dans le Congo par les rivières Ogooué et Alima. Jusqu'à 1890 six vapeurs apparaissent encore. Depuis l'achèvement du chemin de fer en 1898, la flottille du Congo n'a cessé de s'accroître en augmentant considérablement son tonnage ; elle comprend aujourd'hui environ 150 bateaux à vapeur battant pavillons français, belges, allemands, anglais, hollandais et américains ; les Belges en ont quelques-uns atteignant 350 tonneaux de jauge, comme *le Brabant*, *le Hainaut*, *la Flandre*, aménagés pour transporter trente passagers blancs, trois cents passagers noirs et 150 tonnes de marchandises, et deux de 500 tonneaux, *le Kintambo* et *le Segetini*, qui remontent à Stanleyville, soit à seize cents kilomètres de Léopoldville, en vingt-deux jours, et redescendent en douze. Presque tous ces steamers sont à roues motrices placées en arrière, offrant sur l'hélice de nombreux avantages pour parer aux dangers de la navigation fluviale : d'abord les écueils, assez nombreux dans les deux cent cinquante premiers kilomètres du bief, puis les troncs d'arbres flottant entre deux eaux ou échoués sur les hauts fonds, enfin les bancs de sable et les courants.

Chaque Société commerciale possède ses bateaux, ou bien elles se sont constituées par groupes pour assurer leurs transports.

C'est la Compagnie des Messageries fluviales du Congo qui a le monopole des transports de l'État français ; sa flottille se compose de dix steamboats :

Gouverneur Ballay,	bateau	à roues arrière	de 200	tonneaux.
Commandant Lamy,	—	—	de 100	—
Eugène-Etienne,	—	—	de 100	—
Valérie,	—	—	de 40	—
Colonel Klobb,	—	—	de 24	—
Cotelle,	—	—	de 20	—
De Brazza,	—	à deux hélices	de 20	—
Cholet,	—	—	de 20	—
Daniel,	remorqueur	à hélice.		
Zèbre,	—	—		

Tous ces bateaux ont comme corps principal une coque très aplatie, en forme de chaland. Ceux de 100 tonnes et au-dessus ne peuvent, malgré ce mode de construction, naviguer sur l'Oubangui pendant les six mois de saison sèche au cours de laquelle les profondeurs n'y excèdent pas un à deux mètres. Sur le pont attenant à la coque sont installés la machine, les chaudières chauffées au bois, et ce bois entassé en piles formées de bûches de 0,50 de longueur ; en dehors des vingt à trente hommes de l'équipage indigène, il reçoit aussi les passagers noirs ; des supports hauts de deux mètres soutiennent un second pont qui est l'asile des blancs ; un toit l'abrite, également édifié sur des supports métalliques de deux mètres ; la hauteur totale de la carcasse au-dessus de la ligne de flottaison est donc de près de cinq mètres ; la stabilité en est suffisante par beau temps, mais dès qu'une forte tornade fait moutonner les eaux et souffle sur l'édifice, sa sûreté serait compromise si l'on ne cherchait l'abri des rives. La majorité des capitaines employés par la Compagnie est de nationalité hollandaise, ou suédoise, ou norvégienne ; en effet, les règlements de l'inscription maritime en France portent que, pour jouir de ses bénéfices, les marins doivent naviguer sur l'onde salée ou tout au moins des fleuves qui s'y jettent ; la condition serait bien réalisée sur le Congo, mais pas sur l'Oubangui ou les autres affluents, d'où l'obligation de faire appel à des marins de nationalités étrangères. Vainement, le gouvernement du Congo s'est efforcé jusqu'ici d'obtenir une modification de règlements qui engendrent une situation aussi bizarre.

Les capitaines des bateaux ont sous leurs ordres un mécanicien blanc ; mais tout le reste de l'équipage est noir.

Depuis trois ans la Compagnie des Messageries fluviales, fondée seulement en 1900 et dont l'essor est tout à fait remarquable, grâce aux efforts de MM. Guynet et Fondère, a réalisé de très grands progrès dans la construction de plusieurs nouveaux bateaux et le confort des passagers. En 1904, j'ai fait le voyage du Congo et de l'Oubangui sur le petit vapeur de *Brazza*, de vingt tonnes ; le pont supérieur, abrité par une simple toile de tente, tenait lieu de tout, promenoir, dortoir, réfectoire ; on y rôtissait le jour, et la nuit il fallait recourir à un agencement de bâches de fortune pour se protéger de l'humidité. Aujourd'hui, plusieurs bateaux déjà ont des cabines, une salle à manger, des toits en bois doublés de tôle ; les deux derniers venus possèdent même l'avantage inappréciable de salles de douches et de machines à glace et ils assurent le service de Brazzaville à Bangui sur une distance de mille quatre cents kilomètres en une quinzaine de jours à la montée, au lieu de vingt-cinq à trente.

DE BRAZZAVILLE A BANGUI

C'est sur l'un d'eux, le *Commandant Lamy*, que de Villeneuve et moi avons là bonne fortune de prendre place ; le lancement vient d'en être effectué ; son premier voyage a été réservé à la famille Guynet, qui a bien voulu nous offrir d'être ses compagnons de route jusqu'à Bangui.

Brazzaville est incontestablement le meilleur port du Pool, et cela, à cause de la profondeur des eaux près de sa rive ; elle évite des surprises désagréables comme celles qu'ont connues à Léopoldville et à Kinchassa des capitaines de bateaux qui. les ayant laissés à six heures du soir avec quarante centimètres d'eau sous la quille, les retrouvèrent le lendemain échoués sur la vase par suite d'une décrue subite. Donc, il ne sera pas nécessaire, dans la capitale française, d'établir le wharf coûteux qui s'avance en eau profonde, mais seulement, dès qu'on aura un peu d'argent, un quai en bordure de la rive. En ce moment c'est cette rive argileuse qui en tient lieu ; les steamboats s'y accotent et une large planche sert de passerelle. A l'embarcadère des bateaux des Messageries fluviales, devant la superbe case de la direction, une case à un étage ! chose rare au Congo, je me suis retrouvé le matin du 21 juillet à huit heures avec mes aimables compagnons de route ; même notre caravane aura un charme de plus par la présence de Mme Beck, sœur de Mme Guynet, qui se joint à nous.

Nous quittons Brazzaville en même temps que l'*Eugène-Etienne*, qui porte nos autres compagnons de l'*Europe*, et longeons aussitôt après la grande île Bamou pour entrer, à l'extrémité du lac et à quatre kilomètres de Brazzaville, dans le chenal appelé « le Couloir ». Le fleuve a dû ronger là encore pendant deux cents kilomètres, une barrière rocheuse, les dernières assises des Monts de Cristal, se frayant un lit de quinze cents à deux mille mètres de large, resserré entre des collines escarpées qui se répètent en se ressemblant toutes ; de loin en loin seulement quelques bouquets d'arbres. C'est la seule section où la navigation soit dangereuse à cause des éperons rocheux et des écueils isolés ; le courant y est, en outre, toujours très fort. En ce moment le Congo est sous l'influence d'une de ses deux crues annuelles, l'une en juin, l'autre en novembre. Coulant dans la région équatoriale, il reçoit des affluents des deux hémisphères ; ses deux crues correspondent donc, l'une à la saison des pluies de l'hémisphère nord, l'autre à celle de l'hémisphère sud. Elles durent environ chacune deux mois. Dans sa partie septentrionale, aux Stanley-Falls (chutes de Stanley), à ces deux époques, les eaux s'élèvent d'environ deux mètres cinquante. Au Stanley-Pool la crue de mai n'est pas aussi forte, mais celle de novembre et de décembre est deux fois aussi considérable. La vitesse des eaux, lorsqu'elles débouchent à cette époque dans le lac, a été calculée à deux cent vingt mètres par minute. Même à ce moment-ci elle est certainement considérable, car le *Lamy* qui est un bon bateau, avec des machines toutes neuves, a eu beaucoup de peine, les feux poussés à la dernière limite, la coque vibrant sous l'effort des aubes, à venir à bout du courant. Pendant dix grandes minutes, nous sommes restés en panne, et finalement, il nous a fallu zigzaguer sous des angles très petits, jusqu'à près d'un mille en amont pour arriver à reprendre notre route régulière.

La hausse et la baisse des eaux se produisent de façon très capricieuse, suivant que les plaines d'inondation riveraines sont plus ou moins nombreuses dans les différents biefs ; dans le haut fleuve elles atteignent souvent soixante centimètres ou un mètre en un seul jour. Le bief sur lequel nous voguons est le deuxième navigable ; nous avons vu le premier praticable aux paquebots, de l'embouchure à Matadi ; celui-ci, pour des bateaux calant un mètre soixante, a deux mille kilomètres de longueur, du Stanley-Pool aux Stanley-Falls ; enfin il en existe un troisième où flottent les steamboats de deux cents tonneaux de jauge, entre les Stanley-Falls et les sources.

Subitement, après deux jours de navigation dans cette coupure du « Couloir », nette comme la section d'un couteau, on voit le Congo s'étaler majestueusement en une nappe immense de douze à quinze kilomètres de large, mais ce n'est pas une nappe d'eau libre. Lorsque le fleuve s'est taillé son domaine, presque entièrement dans la grande forêt équatoriale, pour faciliter sa tâche à travers cet obstacle, rude tâche même pour une pareille masse d'eau, il l'a découpée en une infinité d'archipels. Sans cesse son lit est barré d'îles, au grand axe parallèle au courant, étroites, effilées vers l'amont comme une proue de navire sous l'action incessante du courant. Ces îles sont couvertes, ainsi que les rives du fleuve, d'une végétation dont on peut difficilement donner une idée.

La nature ne connaît point de repos sous ces latitudes où règne un été perpétuel. Des arbres gigantesques, toujours en croissance, archi-séculaires, formant un rideau continu, s'élèvent d'un seul jet, atteignant des proportions stupéfiantes, quarante mètres de hauteur, douze à quinze mètres de diamètre, entrelaçant leurs ramures que des lianes escaladent pour aller fleurir tout en haut, près de la lumière, sur l'océan de verdure que forment les sommets arrondis de ces géants. Une partie de leurs racines courent sur le sol, contournées, tourmentées, prenant l'aspect d'immenses serpents ; l'humidité qui règne à l'état constant leur permet de vivre ainsi d'une façon aérienne. Ce n'est pas comme en Europe, un bois de mêmes essences, pins ou châtaigniers ou chênes ; cinquante espèces différentes s'y réunissent et s'y heurtent.

Mais, ce qui différencie surtout la forêt équatoriale, la « forêt vierge », d'avec les paysages sylvestres de nos pays, c'est le sous-bois : dans l'humus amoncelé par les siècles, sur lequel pourrissent les branches mortes, les arbres renversés, se développe une végétation aussi prodigieuse, s'entasse une légion de palmiers, de buissons, d'arbrisseaux ; la petite plante est devenue arbuste, les broussailles forment taillis. Une foule de plantes grimpantes, parties des racines, les joignent aux cimes, rampent sur les branches, se déploient en festons, en spirales, s'étendent follement d'un tronc à l'autre et tombent en cascades jusqu'au sol ; dans ces recoins surchauffés il y a lutte pour l'air et la place entre cent plantes diverses, les plus grosses étouffant les plus petites. C'est un fouillis où tout ou à peu près est vert et où les verts sont presque tous sombres ; quelques reflets de lumière à peine y pénètrent, tamisés, divisés à l'infini, ne donnant qu'une lueur de crépuscule.

Les berges souvent se découpent, une anse, une échancrure, œuvre du fleuve, ou le sillon d'un de ses affluents. Dans ces ouvertures, avides d'espace, les ramures des arbres riverains se sont hâtées de pénétrer, joignant les bords, entrelaçant leurs branches autour desquelles se glissent et s'accrochent les plantes grimpantes, les lianes à la chevelure hérissée, formant des toits multiples et compacts au point que jamais un rayon de ce soleil équatorial si puissant ne filtre jusqu'à l'eau toute noire dans ces grottes ou sous ces tunnels de verdure.

Il est remarquable que les descriptions des mêmes paysages africains changent très souvent du tout au tout avec les yeux de voyageurs différents : tel site qui parut à l'un charmant, doux et attirant, est pour l'autre revêche, âpre et triste ; tel coin sylvestre a frappé par sa nudité, sa pauvreté arborescente qui, dans d'autres pages, devient un véritable jardin avec des perspectives semblant avoir été aménagées pour le plaisir des yeux : question de tempérament, surtout de dispositions journalières du passant, et quel pays que l'Afrique pour les faire variables ! Devant cette sylve vierge il y a unanimité de sentiments : elle empoigne, on se sent tout dépaysé, un intrus ; elle a su faire vibrer la plume du rude, du sceptique Stanley lui-même, et lui arracher des réflexions qui touchent au mysticisme. Mais aussi, il y a un revirement, bien connu de ceux qui ont voyagé sur le Congo : la lassitude ne tarde pas à succéder à la première impression si vive. A ce chef-d'œuvre de la nature, que manque-t-il ? Avant tout, les indices de civilisation familiers et nécessaires à notre esprit de civilisés, lacune de tout paysage de l'Afrique centrale sans doute, mais accentuée en ces lieux par la monotonie du rideau tiède, muet et triste, encadrant, pendant une série de longues journées sédentaires, ce défilé ininterrompu de rives, d'îles et d'îlots ; puis la grande rareté des villages et l'absence de la vie animale tuée par la végétation. Cet immense bassin congolais est relativement peu peuplé : cinquante à soixante millions, tel est le chiffre de population évalué dans les Congos français et belge, soit dix millions environ de plus qu'en France pour une superficie quarante à cinquante fois supérieure. De plus, la conquête du fleuve par l'Européen a fait fuir l'indigène dans l'intérieur ; le missionnaire Georges Grenfell, dont les travaux sont certainement les plus documentés de tous ceux qui existent sur le bassin équatorial, estime que sur le bief navigable de Léopoldville à Stanleyville, c'est-à-dire seize cents kilomètres, il n'y a pas plus de 125.000 âmes éparpillées dans les villages qui bordent le fleuve du côté belge. Et les villages sont moins nombreux et moins importants de notre bord, tant sur le Congo que sur l'Oubangui jusqu'à Fort-de-Possel à une distance à peu près égale de Brazzaville, et jusqu'où nous allons aller ensemble.

De même, le passage bruyant et continu des steamboats a amené la disparition à peu près complète de la faune aquatique.

Le sol trop encombré, la végétation trop dense de la sylve vierge a réduit la sienne à quelques oiseaux, quelques singes, des reptiles, des éléphants à qui leur masse permet de se frayer un passage dans les fouillis et, en lisière, dans certaines parties un peu plus dégagées, des buffles. A cette courte énumération il faut pourtant ajouter un animal dont l'existence vient d'être vérifiée. Il avait été signalé en 1901 par sir Harry Johnston ; la curiosité d'autres savants avait été vivement piquée ; beaucoup accusaient sir Johnston de hâblerie. C'est à un Anglais qu'il était réservé de faire la preuve de l'existence de ce nouveau représentant de la faune équatoriale si réduite, le lieutenant Boyd Alexander que j'ai eu le plaisir de connaître au Tchad en 1904 ; il y était venu en voyage d'agrément avec son frère, qui est mort de la fièvre sur le lac pendant une exploration qu'ils en faisaient sur un bateau démontable emporté par eux. Le lieutenant Boyd Alexander a donc tué sur le Congo, en rentrant en Europe, un animal tout à fait extraordinaire appelé par les indigènes *okapi ;* ils racontent qu'il ne vit que dans les marais et les cours d'eau vaseux et qu'on ne l'aperçoit qu'aux premières heures de la matinée, après quoi il va se cacher dans sa bauge en pleine forêt. Sir Alexander ayant rapporté sa carcasse au Muséum de Londres, celui-ci a décidé que l'okapi tient à la fois de la girafe, du zèbre et du tapir. Ce doit être un animal bien curieux ; l'heureux chasseur ayant soigneusement emballé la carcasse de celui qu'il avait tué, personne n'a pu la voir à son passage et m'en donner une

NOTRE CARAVANE SUR LE « COMMANDANT LAMY ».

description. Je présume que la nature, qui fait bien tout ce qu'elle fait, l'ayant destiné à vivre dans la forêt équatoriale, ne l'a pas fait tenir de la girafe par le cou.

Réunis la plus grande partie de nos journées dans l'espace libre entre les cabines et la salle à manger du *Commandant Lamy*, nous assistons à ce défilé de végétation équatoriale.

Sous nos pieds la machine halète d'un rythme égal, les bielles grincent, les noirs crient et se chamaillent ; des relents nous viennent de filets de caïman ou de poisson sec grillant à même le bois de chauffe. Le bateau trépide sous l'impulsion des roues qui fouettent bruyamment l'eau à l'arrière, en faisant jaillir l'écume et laissant derrière elles le sillage d'un croiseur cuirassé, la vapeur siffle en fusant par les soupapes. De temps à autre, en quête d'un horizon nouveau, nous poussons une pointe à l'avant où le capitaine Swensen, assis à une table devant sa carte, indique la route au noir qui tient la roue. Au-dessous de lui, à cheval sur l'étrave, un autre indigène de l'équipage manie une longue perche sur laquelle sont attachés, en guise de repères, trois ou quatre morceaux d'étoffe; d'un moulinet ininterrompu, plongeant dans l'eau sa baguette, la relevant sur le coude et la faisant tourner d'un coup de poignet, il sonde le fleuve et son cri s'élève, continu et traînard : « Tra mét, dé mét » (trois mètres, deux mètres). Et dans les eaux troubles, couleur de thé, traçant péniblement son sillon dans le courant contraire, le *Lamy* zigzague sans cesse, quittant la rive pour joindre la pointe d'un îlot, gardant le même cap et suivant la berge d'une île longue de plusieurs kilomètres, revenant à la rive encore. Il est en marche à la pointe du jour pour ne s'arrêter que juste le temps de renouveler sa provision de bois à l'un des « postes à bois » échelonnés sur le fleuve ; ces postes à bois sont partie intégrante des diverses factoreries installées sur le Congo, ou appartiennent à des particuliers qui ont obtenu des concessions spéciales et des autorisations de coupe dans la forêt. La vente de ce bois de combustible est des plus actives ; un steamboat du tonnage du nôtre en consomme environ soixante stères par jour, soit une dépense de quatorze cents stères environ pour un seul voyage de Brazzaville à Bangui et retour.

Quelquefois, gros événement, en amont s'aperçoit un panache de fumée. Un cri part, *Holélé !* (un bateau) répété par dix bouches, puis par toute la bande noire. Le panache grossit vite, et au-dessous la coque du steamboat qui file à toute vitesse vers Brazzaville ou Léopoldville. Les noirs, avec cette vue extraordinaire qu'ils possèdent, se reconnaissent à deux cents mètres d'un bord à l'autre ; ils se signalent mutuellement par des bordées de hurlements qui doivent être de joie et qu'ils augmentent en trépignant ; ils ont juste le temps de se lancer les nouvelles des amis et connaissances d'amont et d'aval et ne perdent pas une bouchée, pendant que notre pavillon et notre sifflet répondent aux bonjours de ceux du passant.

A la nuit nous faisons halte à une factorerie ou bien à un village, lorsque l'un ou l'autre s'en trouve à ce moment ; ou bien le bateau est amarré à une berge. Si la quantité de combustible est insuffisante pour le lendemain matin, l'équipage s'arme de haches, et, à la lueur de quelques falots, s'enfonce dans la forêt en quête de branches mortes ou d'arbres tombés sous le poids du temps. N'ayant pas, ces soirs-là, un espace suffisant pour coucher à terre, les hommes campent à toutes les places vides sur le pont inférieur dont l'hospitalité est infinie ; les cuisiniers s'installent sur leurs fourneaux, les chauffeurs contre les chaudières et les mécaniciens entre leurs bielles ; on voit des corps noirs partout, jusque sur les piles de bois, étendus dans les positions les plus bizarres ; quand l'abondance des moustiques les leur rend gênants, ils développent des moustiquaires en toile bleue ou blanche ; une seule donne quelquefois l'hospitalité à trois ou quatre corps entassés. Dans les indigènes de l'équipage il y a surtout des Bacongos et des Bangalas qui ont la réputation d'être les meilleurs mariniers du fleuve ; ce sont de solides gaillards, à la peau brune et huileuse avec des reflets de métal, où tranchent les gros grains d'un collier de perles bleues, ou une médaille de teinte sale, ou bien le petit carré graisseux d'un scapulaire. Tous sont tatoués, cela va sans dire, mais le tatouage des Bacongos est très particulier : sur une ligne qui part des cheveux pour atteindre le bout du nez en passant par le milieu du front, ils pratiquent une suite d'incisions dans lesquelles ils introduisent le suc d'une plante, ce qui a pour résultat de faire soulever la chair en bourrelet à la place de chaque incision ; l'ensemble représente tout à fait une crête de coq ; sa grosseur est en proportion de la coquetterie de chacun.

Certains soirs, quand le bief est sûr au point de vue des profondeurs, Swensen fait continuer la marche du bateau jusqu'à une heure avancée de la nuit.

Ce sont nos meilleures soirées, celles où les moustiques écartés par le courant d'air de la marche nous permettent les longues causeries en respirant en paix la fraîcheur nocturne, pendant que les sinuosités du chenal promènent notre bateau des sombres recoins des rives exhalant leur chaleur de four mal éteint au large ruban du courant central, dont les remous, miroitant et tremblotant sous l'éclat des mille feux du zénith, blanchissent seuls le sombre panorama, clartés à reflets argentés si douces et si reposantes après l'éblouissement de tout le jour.

La température que nous subissons est... j'allais dire sénégalienne ; c'est une mention que l'on voit sur beaucoup de thermomètres centigrades aux environs du quarantième degré entre les deux autres mentions « Bains ordinaires » et « Culture des vers à soie ». Elle donne une notion tout à fait fausse de la température du Sénégal où, pendant la plus grande partie de l'année, le thermomètre oscille entre 25 et 26°, sans que les journées les plus chaudes dépassent 34° et que les plus fraîches s'abaissent jusqu'à 20° ; il en est de même au Congo. Mais aussi, ces chiffres ne fournissent qu'une idée inexacte de climats que l'humidité perpétuelle rend infiniment pénibles à supporter, en même temps qu'elle aggrave singulièrement les dangers et les rigueurs de la température et engendre l'anémie, la fièvre et l'infection paludéenne.

A mesure que le voyageur du Tchad s'élève au nord et jusqu'au lac, à travers des régions de plus en plus dénudées et sablonneuses, partant d'une hydrographie beaucoup moins étendue, il constate des températures de plus en plus élevées qui atteignent au-delà de 45°, en même temps que l'amplitude entre les variations diurnes et nocturnes augmente ; ainsi au Kanem, limitrophe du Tchad à l'est, région de caractère désertique très voisine de la région saharienne, j'ai noté souvent des moyennes nocturnes de 10 degrés pour des températures diurnes de près de 50 degrés. Mais le propre de cette chaleur est la sécheresse, et tout en étant supérieure d'une dizaine de degrés à celle de l'équateur, elle se supporte beaucoup plus facilement ; entre Matadi et Fort-Crampel et même plus haut, jusque vers le neuvième degré de latitude, c'est le perpétuel bain de vapeur ; la sueur ruisselle et on y cuit ; le sommeil, la nuit, sous la moustiquaire, est souvent impossible ; après le neuvième degré, on grille, mais on grille à sec, et l'organisme réagit d'autant plus vigoureusement que l'abaissement du thermomètre à partir de 6 heures du soir permet le repos pendant les soirées et les nuits ; un autre avantage de cette température est qu'il est possible de boire frais pour peu que l'on prenne souci de provoquer l'évaporation autour de récipients, tandis que dans la zone équatoriale il faut se résoudre à avaler presque toujours tiède.

De ces considérations, jointes à celle de la privation de vivres frais, il ressort que les deux mois et demi de voyage de Brazzaville jusque vers Fort-Archambault, constituent une sérieuse épreuve ; bien des affections de caractère paludéen qui assaillent au cours du séjour dans les pays du Tchad, ont sans doute pris leurs germes dans les vallées du Congo et de l'Oubangui et aussi celle du Gribingui ; de l'aveu de tous les docteurs, le paludisme est beaucoup moins virulent lorsqu'on arrive dans les parages du neuvième degré de latitude en même temps que l'alimentation plus saine, viande de bétail, œufs et laitages, permet de mieux résister à ses attaques. C'est ce qui fait encore que si, au Territoire militaire du Tchad, beaucoup d'Européens peuvent demeurer deux ans et demi et trois ans, on a dû fixer le maximum de durée des diverses périodes de séjour pour nos administrateurs congolais à vingt mois. Je ne me rappelle pas avoir eu sous les yeux des statistiques de la mortalité française au Congo, mais je viens de lire dans une relation de voyage de M. de Mandat-Grancey que la mortalité en 1892 a été de près de dix pour cent dans le Congo belge ; les années qui suivirent furent plus clémentes, mais la moyenne n'est pourtant pas tombée au-dessous de sept pour cent ; et il faut remarquer qu'il n'est question dans ces chiffres que des agents ou fonctionnaires morts dans la colonie même. Or, comme le fait justement remarquer M. de Mandat-Grancey, il est reconnu que l'incubation autant que l'évolution des affections coloniales sont de très longue durée, et les exemples sont nombreux d'Européens quittant une colonie dans un état de santé relativement satisfaisant et mourant plus ou moins de temps après être rentrés chez eux ou même sur le paquebot qui les rapatrie. Pour avoir le taux réel de la mortalité produite par une colonie, africaine surtout, on peut donc, sans exagération, doubler les chiffres d'une statistique, et ceux que je citais permettraient d'établir que depuis une quinzaine d'années la mortalité des Européens venus au Congo belge a évolué entre quatorze et vingt pour cent.

Puisque j'en suis à la climatologie des pays que nous traversons ensemble, je demande la permission de rappeler que les contrées englobées par la zone équatoriale ne restent qu'un temps fort court en dehors de la limite de la bande des pluies et de celle des tornades, de sorte que les saisons sèches et des pluies n'y sont guère distinctes ; mais à mesure qu'on s'éloigne de l'équateur, les saisons deviennent plus nettes et leur durée respective se modifie ; ainsi, à partir du 5e degré nord (sur notre itinéraire la latitude de Fort-de-Possel) jusqu'au 14e degré 5 (latitude approximative du nord du lac Tchad), on distingue au point de vue climatologique trois zones différentes : la première s'étend du 5e degré nord au 6e degré 45 environ (latitude de Fort-Crampel), la deuxième du 6e degré 45 au 10e degré (latitude du poste de Damraou) et la troisième du 10e degré au 14e degré 5. Plus au nord, c'est le climat saharien.

Dans la première zone, il y a une saison sèche de quatre mois environ, pendant laquelle il ne pleut pas ; elle commence au 15 novembre pour finir au 15 mars ; elle est suivie d'une petite saison intermédiaire du 15 mars au 15 juin environ ; les pluies commencent à tomber arrosant la terre : c'est la période des semailles. Du 15 juin au 15 octobre, on est dans la grande saison des pluies ; enfin, du 15 octobre au 15 novembre, on a un mois de saison mixte qui sépare la grande saison des pluies.

Dans la deuxième zone, approximativement comprise entre les latitudes de Fort-Crampel et de Damraou, il faut compter cinq mois de grande saison sèche au lieu de quatre dans la première zone, et la quantité de pluies tombées est sensiblement plus forte.

Enfin la troisième zone où il pleut beaucoup moins, comprend huit mois de saison sèche et cinq mois de saison des pluies, cette dernière du commencement de mai au commencement d'octobre. Mais dans cette troisième zone on a reconnu des différences considérables dans les observations pluviométriques faites dans les différents postes, du nord au sud, suivant qu'ils sont plus ou moins rapprochés des territoires sahariens ; au poste de Mao (14° 2 de latitude) dans le Kanem (je rappelle que le Kanem est une contrée de caractère désertique), pendant la saisons de pluies de 1904 que j'y ai passée entière, il y eut seulement quatre tornades représentant cinq à six heures de pluie, tandis qu'au poste de Massakory, cent trente kilomètres environ plus au sud, que je commandais pendant l'hivernage de 1905, j'ai noté, du 19 mai au 26 septembre, deux cent soixante-neuf heures de pluie, et cette moyenne est encore inférieure à celle de Fort-Lamy, situé à une centaine de kilomètres plus au sud ; en résumé, les variations sont considérables dans la pluviométrie pour des différences minimes en latitudes.

On voit que, partis de Brazzaville à la fin de juillet, nous allons accomplir nos trois mois de voyage jusqu'au Tchad en pleine saison des pluies dans toutes les zones. Le cauchemar de ce voyage c'est l'accès de fièvre paludéenne. La science ayant démontré que c'est par la trompe des moustiques du genre anophèles que nous est infusé le germe du paludisme et ces satanés insectes, comme tous leurs congénères, se reproduisant à l'infini au moment des pluies, on a donc, à cette époque, des milliers de chances de plus d'être « impaludé », pour employer le terme consacré ; je dirai même qu'il est impossible de l'éviter : vous aurez beau vous condamner à vivre, à partir du coucher du soleil, sous une moustiquaire, la nuit, lorsque vous dormirez, aucune précaution ne pourra empêcher qu'une partie de votre corps touchant, à un moment donné, une des parois, ne devienne la proie de plusieurs affamés. Aussi sommes-nous tous, à bord du *Lamy*, au régime de la quinine préventive, vingt-cinq centigrammes chaque jour, c'est la dose habituellement ordonnée par les docteurs ; il en est qui vous prescrivent de la doubler en cette saison.

Voici l'explication qu'ils donnent de cette méthode de la quinine préventive, de date assez récente : vous avez dans les veines un liquide dans lequel grouillent des petits animaux qu'on a appelés globules ; il y en a de deux espèces : des blancs et des rouges. Pour que votre santé soit florissante, il faut que les deux genres de globules se maintiennent en proportion constante ; que ce soient les rouges ou les blancs qui soient en excédent, dès que l'équilibre est détruit, l'organisme périclite. Or, lorsque les anophèles vous infusent à travers leur trompe le germe du paludisme, ne croyez pas qu'ils vous infectent le sang ; pas du tout ; le mal est que ce germe dédaigne les globules rouges et qu'il élit seulement domicile chez les blancs, qu'il a la propriété de rendre tout guillerets ; ils grandissent, grossissent, se mettent à pulluler de telle façon que les malheureux rouges succombent les uns après les autres, faute d'air et de place ; c'est le phénomène qui se produirait dans un bassin où des poissons blancs recevraient une pâtée spéciale qui excite leur reproduction au détriment des poissons rouges. Le patient chez lequel se passe ce drame languit, bien entendu, pendant tout son cours, jusqu'à ce que le dernier globule rouge ayant disparu, il passe en l'autre monde.

Eh bien ! la quinine est l'ennemi juré du germe des anophèles ; introduisez-la journellement, même en petites quantités dans vos veines, lorsque l'ennemi y fera son apparition, il trouvera à qui parler, et, si la dose était insuffisante pour qu'elle en vienne complètement à bout, elle l'empêchera en tout cas de se prodiguer outre mesure chez les globules blancs, et vous avez bien des chances d'en être quitte pour un accès bénin.

Mais, peu de temps après la fondation de cette nouvelle école, voilà qu'une autre a surgi : nul doute, disent ses adeptes, que la quinine soit l'ennemi le plus sûr à opposer au paludisme, mais attendez au moins que le mal existe ; car nous tenons pour certain qu'elle s'attaque aux globules rouges, et qu'absorbée ainsi chaque jour, elle est la cause de ces terribles hématuries qui se manifestent dans la fièvre bilieuse hématurique ; nous appuyons notre affirmation sur deux faits : 1° avant qu'on ait adopté votre système préventif, la fièvre hématurique était inconnue et maintenant elle représente 25 0/0 des décès des Européens en pays tropicaux ; 2° vous ne la verrez jamais se manifester chez des Européens nouveaux venus dans une colonie, mais bien chez ceux qui, ayant déjà un assez long temps de séjour et absorbant quotidiennement de la quinine, en ont saturé leur organisme. En somme, en voulant guérir une maladie, vous en avez créé une autre plus redoutable.

La discussion dure encore ; mais je dois dire que la première école continue à réunir les partisans les plus nombreux et que la quantité de quinine préventive qui s'absorbe annuellement dans la seule colonie du Congo français représente la récolte d'une vraie forêt de quinquinas ; dans certains postes il est de règle d'en donner à nos soldats sénégalais, paludéens tout autant que nous et croyants fervents du remède. Pour ma part, je n'ai jamais manqué d'absorber quotidiennement mes vingt-cinq centigrammes ; je n'ai pas eu de fièvre hématurique, mais j'ai connu d'autres accès fort sérieux ; on m'a consolé en me disant qu'ils eussent été bien plus graves sans mon observance de la saine méthode.

L'accès déclaré, les docteurs vous administrent chaque jour jusqu'à deux grammes du remède ; les uns, soucieux de votre estomac, vous l'injectent au moyen d'une seringue Pravaz ; d'autres nient que cet organe en ait cure : « Pure illusion ! me disait l'un de ces derniers, que les mauvais effets de la quinine sur l'estomac : la quinine vient de l'écorce du quinquina ; or il est reconnu que l'autre principe actif de l'arbuste, le quinquina, est un stimulant des plus appréciables de l'appareil digestif, pourquoi en serait-il autrement de la quinine ? »

Au fait, pourquoi ? Il est certain que le délabrement d'un appareil digestif européen en Afrique a trop de causes certaines, l'eau, les boîtes de conserves, la viande de gibier, d'une façon générale le manque de beaucoup de choses auxquelles il était habitué, pour qu'on puisse démêler la part de responsabilité qui revient à la quinine, si même elle en a une.

On constate qu'aux colonies comme ailleurs, les théories des bons docteurs se heurtent souvent. Cela n'empêche pas de les estimer à leur juste valeur pour leur énergie et leur dévouement, qu'on les voie à l'œuvre dans la paillote qui leur tient lieu d'infirmerie et d'hôpital, ou s'occupant de leurs blessés sous le feu, ou courant prodiguer leurs soins d'un poste à l'autre, en accomplissant à travers brousse et marigots de véritables raids de plusieurs centaines de kilomètres souvent, car ils ne sont jamais bien nombreux : à Brazzaville, où il en existe en ce moment quatre ou cinq pour cause des études spéciales de la maladie du sommeil, ils sont en général au nombre de deux seulement ; puis entre Brazzaville et Fort-Lamy, sur deux mille cinq cents kilomètres environ, on en trouve un à Bangui et c'est tout; le territoire militaire du Tchad, grand comme la France, en possède un à Fort-Lamy et un autre placé dans un poste de la frontière est où les chances d'engagements sont plus grandes ; tout ce qu'ils peuvent faire est d'aller au plus pressé. Cette pénurie de médecins coloniaux est tout particulièrement regrettable dans des colonies comme le Congo, où les étendues étant énormes et l'occupation restreinte, quantité d'Européens se trouvent seuls dans un poste, très éloignés des voisins. Et il n'y aura d'amélioration possible à cette situation que lorsqu'un peu plus d'enthousiasme existera pour la carrière de médecin aux colonies ; en ce moment il est bien modéré.

Le 23 juillet à neuf heures, nous passons à l'embouchure d'un des plus gros affluents de gauche du Congo, le Kassaï, large de quatre à cinq cents mètres. Dans l'angle septentrional formé par le fleuve avec son affluent est la mission anglaise de Berghe Sainte-Marie, une de ces riches missions anglaises, américaines ou suédoises qui s'organisèrent fortement au Congo dès 1880 ; les jardins de celle-ci descendent en pente douce jusqu'au fleuve, laissant voir dans leurs vides les murs clairs de nombreux bâtiments ; le clocheton d'une église pointe entre deux palmiers et les vibrations de sa cloche parviennent jusqu'à nous ; c'est un joli coin de civilisation que saluent les trois coups de sifflet réglementaires du *Commandant Lamy*, pendant que le pavillon de la mission nous répond en s'abaissant et s'élevant le long de son mât. L'établissement de Berghe Sainte-Marie dans cet

ÉLÈVE DES MISSIONS CONGOLAISES.
(Cliché de la *Dépêche Coloniale*.)

endroit avait eu pour raison une des plus grosses agglomérations de population que l'on trouvât sur les rives du Congo, une dizaine de mille âmes ; la maladie du sommeil est venue et en a fauché les deux tiers en quatre ou cinq ans.

Ce qui ajoute, dans ce joli coin du Kassaï, à ce cachet de civilisation qui repose l'œil de l'Européen, ce sont deux énormes pylônes métalliques de plus de trente mètres de haut élevés de chaque côté de la rivière ; ils supportent le fil télégraphique qui la franchit, tronçon de la ligne qui part de Boma, passe par Léopoldville et va joindre le lac Tanganika après s'être allongé sur près de trois mille kilomètres.

C'est encore là un beau et gros travail des Belges ; pour l'établissement de cette ligne ils ont dû tenir compte de beaucoup de considérations : ainsi, sur les rives du fleuve ou de ses affluents traversées par le fil, il a fallu, afin qu'il puisse couvrir d'un seul jet des portées de quatre cents à sept cents mètres, édifier des pylônes semblables ou supérieurs même en hauteur à ceux du Kassaï. Une des principales monnaies du pays étant le *mitako*, une courte baguette de cuivre ou de laiton, ils ont, pour ne pas exciter la cupidité des voleurs, fabriqué un fil en bronze dit phosphoreux, de teinte brunâtre, qu'ils ont, pour plus de sûreté encore, enduit d'une composition noire. Dans toute la traversée de la forêt équatoriale, c'est-à-dire sur les deux tiers du parcours de la ligne, un passage de dix mètres de large a été créé pour préserver, autant que possible, la ligne des chutes de branches. Mais ce n'était pas tout de se mettre en garde contre les arbres et les hommes, il fallait aussi songer aux animaux ; or les fourmis termites abondent et elles ont un estomac comparable à celui de ce roi de Perse, Mithridate, qui, pour occuper la solitude dans laquelle il s'était confiné afin d'échapper aux complots, s'aguerrit si bien contre les poisons en les avalant par degrés, qu'il pouvait en absorber ensuite autant qu'il en voulait. On avait enduit, au Congo, les poteaux télégraphiques primitifs en bois, comme aussi les traverses de la voie ferrée de Matadi, j'ai omis de le dire, de toutes les compositions, sels, sulfates de cuivre et autres, usitées en Europe pour les préserver des vers les plus voraces : sans doute les termites s'en trouvèrent, au début, indisposés, mais on ne fut pas long à s'apercevoir que ces compositions n'agissaient plus sur eux que comme condiments ; en un clin d'œil leur appétit s'étant accru d'autant, poteaux et traverses disparaissaient, d'où la nécessité qui s'est encore imposée aux Belges de faire des traverses et des poteaux en fer, de percher les cabines télégraphiques de la ligne sur des échafaudages en fer aussi. Mais l'ennemi le plus gênant du télégraphiste congolais, c'est l'éléphant ; malicieux de sa nature, il se fait à chaque instant un malin plaisir de déraciner les poteaux avec sa trompe, ou bien il les jette bas, ayant pris la déplorable habitude de venir se gratter dessus.

On juge du prix qu'a dû coûter pareille ligne télégraphique et des soucis que donne son entretien. On eût accordé volontiers la préférence au télégraphe sans fil ; mais dans tous les pays tropicaux, son fonctionnement, dans une atmosphère saturée de vapeur d'eau et chargée d'électricité, est des plus irréguliers.

Du côté français où on est autrement moins fortuné que sur le bord belge, il n'a été organisé qu'un bout de ligne de Loango à Brazzaville ; elle borde ensuite le fleuve jusque vers Zinga, un peu au sud de Bangui, soit sur huit cents kilomètres et, pour n'avoir pas été organisée avec toutes les précautions prises par nos voisins, rend beaucoup moins de services qu'elle n'en eût été capable.

Tout récemment, faute d'argent, partant de moyens de transmission perfectionnés, nous avons songé à recourir à un mode de correspondance un peu primitif et suranné, le pigeon voyageur ; c'est le commandant Reynaud, déjà expert en la matière, qui s'est occupé de l'installation de cette nouvelle poste, dont il basait le fonctionnement sur le raisonnement suivant : un pigeon voyage à raison de soixante à soixante-dix kilomètres à l'heure en moyenne. Soumis à un entraînement raisonné, il peut, en France, fournir un parcours de mille kilomètres entre le lever et le coucher du soleil ; c'est là un résultat représentant un effort considérable qu'on ne saurait lui demander en pays exotique ; mais des pigeons de bonne race, une fois dressés, pourront toujours, si on les emporte à deux cents kilomètres de leur colombier, y revenir en deux heures et demie. Supposons donc que quatre colombiers soient créés dans des postes A, B, C, D, distants les uns des autres de deux cents kilomètres et jalonnant la direction intéressante. Le colombier A internera quelques pigeons du colombier B, qui lui-même recevra les pigeons de A et de C. Une dépêche apportée en A sera confiée à l'un des pigeons du colombier B qui, mis en liberté, regagnera sa demeure habituelle. Le gardien de B le recueille à son arrivée, prend la dépêche et la confie à un pigeon de C qu'il lâche aussitôt. En dix heures notre dépêche aura franchi les mille kilomètres qui séparent A de D ; il est possible naturellement aux deux messages de circuler dans les deux sens.

La poste par pigeons du commandant Reynaud devait se prêter à un autre emploi intéressant : un groupe voyageant dans une zone de trois cents kilomètres autour des postes, A, B, C, D, pouvait, en y empruntant quelques pigeons, rester en liaison constante avec ces postes.

Ce moyen de communication aérien ne comportant aucune connaissance technique compliquée, son service est des plus économiques ; il est très largement assuré par un personnel restreint ; deux colombophiles par colombier. Un pigeon porte aisément en papier pelure une longue lettre de six pages écrite sur le format écolier ; si le message est écrit en deux exemplaires portés par deux pigeons lâchés séparément, les chances de perte sont très réduites ; un

pigeon de bonne race ne s'égare pas dans un rayon de trois cents kilomètres autour de son colombier, et en ayant recours au système de relais précédemment expliqué, on voit qu'on demandait toujours aux courriers ailés un effort très inférieur à celui qu'ils peuvent produire.

Tel était le programme fort séduisant du commandant Reynaud, si séduisant que, sur ses indications, on installa tout de suite un colombier à Brazzaville. Ce fut le seul. Le plus gros empêchement à l'établissement de la poste aérienne a été que ses facteurs ont beaucoup souffert loin du pays natal ; plus de joie, partant plus d'amour ; s'acclimatant mal, ils ne reproduisirent plus ; les graines trouvées sur place ne faisaient pas du tout leur affaire ; enfin tout ce qu'il y a de rapaces en pays équatoriaux montra un goût désespérant pour cette chair fraîche inconnue d'eux jusque-là. Je crois qu'ils n'en ont pas laissé un seul.

Ce matin, au point du jour, quelques instants après avoir quitté la factorerie de Ncounda, le *Commandant Lamy* est allé donner à toute vitesse sur un haut fond vaseux : tous les efforts de la machine en arrière ont été impuissants à l'en sortir ; la factorerie nous a envoyé une demi-douzaine de pirogues ; il a fallu porter dix tonnes du chargement à terre avant de parvenir à renflouer le bateau ; nous ne sommes repartis qu'à onze heures.

Je me garderais de le dire à Swensen, que cet échouage a fait s'arracher les cheveux, s'agiter et pester après ses noirs ; mais ces petits incidents, quand ils se produisent, comme celui de ce matin, à proximité d'un espace libre sur la terre ferme, ne sont pas désagréables du tout, parce qu'on peut en profiter pour y descendre et remuer ses jambes, les pauvres jambes qui s'ankylosent. Sous ce rapport, aujourd'hui a été une journée bénie, car dans l'après-midi, le *Lamy* a dû faire halte encore pour renouveler son combustible à un poste à bois établi près d'un village d'Apfourous. L'emplacement est une conquête sur la forêt qu'elle n'a pas entaillée de plus de cent mètres carrés ; on a abattu et débroussé juste ce qu'il fallait ; le rempart de végétation vierge borde les dernières cases ; toutes sont très basses, allongées et étroites ; comme culture, il n'existe qu'une petite bande plantée en manioc et en bananiers le long du Congo. Ces Apfourous sont de haute taille, bien musclés, solidement charpentés, mais le facies est laid et brutal : le gros front, le gros nez, les grosses lèvres, les grosses pommettes, le prognathisme de dogue.

Quels tristes spécimens de la race humaine recèlent ces régions équatoriales ! Et on dirait que tous ces gens ont à cœur d'augmenter encore la laideur dont la nature les a dotés : des tatouages et des entailles un peu partout, les paupières épilées, la tête rasée ne conservant qu'une ou deux languettes sur l'occiput, les incisives limées ou arrachées, le corps enduit d'une composition rouge fabriquée avec une écorce délayée dans de l'huile de palme, ou zébré seulement, ou encore mi-partie rouge, mi-partie blanc; les lèvres et le nez percés de plusieurs trous dans lesquels s'insèrent des baguettes de bois ou des rondelles d'ivoire ou d'étain. Le sexe faible joint à ces désavantages des seins en flûte à champagne et une obésité extrême des deux côtés Des vêtements... pas plus que le sexe mâle, juste de quoi satisfaire les principes, en débris de cotonnade ou en fibres de palmier ; ou bien le costume est mode paradis terrestre.

Chez les Bonjos qui vivent un peu plus loin, les femmes sacrifient davantage aux Grâces ; les cous s'ornent de colliers de molaires humaines alternant avec des incisives ; de mes yeux, plusieurs fois j'en ai vu : j'en fais une mention spéciale parce que des voyageurs ont écrit qu'aux endroits où passent les Européens, ce genre d'ornements n'est plus visible, qu'il est réservé pour l'intimité. Au lieu d'être prélevés sur des mâchoires humaines, les colliers sont quelquefois composés de dents d'animaux. Les femmes portent encore des collerettes de cuivre pesant bien quatre à cinq kilogr. ou bien d'énormes faux-cols de même métal, hauts de dix centimètres, garnis d'une lame transversale et rivés à demeure ; une tige en cuivre aussi grimpe en colimaçon de la cheville au genou. A la taille se fixe une courte jupe de fibres teintes en rouge, très bouffante ; les plus élégantes en portent deux superposées et de couleurs différentes ; pendant la marche, cela a des envolements légers et discrets qui ramènent tout de suite et tout naturellement votre pensée aux tu-tu des danseuses d'opéras.

Oui ! Tristes et malheureux êtres, bestiaux et repoussants que ces nègres de l'Equateur ! Quelle suite d'événements, d'influences ethniques a fait qu'ils sont venus se réfugier là ? Car cette forêt équatoriale ne put jamais être considérée que comme un refuge. C'étaient bien probablement des fuyards, désireux de conserver la liberté et la vie, dépouillés de leur territoire et poursuivis par des peuplades mieux armées reculant elles-mêmes devant une de ces vagues envahissantes qui, pendant des siècles, ont déferlé de l'est sur l'ouest africain ; ou bien des misérables abandonnant un pays épuisé Simples hypothèses qu'on n'éclaircira jamais.

Une des conséquences des conditions d'habitat de ces malheureux a été l'anthropophagie. Elle fleurit dans toutes les tribus du bassin du Congo, un peu plus, un peu moins ; ceux des indigènes qui ont pour la chair humaine un goût moins prononcé en fournissent aux autres, qui un esclave, qui un membre de sa famille. Les Bonjos en sont particulièrement friands : les esclaves réservés à la consommation sont cachés et parqués dans des villages, loin des voies de communication fluviales, et enlevés à l'improviste lorsque le maître en a besoin. Quand les sentiments maternel ou paternel ne cèdent pas au besoin de manger de la viande, les parents vendent leurs enfants pour en acheter d'autres et s'en nourrir ; la chair des enfants est d'ailleurs la plus estimée, elle est la plus tendre et la plus délicate. Celle des blancs est particulièrement appréciée ; depuis dix ans, nombreux ont été au Congo les Européens tombés dans des guet-apens et dévorés. Les événements qui amenèrent, au Congo belge, une catastrophe dans la colonne du baron Dhanis, en 1897, sont encore présents à la mémoire de ceux qui s'occupent des choses coloniales : Dhanis était parti avec cinq mille soldats congolais dans le but de créer des droits au Congo belge en attaquant les Derviches au sud pendant que le sirdar Kitchener les attaquait au nord ; l'avant-garde de cette colonne arrive dans le Haut-Oubangui, au milieu d'un pays où la fuite des habitants a fait le désert et la famine. Au bout de quelques jours, la faim amène la révolte des soldats noirs ; ils tuent le commandant Leroy et quatre officiers et sous-officiers formant les cadres européens ; tous sont mangés. Puis les rebelles, mis en train, excités comme des fauves par leur repas sanglant, retournent en arrière ; ils sont huit cents armés de fusils Albini et munis de vingt mille cartouches. Lorsqu'ils retrouvent le gros de la colonne Dhanis, ils dépeignent à leurs camarades sous des couleurs tellement favorables le festin qu'ils viennent de faire, que ceux-ci n'y résistent pas ; ils tuent le frère de Dhanis et neuf autres officiers et sous-officiers. Dhanis s'échappe seul et avec les débris restés fidèles regagne à grand'peine le poste de Stanley-Falls.

Je tiens du directeur d'une factorerie du Congo l'anecdote suivante : un jour qu'il avait tué un énorme caïman, mesurant sept mètres de la tête à l'extrémité de la queue, il en fit cadeau aux noirs employés par lui comme travailleurs et voulut assister au dépeçage de l'animal, car le caïman est tellement vorace que son estomac est le plus souvent une boîte à surprises. On y trouva cette fois, entre autres choses, un bras humain fraîchement englouti et dont les chairs étaient en bon état de conservation. Mon directeur de factorerie eut la pudeur de ne pas faire rejeter dans le fleuve ce morceau de chair noire et prescrivit de l'enterrer ; le soir il se promenait au milieu des cases du village voisin de ses magasins, quand il aperçut, au-dessus d'un foyer installé en plein air, le débris humain embroché à une baguette et cuisant à petit feu sous la surveillance des gens qui l'avaient trouvé le matin. Et, lorsqu'il voulut le leur enlever, ce lui fut aussi difficile que s'il eût arraché un os à une bande de chiens affamés ; l'un l'apostropha ainsi : « Quand le blanc mange de la viande, est-ce que nous nous occupons de lui ? Pourquoi vient-il nous prendre la nôtre ? »

Il me revient au sujet d'anthropophagie des souvenirs plus tristes : en compagnie de trois officiers se rendant comme moi au Tchad, j'eus l'occasion de m'arrêter en 1904, sur l'Oubangui, dans une factorerie où nous fûmes reçus de façon charmante par deux agents de la société ; je fus si sensible à toutes les attentions dont j'avais été l'objet de leur part, que je leur écrivis, peu après, pour les en remercier encore ; ma lettre ne devait pas leur parvenir ; quelques mois plus tard, j'apprenais en effet que lorsque nous les eûmes quittés, ils partirent en tournée à l'intérieur du pays dans le but d'engager les chefs de village à leur vendre du caoutchouc et de l'ivoire. Ils s'arrêtèrent un soir dans une grosse agglomération indigène où on leur fit fête : on organisa en leur honneur un tam-tam (danse indigène) au cours duquel ils furent brusquement assaillis eux et leur petite escorte, et mis hors d'état de se servir de leurs armes. Une mort immédiate eût été un bonheur pour ces malheureux ; il n'en fut pas ainsi : on leur brisa les membres et on les plongea jusqu'aux aisselles dans un étang voisin où ils attendirent la mort pendant une longue journée ; il paraît que la chair humaine est plus savoureuse après qu'elle a été traitée de cette façon.

Ces détails furent recueillis de la bouche de naturels faits prisonniers dans le village au cours de la répression qui suivit ; ils sont tout à fait concordants avec des faits dont parle le docteur anglais Hinde, l'historien oculaire des premières campagnes des Belges en Afrique centrale (1) : « Les Bangalas m'ont eux-mêmes dit, lorsque, « au cours des parties de chasse, je leur faisais des remontrances « parce qu'ils se bornaient à briser les ailes ou les membres du « gibier blessé au lieu de le tuer sur-le-champ, qu'il valait mieux le « laisser languir parce que cela rendait la chair plus tendre. Cela « mettait en train la conversation au cours de laquelle ils expliquaient « que, lorsque chez eux ils préparaient une fête, le prisonnier ou « l'esclave qui devait être la pièce de résistance avait toujours les « bras et les jambes brisés trois jours d'avance et était placé dans « un courant ou une mare d'eau enfoncé jusqu'au menton, la tête « fixée à une perche pour l'empêcher de se suicider ou peut-être de « tomber évanoui et ainsi de se noyer. Le troisième jour on le retire « et on le tue, la chair étant devenue alors tendre.

(1) *The fall of the Congo Arabs.*

« Léopoldville, en sa qualité de port principal sur le haut Congo, « a constamment un grand nombre de ces Bangalas, allant et « venant, et est obligé, en conséquence, de maintenir une garde au « cimetière, plusieurs cas d'enlèvement de cadavres ayant été « prouvés à leur charge. Cette pratique en arriva un moment à être « si invétérée, enracinée, courante, que la peine capitale dut être « requise comme seul moyen de la réprimer. »

Un peu plus loin on lit encore : « Comme je descendais de « Stanley-Falls, reprenant le chemin du retour en Europe, six « hommes de l'équipage du vapeur étaient aux fers, le capitaine « devant les remettre à la justice pour avoir mangé deux des leurs « pendant le voyage de montée aux Falls. Le capitaine me dit que « deux des hommes d'équipage étaient tombés malades pendant le « voyage vers l'amont et avaient obtenu un ou deux jours de repos. « Au jour de ration suivant, ces deux hommes manquaient et, en « faisant des recherches, le capitaine apprit qu'ils étaient morts « pendant la nuit et avaient été enterrés au rivage. Ceci cependant « ne le satisfaisait pas et, ayant personnellement des soupçons, « il visita le bateau et découvrit des quartiers humains fumés, « dissimulés dans les coffres des six Bangalas qu'il allait en ce « moment remettre aux autorités. »

On va me reprocher de m'être laissé entrainer à une profusion de détails de cette gastronomie macabre ; le docteur Hinde en raconte bien d'autres ; encore quelques lignes de lui avant d'en finir avec ses citations : « Aussi loin que j'ai pu le découvrir, presque toutes les « tribus, dans le bassin du Congo, sont cannibales ; parmi certaines « d'entre elles la coutume est en voie de s'établir. Des races qui, « jusqu'en ces derniers temps, n'avaient pas été cannibales, bien « qu'habitant une région entourée de races anthropophages, ont, « par l'accroissement de leurs relations avec leurs voisins, appris à « manger de la chair humaine ; car, depuis l'entrée des Européens « dans ce pays, de plus grandes facilités de voyage et une plus grande « sécurité pour les voyageurs se sont établies, alors qu'autrefois les « gens qui s'écartaient de leur propre entourage jusque dans les « tribus environnantes étaient tués et mangés. »

Ainsi de l'avis de M. Hinde qui a fait tout à loisir ses études de mœurs pendant plusieurs années au contact des anthropophages, côté belge, tels nègres qui ne se mangeaient pas entre eux ont pris goût aux voisins dès qu'ils ont pu nouer des relations avec eux, grâce à l'ère de paix que les Européens ont inaugurée ; c'est un effet de la civilisation encore inconnu de beaucoup de gens.

Voici plusieurs fois que dans des relations sur le Congo je lis des notes rassurantes ; il y est dit que l'insuffisance de notre occupation a seule permis à ces mœurs hideuses de se maintenir, que des mesures spéciales, la connaissance de la mentalité noire, des postes plus nombreux, etc., vont arriver à y mettre un frein dans un délai rapproché. Je n'arrive pas à partager cet optimisme. Je le répète, la plaie est avant tout, pour moi, la conséquence des conditions d'habitat de ces malheureux. Le pays des Lapons et des Esquimaux, qui n'est pas réputé pour une contrée où abondent les ressources alimentaires, a été, sous ce rapport, certainement moins déshérité par la nature que le Congo : nous l'avons vu, dans la zone forestière qui couvre les trois quarts de sa superficie, pas d'autres animaux que des oiseaux, des singes, des reptiles, des éléphants, quelques buffles ou bœufs sauvages. Les indigènes chassent quelquefois les trois dernières espèces, mais tuent, en somme, bien peu de leurs représentants ; ils ne sont pas suffisamment armés pour en venir facilement à bout, et puis leur fainéantise est trop grande. Donc, la faune sauvage est une très faible et très passagère ressource pour l'ordinaire des cinquante millions d'habitants de cette forêt de un million et demi de kilomètres carrés.

Il n'y a pas d'animaux domestiques, à cause de la mouche tsé-tsé, du manque de pâturages. Le fleuve et ses affluents ne donnent pas de pêches bien fructueuses parce que les courants y sont violents et que les caïmans y pullulent et engloutissent des quantités considérables de poissons ; car le caïman du Congo, aussi bien d'ailleurs que celui du Chari, atteint fréquemment 6 à 7 mètres, alors que ceux de Madagascar et de Cochinchine, par exemple, ne dépassent pas souvent trois mètres. La base actuelle de l'alimentation est le manioc, qui n'a été importé d'Amérique qu'il y a un siècle à peine, comme la patate douce, la banane et l'ananas l'ont été de l'Inde et le mil et le maïs de la vallée du Nil. Les défrichements sont des plus pénibles et difficiles ; les indigènes ne peuvent même pas, comme partout ailleurs, recourir au feu, dans une forêt où il meurt au pied des arbres aussitôt allumé.

Il paraît donc de toute évidence que les nègres qui sont arrivés les premiers dans un pays pareil ont dû mourir de faim en masse. Puis, lorsque les survivants ont pu organiser quelques récoltes avec le maïs et le mil qu'ils avaient sans doute importés avec eux, puisqu'il est prouvé que ces noirs équatoriaux sont des émigrés du Nil, ils ont été empêchés par les difficultés de défrichement de récolter assez de grains pour se créer des réserves ; il est vrai qu'ils avaient pour cela une autre raison : les plus anciens des tribus racontent aujourd'hui que, de tout temps, lorsque l'une d'elles s'avisait d'organiser des réserves de vivres, les voisines se sont unies pour la piller ; lisez les récits de Stanley, vous voyez que le manque de vivres a toujours été le plus gros souci de ses voyages. et ce sont les causes qu'il en donne. Comme dans le Congo, à l'instar des autres pays, les années de mauvaises récoltes existent, ses habitants, pressés par la famine, ont dû devenir un jour anthropophages par nécessité. Ils ont trouvé à leur goût la chair de leurs semblables et n'ont même plus attendu les années de disette pour s'en régaler. Enfin, il est incontestable que chez tout être humain le besoin existe d'une nourriture animale, de graisse surtout, besoin physique très impérieux; j'en reviens aux récits de Stanley; le premier cri qu'il entendait à son passage devant les villages riverains du Congo, où les indigènes accouraient vers leurs pirogues pour l'attaquer, c'était: « Voilà de la viande! de la viande! »

Tel est le jour le plus rationnel sous lequel m'apparaissent les raisons de l'anthropophagie au Congo. Des savants venus ici lui donnent de tout autres origines. Ils ne font, en cela, que partager l'avis de collègues qui ont étudié l'institution dans les autres pays où elle fut en honneur ou fleurit encore même : Asie, Amérique, Australie, Mélanésie, Polynésie, etc. ; ces savants distinguent l'endocannibalisme, ou la coutume basée sur l'affection et la piété filiale, de manger exclusivement ses parents en famille, soit qu'ils meurent de leur belle mort, soit que devenus vieux ou infirmes on les achève avant que leur dernière heure arrive ; — c'est encore une habitude de beaucoup de coins de l'Inde; les Libyens, les Egyptiens même, ces doyens de la civilisation, la pratiquaient communément; — et l'exo-cannibalisme, c'est-à-dire l'anthropophagie appliquée à des individus étrangers à la famille et à la peuplade. Presque toujours dans ce cas ce serait la gourmandise qui parle ; quelquefois la haine : désir de mieux se venger d'un ennemi mort en l'avalant; ou l'intérêt: s'assimiler le courage ou toute autre qualité d'un défunt en l'avalant aussi ; ou une idée de justice : en Mélanésie, un ou plusieurs groupes désignés dans chaque peuplade remplissent les fonctions de justiciers en dévorant les criminels; dans certains autres pays le châtiment serait exclusivement celui de la femme adultère ; enfin, dans d'autres encore, avant de manger de l'homme on pratiquerait sa chasse à titre de sport, tout comme nous faisons du chevreuil ou du sanglier chez nous.

Après l'examen sévère de nombreux documents qu'il marque d'une note variable avec une probité critique digne d'éloges, un des savants dont je parlais, le docteur Rudolf Steinmetz, de Vienne, fait sans hésitation remonter le principe de tout cannibalisme aux âges de l'humanité préhistorique ; d'après lui l'homme primitif a été omnivore ; dans ses premiers stades, la pénurie de vivres l'obligeait à ne rejeter aucune des nourritures que sa constitution lui permettait ;

de plus, il n'était retenu par aucun des motifs qui créent chez les hommes d'essence supérieure que nous sommes devenus la répugnance à manger notre prochain ; au contraire, précise le docteur, « il « possédait un caractère et se trouvait dans une situation tels que, « réunis aujourd'hui encore, on peut en préjuger scientifiquement, ils « donneraient naissance aux deux genres de cannibalisme. »

Donc, morale qui découle naturellement des recherches de M. Steinmetz, nous devons toute indulgence aux caprices d'appétit des mangeurs d'hommes en général et des Congolais en particulier. Ces appétits, sous toutes leurs formes, nos grands ancêtres les ont connus. Nous nous leurrons de l'idée que la civilisation a vaincu en nous tous les vieux instincts transmis par atavisme et qui ne font que sommeiller. Qu'un cataclysme vienne à bouleverser demain notre planète, vieux et nouveaux instincts étant tout mêlés, les premiers pourraient très bien revenir à la surface.

Une occupation plus serrée du Congo arrivera-t-elle seule à supprimer le cannibalisme ?

Je suis persuadé que l'institution a encore de beaux jours. On doublera, on triplera le nombre de nos postes, des administrateurs commandants de districts, on édictera des peines sévères contre les mangeurs d'hommes ? Ces mesures amèneront sans doute la fin des razzias de tribus à tribus ; elles ne pourront plus se considérer comme des réserves de viande de boucherie ; on s'y cachera pour festoyer, on n'y dévorera plus que les esclaves, les vieillards plus faciles à faire disparaître, et le résultat de ces restrictions sera la hausse des prix. Mais des gens qui ont coutume de manger leurs enfants ou leurs proches, de fumer des provisions de cadavres ou de les déterrer dans les cimetières, n'accepteront pas vite ni de bonne volonté le régime végétarien, même si parmi les bienfaits que leur apporte notre civilisation, ils peuvent compter l'assurance de leur pâtée quotidienne grâce à des récoltes plus étendues ; au reste, je voudrais bien voir qu'à nous-mêmes, au nom de la morale, on veuille imposer un régime monastique exclusivement composé de trois ou quatre végétaux, de riz, de pommes de terre et d'épinards par exemple ; plus d'un ne le trouverait pas à son goût.

Donc le remède est dans la recherche d'une autre pitance charnelle ; introduisons au Congo des animaux, tout comme on y introduit des végétaux. Je considère le problème comme réalisable. Si l'on veut bien jeter un coup d'œil sur la carte de la forêt équatoriale, dans le texte ci-contre, on voit que de cette sylve nous n'avons sur notre bord qu'une bien faible part, et que les rives françaises du Congo et de l'Oubangui ne sont pas bien loin, soixante à quatre-vingts kilomètres, des espaces avec de l'air, de la lumière, des pâtu-

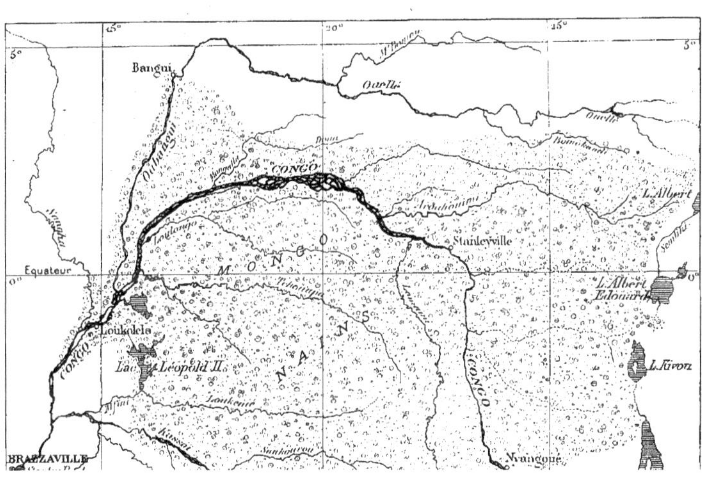

15°
20°
25°
5°
Bangui
Oubangui
Sangha
M'Bomou
Ouellé
Mongalla
CONGO
Aruhouimi
L. Albert
Semliki
Stanleyville
Loulongo
M O N G O
Equateur
0°
Tchouapa
L. Albert
Edouard
Loukolela
CONGO
Lac Léopold II
N A I N S
Lomami
L. Kivou
Loukenié
Kassai
Sankourou
BRAZZAVILLE
Nyangoué

rages. C'est une des raisons qui me font penser que nous arriverons à doter un jour ces contrées de bétail fourni par le Territoire militaire du Tchad, et ce sera là, sans nul doute, le meilleur moyen d'enrayer le cannibalisme, sinon de le supprimer complètement ; mais je dirai tout cela en détail tout à l'heure.

La provision de bois étant faite, le sifflet d'appel de Swensen avait retenti et nous rentrions à bord quand un souffle frais nous fouettant brusquement au visage et soulevant un tourbillon de poussière nous a avertis de l'arrivée d'une tornade. La perturbation atmosphérique est curieuse par ses effets subits et violents : un beau soleil règne dans un ciel sans nuage ; soudain, au loin, l'atmosphère se trouble, la ligne d'horizon s'efface dans une brume vague, puis à vue d'œil l'étendue noircit sous l'effet de gros nuages qui se ruent, déchirés par les zigzags des éclairs et poussés par une violente rafale qui amène un abaissement sensible de la température. L'épais bourrelet formé au ciel semble peser très bas ; il a vite envahi toute l'étendue céleste, nous plongeant dans l'obscurité. L'air est saturé d'électricité, le tonnerre crépite, des cataractes monstrueuses tombent comme d'un lac qui se vide, faisant vacarme sur les eaux du fleuve et le toit métallique du *Lamy* dont Swensen a fait doubler les amarres. Sous l'élan des rafales furieuses, le Congo blanchit, moutonne, puis ses ondes se soulèvent en véritables vagues qui nous font rouler et tanguer. Le coup de faux de la tornade brise les branches, éparpille les feuilles en nuage dans la vieille forêt qui gémit ; des cris s'élèvent dans le village, où un toit de case s'envole; puis c'est un arrêt brusque du phénomène, aussi brusque que sa venue; les nuages ont filé crever encore un peu plus loin, et, sans plus d'aube qu'à son lever matinal, — car ici il jaillit le matin de l'horizon — le soleil nous fait de nouveau risette et son éclat semble plus vif comme plus torride sa chaleur.

Vers le milieu de l'après-midi, nous avons atteint le confluent de la rivière Alima, dont le delta s'avance assez sensiblement dans le courant. Pendant deux heures les îles disparaissent. C'est la partie où le Congo se rétrécit le plus, six à huit kilomètres, la seule où les deux rives du fleuve soient visibles en même temps. La région qu'il traverse est alors une plaine basse et plate uniformément, dont le sol, au lieu d'affleurer l'eau, s'élève souvent de quatre à cinq mètres audessus du niveau actuel. Ce changement de disposition des berges en amène un aussi dans la végétation : de grandes éclaircies dans la forêt, de larges prairies où pas un arbuste n'apparaît, et, dans cette nudité, las du spectacle habituel des deux remparts qui nous ont étreints depuis Brazzaville, nous trouvons un charme, un vrai soulagement.

A six heures du soir, nouvel enlizement du *Lamy*. Deux à trois tonnes du chargement ont été sorties des cales et transportées à bord des deux chalands accotés à ses flancs. Puis l'équipage, dans l'eau jusqu'au ventre, adossé par moitié de chaque côté de la partie avant, a joint ses efforts à ceux de la machine en arrière ; le bateau n'a été renfloué qu'après une heure, et on a fait repasser son chargement des chalands dans ses cales.

Ces deux retards dans la journée ont permis à l'*Eugène Etienne*, moins bon marcheur, de nous rejoindre au moment où le Congo s'étant élargi de nouveau et les archipels ayant reparu, l'étroit couloir où nous naviguions se faisait tout sombre. C'est bord à bord que nous nous sommes amarrés, à la berge d'une île. Une île ! Mieux vaut dire une énorme masse de feuillage plongée dans l'eau, ne laissant pas visible la moinde trace de sol ferme disparu sous les futaies, on ne peut les appeler d'un autre nom, comparées aux colosses rectilignes élancés à cent vingt pieds qui les dominent. des futaies de fougères, de roseaux, de palmiers s'escaladant les uns les autres, s'étouffant, s'écrasant, denses à jurer qu'un singe n'y trouverait pas son chemin. En bordure des berges, des palétuviers dont les racines adventives s'enfoncent dans l'eau et la vase et dont la partie supérieure, haute de plusieurs mètres, étale de toutes parts le réseau de ses rameaux et de leurs ramifications.

Et c'est à travers ce réseau, c'est dans ce fouillis que les quarante hommes des deux équipages, une hache sur l'épaule, quelques-uns portant un falot, se sont coulés de suite pour y couper, pendant la majeure partie de la nuit, trente à quarante stères de bois, la provision de la matinée de demain. Il est vraiment heureux que les rives et les îles du fleuve fournissent ce combustible en quantité telle que malgré l'intense consommation des bateaux, le seul bois mort ait pu, jusqu'à présent, suffire à presque tous les besoins de la navigation. Il aurait fallu, sans cela, se résoudre à user du charbon ; or, le prix moyen de son transport par paquebot jusqu'à Matadi eût été de deux cents francs la tonne, par la voie ferrée du double ; la valeur des matières d'exportation s'en serait, on le juge, singulièrement ressentie : en Afrique, le prix intrinsèque d'une chose n'est rien, le prix du transport est tout.

Pendant que dans l'épaisseur du feuillage, sur notre flanc, résonnaient les cognées, le fracas des branches abattues ou d'un arbre sec entier qui s'effondre, les éclats de voix des noirs, nous les blancs, partis ensemble de France et réunis encore, nous avons jaboté longtemps ; même nous avons mis à une dure contribution l'amabilité de nos charmantes compagnes de route, et sur le pont du *Lamy*, nous avons tourné, aux sons d'un gramophone, avec intermèdes musicaux des moustiques. O contrastes !

Nous venons de passer à Loukoléla. C'est un grand poste commandé par un administrateur et chef-lieu d'un des districts du moyen Congo. Elevé sur une falaise de quatre à cinq mètres dans laquelle a été creusé un escalier, il voisine avec les bâtiments d'une très importante factorerie et un village indigène d'une quarantaine de cases, des cases toutes petites, quadrangulaires, allongées et étroites ; les murs latéraux, en bandes d'écorces ou en lanières de feuilles de palmier, ont de 0 m. 60 à 0 m. 70 de hauteur et celle de l'habitation jusqu'au toit est d'un mètre de plus environ ; ce n'est donc qu'au

BATEAU FLUVIAL ACCOSTANT UN POSTE A BOIS.
(Cliché de a *Dépêche Coloniale*.)

milieu qu'on peut se tenir autrement qu'accroupi. Ce qui tire tout de suite l'œil dans l'abri de ces primitifs, c'est le toit. Sur une charpente de tiges d'arbustes, ils ont posé une couche d'écorces et là-dessus de véritables ardoises végétales coupées dans les immenses feuilles d'une plante grasse et parfaitement disposées, même élégamment assemblées de façon à faire le logis parfaitement étanche. Toutes les cases sont rangées en lignes parallèles et perpendiculairement à la rive ; cette disposition est générale dans les villages du fleuve ; il semble que les indigènes aient orienté le côté étroit de leurs habitations dans la direction habituelle des tornades, l'est-nord-est. Village, poste et factorerie s'élèvent dans une clairière rectangulaire qui est encore une conquête sur la forêt ; tout autour, des bananiers, des papayers, des manguiers, des plates-bandes d'ananas le long de toutes les allées ; de-ci, de-là, quelques grands arbres ont été conservés au milieu d'un champ de manioc, d'ignames grimpants, de tomates et de piments sauvages ; à côté de la factorerie est une bananeraie de splendide venue. L'aspect général est gai, coquet et engageant.

Voici plusieurs fois que je parle de factorerie. La factorerie sur le fleuve Congo, pas plus que sur son affluent l'Oubangui, ne doit éveiller l'idée de quelques-unes de ses homonymes au type déjà suranné d'ailleurs dans la plupart des colonies : le simple petit comptoir de la côte, où des agents, des *facteurs* arrivaient, portés par un voilier qu'ils avaient armé à leurs risques et périls, munis de la plus disparate des pacotilles, de ces innombrables bibelots qui, en pays nègre, constituent par excellence les articles de traite et au moyen desquels ils tentaient fortune pendant deux, trois, quatre années, tant que leur santé tenait bon, en faisant un commerce d'échanges avec les rois nègres voisins ; à pareil métier, complètement isolés, vivant à l'indigène avec une femme indigène et quelquefois des enfants, ils risquaient leur vie de beaucoup de façons, autant à la merci d'un accès de fièvre que d'une lubie d'un de leurs royaux voisins, soutenus seulement et constamment par l'idée de revenir jouir d'un peu de luxe chez eux après avoir réussi le *gros coup*. En Afrique comme un peu partout, ces facteurs sont devenus rares, noyés dans cette tourmente commerciale qui fait que les grosses maisons survenant font, sous le poids du monopole, sombrer les petites. Sur les rives du Congo et de l'Oubangui, les factoreries, véritables quartiers avec maisons d'habitation, communs, magasins où s'entassent les barils d'huile de palme, le caoutchouc, l'ivoire et les autres produits venus de l'intérieur, jardins d'agrément et de rapport, village d'employés et de travailleurs indigènes, acquièrent d'autant plus d'importance qu'elles sont les portes de sortie de ces immenses concessions entre lesquelles ont été divisés les Congos belge et français et dont plusieurs couvrent une superficie égale à celle de deux de nos départements.

Notre prise de possession, il y a sept ans, de ces gigantesques territoires congolais a été le signal d'une lutte entre les adeptes de deux systèmes d'exploitation tout à fait opposés l'un à l'autre, celui des concessions ou grandes compagnies anonymes et celui de l'exploitation libre. Aux partisans du premier il semblait que, pour mettre en valeur un pareil pays couvrant d'immenses étendues presque toutes éloignées de la côte, aux populations neuves complètement sauvages, dont les conditions de climat et de nature font la dernière des colonies de peuplement, où l'outillage de la civilisation était à peu près complètement à créer, le seul système possible fût ce que l'on peut appeler l'initiative collective, avec de gros capitaux, le recours à des sociétés

possédant un nombreux personnel et pouvant, avec des concessions privilégiées, couvrant une vaste superficie, tenter des entreprises de grande envergure ; les tentatives particulières, morcelées, ne pouvaient, disaient-ils, quelque énergiques qu'elles soient, soutenir les charges d'une telle mise en exploitation ; des efforts individuels sont impuissants à organiser et à mettre en valeur des territoires inorganisés ; au bout de combien d'années aurait-on trouvé le nombre de colons nécessaires pour exploiter des régions aussi vastes ? Dans un demi-siècle, un siècle peut-être ?

Mais, répondaient les défenseurs de l'exploitation libre, si l'on peut objecter que les conditions de climat et de nature permettent difficilement l'établissement à demeure et l'acclimatation d'émigrants, il n'en reste pas moins vrai que la colonisation individuelle est un droit sacré que chacun peut revendiquer, que c'est un principe inéluctable que la petite et la moyenne propriété font la force de tout pays et que sa prospérité leur est intimement liée ; bien plus, les cultures riches à entreprendre au Congo étant presque toutes des cultures arbustives comme le café, le cacao, la vanille, qui réclament deux mille cinq cents à trois mille francs de dépenses à l'hectare avant d'entrer en rapport, une grande Compagnie à laquelle auraient été cédés des millions d'hectares, arriverait à en planter quelques milliers à peine en y employant son capital et se verrait contrainte à l'inaction dans tout le reste ; la seule production de café et de cacao nécessaire à la France nécessite l'emploi de plusieurs millions en plantations ; des milliers d'individualités ou de petites sociétés peuvent seules réunir de tels capitaux

Il se passa au sujet de ces questions territoriales ce qui s'était passé pour le chemin de fer de Matadi ; pendant que nous discutions, Léopold II déployait les mêmes qualités d'énergie, d'initiative et de décision et donnait un si bel élan à ses nouvelles conceptions économiques, qu'avant que les dissertations souvent fort intransigeantes de nos deux écoles aient pris fin, il ne nous restait plus qu'à tirer des conclusions et des enseignements d'un nouveau succès que les Belges enregistraient, après deux ou trois ans, dans une colonie grande comme soixante-quinze fois la Belgique. Sans doute ils n'avaient rien changé à cette grande vérité : que l'exploitation individuelle et libre, l'établissement du planteur indépendant qui, sur sa terre, fait lui-même son petit commerce avec ses petits capitaux, restent le but définitif d'une colonisation ; mais les résultats obtenus par eux prouvaient jusqu'à l'évidence que, dans les débuts tout au moins, on ne pouvait y songer pratiquement dans un pays comme le Congo, qu'au contraire, pour la période première, pour l'exploitation des seules richesses naturelles, le caoutchouc, l'ivoire, les bois, les grosses sociétés étaient l'organe tout désigné avec un accord de monopoles réservant l'avenir.

Le gros succès belge provoqua une forte émotion en France, si forte que le Ministère des colonies fut littéralement assiégé par les demandeurs de concessions, les bras chargés de capitaux ; on se jeta sur le Congo ; pour que la colonisation individuelle ne soit pas découragée, on lui a réservé, seulement dans les régions déjà connues et d'accès relativement facile, des petits lots de cinq cents à mille hectares et on a réparti le reste du sol entre une quarantaine de compagnies ; et, au Congo français comme au Congo belge, les faits ont consacré la même méthode de colonisation. Nos sociétés concessionnaires, après des luttes avec les maisons étrangères primitivement établies dans le pays, après de coûteux procès, après avoir vu leurs factoreries incendiées, leurs agents massacrés par des tribus turbulentes et pillardes, sont sorties à leur honneur de toutes les difficultés et leur situation est prospère.

Dès que les coups de sifflet de notre vapeur annoncent de loin à un endroit habité que nous allons nous y arrêter, la population indigène tout entière descend à la berge et le marché s'installe. Peu de variété dans les produits étalés par les vendeuses : des racines de manioc, de la farine de manioc, de la pâte de manioc pétrie en boules ou en bâtonnets, du maïs, des bananes, du poisson sec, de l'huile de palme qui tient lieu de graisse, quelquefois un cabri ou un chien, comestible aussi, bien entendu. En revanche, si grande est la multiplicité des objets d'échange, qu'un voyageur parti de Brazzaville, s'il veut n'avoir aucune difficulté dans ses achats en route, doit emporter avec lui un petit bazar universel ; la vogue des différents articles est d'ailleurs très instable ; leur cours suit le caprice des modes locales et les engouements passagers ; les perles, grosses et bleues, ou petites et rouges ou blanches, tiennent toujours en ce moment la première place, puis l'ambre et le corail ; les métaux, le cuivre en particulier, ainsi que les vieux étuis de cartouches, sont une vraie richesse. Le fer, très commun dans tout le centre africain, à sol de latérite, est moins prisé ; à mon précédent voyage le laiton était recherché, nous nous en procurions dans les factoreries sous forme de barrettes d'une trentaine de centimètres pliées en U ; c'est le *Mitako* dont je parlais à propos de la ligne télégraphique belge ; il me semble qu'elles sont beaucoup moins abondantes cette fois. Tous ces articles que je viens de citer sont sérieusement concurrencés par d'autres, dont la diversité mène de la boîte d'allumettes au morceau de sucre, du pot de pommade au paquet de bougies et à la fiole de parfum à quatre sous ; mais, par-dessus tout, la boîte de corned-beaf et le cube de sel font prime. Le sel est une friandise que l'on croque à belles dents ; ce n'est pas seulement au Congo qu'il est regardé comme une matière précieuse ; toute l'Afrique intérieure s'est toujours ressentie de la rareté de ce produit de première nécessité : dans la zone soudanienne l'article commercial le plus recherché, la denrée estimée par-dessus tout, la friandise aussi a toujours été le sel ; vous trouverez le Soudanais rebelle à des échanges au moyen d'étoffes, de métaux précieux, jamais le sel ne le laissera indifférent. Particularité assez bizarre, c'est le pays le plus dénué, le pays de la famine, qui le lui fournit en grande partie, le Sahara, avec ses mines de Bilma, de Taoudeni, pour ne citer que les principales.

Hier soir, le *Lamy* était encore en marche à 8 heures ; il est allé ensuite se gîter dans une petite crique de la rive où il a réveillé toute une tribu de singes qui y avait établi son dortoir et nous a manifesté son mécontentement par ses *cro-cro* et ses cris perçants. Puis le silence s'est fait, absolu. Las d'avoir coupé du bois une grande partie de la nuit précédente, l'équipage a été vite endormi. Les moustiques, en nombre restreint, furent supportables. Après une journée torride, les couches d'air, récemment secouées par une forte tornade, s'étaient faites presque fraîches. Enchantement, féerie de ces nuits équatoriales ! La lune luisait, non pas de son air pâlot de chez nous, mais avec des rayons puissants et colorés, dorant le feuillage, voltigeant au gré des petits frissons de l'eau. Le ciel s'étant allumé, si beau qu'il semble que dans sa vie antérieure on n'ait jamais vu d'étoiles, a donné le signal de concerts, de symphonies de millions de petits êtres invisibles ; dans le silence, une cigale a fait vibrer son trille élevé ; avant qu'il ait fini de retentir, vingt autres cigales ont accordé sur lui leur crissement ; puis, tel un orchestre dont les ondes s'enflent *crescendo*, cent, mille, dix mille cigales font éclater une vibration continue, stridente. Des clameurs coassantes, railleuses, leur répondent des roseaux enfouis dans la vase, des bourdonnements d'insectes énormes, des bruits de crécelles, des éclats sonores semblables au bruit du verre que l'on brise, attribuables à nous ne savons quelles bestioles.

Dans la majesté et la bonté de cette nuit, nous nous sommes oubliés, étendus sur nos chaises longues... jusqu'à trois heures après minuit. C'est le premier réveil du pont inférieur, le bruit des bûches entassées sous les chaudières par les chauffeurs, qui nous en a chassés, et ce matin les coups de sifflet annonçant l'approche de Liranga sont venus, après un court sommeil, nous arracher à nos couchettes.

Nous avons fait une station de deux heures à Liranga, où s'élèvent les bâtiments d'une mission catholique, annexe de celle de Brazzaville ; elle avait été installée à ce point pour les mêmes raisons que celle de Berghe Sainte-Marie au Kassaï, parce que Liranga était, il y a quelques années, un centre des plus populeux ; la maladie du sommeil y a enlevé aussi en très peu de temps des milliers d'individus. Jusqu'ici on est encore impuissant à enrayer sérieusement le terrible mal, ou même à soigner les malades. Les Pères nous en ont montré quelques-uns qu'ils ont recueillis et nous ont donné des détails sur la marche de l'affection : les premiers symptômes sont un amaigrissement général et une perte des forces, malgré un appétit normal ; de la fièvre, une lassitude générale. Puis le mal évolue en deux périodes allant de huit à douze mois : la somnolence est peu profonde au début, il suffit d'intéresser le sujet à une occupation quelconque pour l'empêcher de se livrer au sommeil, mais bientôt viennent des accès de léthargie très profonde, le malade soulève péniblement les paupières et répond par monosyllabes aux questions, puis il s'endort même en mangeant, car l'appétit subsiste jusqu'au dernier jour ; la souffrance ne semble pas exister ; finalement il tombe dans le coma et la mort.

Les maladies de misère, si communes au Congo, ont favorisé la propagation du fléau. Jusqu'ici, en dehors du bassin du Congo et du Nil supérieur, il n'est connu ou presque que dans l'Afrique occidentale, depuis le Sénégal jusqu'à Saint-Paul-de-Loanda, un peu au-dessous de l'embouchure du Congo. Encore est-on fixé de manière bien incertaine sur les parties de l'Afrique occidentale où il sévit ; on n'a pas eu encore le temps d'étendre les recherches, on est obligé de se fier aux dires des indigènes. Une mission médicale, la mission Desplagnes, vient de rentrer du Niger et de rendre compte de ses travaux : après avoir traversé la Guinée, elle a quitté Koulikoro pour descendre la vallée du fleuve jusqu'à Tombouctou ; de renseignements pris à Bammako, il résulte que la maladie du sommeil est très rare dans la région ; à Koulikoro on a compté trois cas seulement dans un rayon de quatre-vingts kilomètres autour du poste ; un seul a été signalé dans les environs de Ségou-Sikoro ; puis le mal est inconnu jusqu'à Tombouctou inclus ; en revanche il existe dans beaucoup d'îles du fleuve. Ce qui ressort de très important du compte rendu des travaux de la mission Desplagnes, qui avait déjà été constaté au Congo et fait espérer une facilité relative dans les mesures prophylactiques, c'est que la maladie du sommeil est localisée absolument dans certains secteurs avec la mouche tsé-tsé. L'Afrique du Nord et l'Afrique du Sud ont été indemnes jusqu'à cette époque.

Au Congo, on estime que la mortalité qui était en 1896 d'environ 13 % et en 1896 de 19 %, s'est élevée dans les années suivantes à 39 et 42 % et en 1905 à 78 % ; elle a donc sextuplé en huit ans ! Ici encore, ironie des choses terrestres ! c'est la civilisation qui est responsable, c'est à elle qu'est due cette formidable augmentation et cela pour les mêmes raisons que nous signalait le docteur Hinde à propos du cannibalisme et qui ont fait que les tribus ont exagéré le goût qu'elles avaient déjà l'une pour l'autre : autrefois elles restaient chez elles, parce qu'à chaque tournant du sentier le malheureux voyageur risquait d'être perforé par une sagaie, puis emporté et mis à la broche ; aujourd'hui que la sûreté des chemins est plus grande, les gens voisinent volontiers de villages à villages, et pour peu que parmi les visiteurs il y en ait de contaminés, la maladie étant éminemment contagieuse, ils infectent les centres où ils passent. Cela ne fait aucun doute ; le point sur lequel insiste surtout une autre mission, la mission Dutton qui vient de terminer ses travaux, est que le fléau a suivi depuis un certain temps les principales voies de communications.

On se félicitait que la race blanche fût réfractaire à la maladie : Livingstone, Foâ et tous les voyageurs qui avaient traversé les régions où elle sévissait, racontaient qu'ils avaient été piqués des milliers de fois par la tsé-tsé sans éprouver autre chose que des accidents locaux analogues à ceux que produisent les moustiques. Il a fallu déchanter : de 1904 à 1906, sept Européens ont été atteints rien qu'à Léopoldville ; du côté français, ils ont été plus épargnés : il n'y a eu qu'une douzaine de malades dans toute la colonie, dont deux Pères missionnaires, un officier et un sous-officier d'infanterie coloniale.

Vraiment, il faut que ces malheureuses races congolaises soient prolifiques pour s'être maintenues au chiffre de quarante à cinquante millions d individus, dévastées, avant notre venue surtout, par les batailles de village à village et le cannibalisme, minées par la variole et la maladie du sommeil, pour ne citer que les deux maux les plus connus. Mais quand on voit la façon dont évolue le dernier, l'avenir ne laisse pas, il me semble, que d'être quand même assez inquiétant. Certainement la science médicale a montré ce qu'on pouvait attendre d'elle, en particulier en Algérie contre le paludisme, au Sénégal contre le paludisme et la fièvre jaune ; mais son rôle, aux colonies plus qu'ailleurs, est de découvrir un ennemi et d'indiquer les moyens de lutter contre ses ravages ; en Algérie, pour la diffusion de ces moyens, elle a trouvé un secours énorme dans les agglomérations européennes formées dès après la conquête ; au Sénégal, dans des conditions beaucoup plus défavorables, il lui a fallu trente à quarante ans pour arriver à des résultats réels ; au Congo elle se trouve en face d'une infection plus virulente encore peut-être que les deux autres, presque inconnue d'elle au moment où elle sévit avec le plus de violence, et l'application des mesures prophylactiques les plus rudimentaires qui auraient dû être immédiatement et rapidement étendues : incendier la brousse aux endroits où il y a de la tsé-tsé, empêcher les exodes vers des centres sains de populations contaminées, venir à bout de l'insouciance du noir, lui faire connaître son ennemi, cette application est rendue particulièrement difficile du fait de l'insuffisance de l'occupation générale du pays, impossible dans beaucoup de secteurs où l'autorité s'arrête à portée de fusil des postes. Donc il se pourrait que pendant bien des années encore la mortalité continue à être ce qu'elle est aujourd'hui, sinon à augmenter et, autre appréhension légitime, la maladie du sommeil ne va-t-elle pas sortir de ses domaines actuels et s'étendre chez les voisins, favorisée par ce va-et-vient continu d'Européens et d'indigènes entre le Congo et le territoire du Tchad ?

Une heure après avoir quitté la mission, nous abandonnons le Congo pour entrer dans l'Oubangui ; à l'embouchure, la nappe d'eau est si bien découpée en différents bras par des marigots, des îles, des bancs de sable, que se reconnaître dans ce dédale est fort compliqué ; il est arrivé à des explorateurs, entre autres Grenfell et Clozel, de faire route jusqu'à cent soixante-dix kilomètres au nord, se croyant toujours sur le Congo ; d'autres voulant gagner Bangui sont allés jusqu'à Equateurville.

Notre passage dans l'Oubangui ne change rien aux conditions de notre navigation serpentine, dans notre encadrement de végétation vierge. Notre œil y est tellement fait depuis neuf jours, que le ruban s'en allonge sans cesse sans que nous y distinguions plus rien. Dans un des bras de l'embouchure un troupeau d'une dizaine d'hippopotames a montré au loin le bout de ses oreilles au-dessus de l'eau ; ce sont les premiers que nous voyons depuis Brazzaville ; les couloirs aquatiques dans lesquels ils circulent jouent le rôle de tubes acoustiques qui les avertissent longtemps à l'avance de l'approche des vapeurs, c'est ce qui fait qu'il en survit quelques-uns.

A Impfondo, poste de récente création, baptisé Desbordesville, du nom de l'administrateur qui le créa, puis mourut sur le paquebot qui le rapatriait, je suis allé saluer une tombe, la première qui fut creusée là et où je conduisais en 1905 un malheureux agent de la société concessionnaire la Kouango, M. Proudhome. Je rentrais en France. Il avait pris passage à Bangui, en même temps qu'une vingtaine d'autres passagers et moi-même sur le petit bateau *le Brazza-*

ville. Après deux ans de séjour dans le haut Oubangui, l'anémie l'avait réduit à l'état de squelette, un squelette qui ne vivait plus que par l'ardent désir de revoir la France. Trois journées et trois nuits, des nuits pendant lesquelles nos lits de camp étaient montés côte à côte sur le pont étroit du *Brazzaville*, nous eûmes le spectacle de son agonie. Un soir une crise hématurique l'emporta. Des cales du bateau on sortit toutes les caisses disponibles et avec leur bois et leurs clous nous fabriquâmes un cercueil que, le lendemain matin, après une veillée funèbre sur notre pont, nous allâmes à notre passage devant Impfondo, déposer dans la fosse qui inaugurait son cimetière.

A la factorerie de la Lobaye nous avons fait un long arrêt. M. Guynet a des intérêts dans cette magnifique concession, la plus riche du Congo en caoutchouc et en ivoire. J'ai admiré dans la cour, devant les cases d'habitation des Européens, des crânes d'éléphants dépouillés de toute leur chair et séchés au soleil, stupéfiants par leur volume et leur poids ; un agent de la factorerie me disait que le plus gros pesait trente-neuf kilos et que le mâle qui l'a porté mesurait 3 m. 20 au garrot. On a vu des tailles supérieures chez les éléphants de l'Afrique centrale, allant de 3 m. 30 à 3 m. 60. Dans l'Afrique australe, les plus élevées n'ont jamais dépassé 3 m. 10 ; l'éléphant des Indes est beaucoup plus petit ; la taille moyenne des mâles dans tout leur développement n'excède guère 2 m. 70 ; c'était celle du fameux Fritz, l'éléphant de Barnum. L'éléphant d'Asie a la bonne chance de vivre au milieu de races intelligentes qui le font prospérer. La race de ceux d'Afrique est en voie de disparition, cela ne fait pas le moindre doute. Les éléphants ont déjà presque totalement disparu de l'Afrique australe, en particulier du pays des Cafres et des Betchuanas, où, il y a un demi-siècle seulement, ils étaient très abondants. A l'est, on le trouve encore dans la région des grands lacs Nyassa, Moëro, Tanganika, Victoria-Nyanza. L'Afrique orientale allemande, l'Abyssinie, en contenaient des milliers, il y a encore quelques années ; aujourd'hui elles n'en ont plus que quelques centaines. C'est le centre africain qui les réunit les plus nombreux, dans les bassins du Congo, du Chari, jusque vers le dixième degré de latitude. Dans le territoire militaire du Tchad, ils ne se rencontrent que dans la partie nord du lac et dans le Bahar-el-Ghazal, cent cinquante à deux cents kilomètres à l'est, ou bien encore plus à l'est, dans le Fitri. En Afrique occidentale on peut désormais en compter les troupeaux. Bref, en additionnant les statistiques les plus optimistes, on arrive, pour toute l'Afrique, à un total de trois cents à trois cent cinquante mille survivants seulement.

La constatation n'a rien qui doive surprendre. L'ivoire est de toutes les richesses africaines celle qui fut toujours la plus exploitée au début de l'occupation des divers territoires, sa grande valeur permettant aux trafiquants de faire face largement aux premiers frais d'établissement. Avant l'installation des deux colonies du Congo, il y avait en Europe deux marchés d'ivoire, Londres et Liverpool ; en 1890, dès les premiers essors du Congo belge, il s'en crée un troisième à Anvers, et ce marché qui débutait avec une importation et une vente de quinze mille kilos atteignait en 1895 le chiffre énorme de deux cent soixante-treize mille kilos, dépassant à lui seul les deux autres marchés réunis ; dans ces dix dernières années il a reçu — ce sont là des chiffres officiels — trois millions deux cent douze mille sept cents kilos d'ivoire. Je prends pour le Congo français les chiffres d'exportation de 1905 et 1906 : cent quatre-vingt-seize tonnes d'ivoire exporté en 1905 et cent soixante-quinze en 1906.

Pour donner une idée du poids de l'ivoire que peut produire un éléphant africain de forte taille, je dirai qu'à Bangui, en 1906, j'ai vu au poste une paire de défenses pesant cent douze kilos. En 1897, à l'exposition du Congo, au Palais de Tervueren à Bruxelles, on pouvait admirer une autre paire de défenses, longues, l'une de 2 m. 60, l'autre de 2 m. 75, pesant ensemble cent cinquante-six kilos. Les plus lourdes qu'on ait connues sont celles d'un éléphant tué en 1900 au Kilimandjaro, dans l'Afrique orientale allemande, et pesant ensemble deux cent cinq kilos.

Toutes les défenses dépassant cent kilos sont celles d'animaux arrivés à un âge très avancé, et elles sont aujourd'hui très rares. On admet maintenant que le poids moyen d'une défense est de vingt kilos, soit quarante kilos pour la paire. La production d'ivoire annuelle de l'Afrique dépasse sept cent cinquante tonnes. Ces sept cent cinquante mille kilos d'ivoire représenteraient donc une moyenne de dix-neuf mille animaux abattus annuellement. Ce n'est pas tout à fait exact, car il faut compter avec l'ivoire venant des réserves accumulées pendant des siècles par les populations qui avaient coutume, on ne sait trop pourquoi, étant donné qu'elles n'en soupçonnaient pas alors la valeur, d'enterrer ce produit de leurs chasses qu'elles nous vendent ou nous versent actuellement comme impôt ; on appelle au Congo cet ivoire « l'ivoire mort » par opposition à « l'ivoire vivant ». celui des animaux qui viennent d'être tués. Ces réserves indigènes étaient certainement importantes, ce n'est pas pour rien qu'on a appelé le Congo « un cimetière d'ivoire. » Mais même en tablant sur ce fait, en admettant que l'on puisse réduire d'un quart le chiffre que je donnais des éléphants abattus actuellement en Afrique dans le courant d'une année, le nombre des victimes n'en reste pas moins très peu rassurant pour l'avenir de la race, si l'on songe que la femelle de l'éléphant porte vingt-deux mois et que le jeune mâle ne peut reproduire qu'à trente ans ; puis, que le stock des réserves indigènes n'est pas inépuisable et doit être déjà en ce moment très réduit.

L'exportation d ivoire à outrance ayant pour conséquence l'extermination d'un animal sympathique à beaucoup de gens par son intelligence et sa nature bénévole, quand on ne lui fait pas voir rouge, il y a eu dernièrement des protestations un peu partout, en Allemagne, en Angleterre, en Belgique, en France ; des comités, des ligues de défense de l'éléphant, se sont formés pour enrayer l'hécatombe des malheureux pachydermes, dût le commerce des billes de billard et des manches d'ombrelle péricliter, et pour empêcher que l'éléphant, comme son ancêtre le mammouth, n'existe plus dans quelques années que dans l'histoire ancienne. Ces ligues, ces comités, ont proposé avant tout et avec juste raison de restreindre, sinon de défendre complètement la chasse à l'éléphant. Dans leurs colonies de l'Afrique orientale, les Anglais ont réglementé la chasse d'animaux moins intéressants et moins utiles, en créant aux chasseurs des obligations aussi ennuyeuses que dispendieuses, dont celle du permis de chasse, montant, me disait-on, jusqu'à quarante livres sterling (mille francs). Ils allèguent que l'autruche, l'hippopotame, la girafe, l'élan, le zèbre et d'autres animaux encore susceptibles d'être domestiqués, tombent peu à peu sous les balles et que le jour où ils résoudront leur problème de colonisation dans leur Afrique, il leur faudra, s'ils ne mettent ordre à la situation actuelle, importer et acclimater à grande peine des animaux européens pour remplacer ceux que la nature y avait placés. Ces considérations sont des plus rationnelles. Les Américains ont assez regretté l'anéantissement total des bandes innombrables de bisons qui sillonnaient il y a vingt-cinq ans encore leur Far-West ; ils auraient eu là des animaux acclimatés, endurcis au climat rigoureux de ce pays qui détruit à chaque instant maintenant leurs troupeaux mal acclimatés. Plusieurs puissances viennent aussi de s'entendre, un peu tard il paraît, pour tâcher d'empêcher la destruction des phoques dans la mer de Behring.

Les défenseurs de l'éléphant ont encore demandé qu'il soit institué dans certains districts des réserves dont l'accès serait interdit et où les animaux pourraient se reproduire en toute tranquillité ; qu'on n'intéresse plus les indigènes à la destruction en leur réclamant de l'ivoire à titre d'impôt ; que le commerce de l'ivoire soit réglementé et l'exportation de défenses pesant moins de dix kilogrammes interdite ; enfin que la domestication méthodique de l'éléphant soit entreprise.

Les initiatives pour la protection de ces pauvres bêtes méritent certes d'être encouragées. Abstraction faite du trouble des âmes sensibles et des sentiments respectables des amis de l'éléphant africain ou pas africain, qui se désolent de voir disparaître du continent noir un des animaux qui contribuent à son charme et à son attrait, il est certain que les trafiquants d'ivoire, en faisant tout pour s'en procurer coûte que coûte en abondance, sans souci de l'avenir, sont en train de tuer la poule aux œufs d'or. L'ivoire, jadis précieuse matière d'art, n'est déjà plus aujourd'hui qu'une matière d'industrie qui tend à se disqualifier de jour en jour, et qu'il faudra bientôt remplacer par l'os, la corne ou le celluloïd.

D'ailleurs, les Belges, reconnaissant l'imminence du péril et toujours en avance sur nous, viennent de prendre des mesures pour la réglementation de la chasse de l'éléphant, les réserves ; ils ont même obtenu des résultats satisfaisants dans des essais de domestication.

Depuis longtemps on disait et on écrivait que l'éléphant d'Afrique n'était pas domesticable. Malgré tous leurs efforts, les Portugais, les Allemands au Cameroun, n'avaient obtenu aucun résultat. Il en a toujours été de même au Congo français, bien que l'appât ait été fait, il y a dix ans, d'une concession de je ne sais plus combien d'hectares, huit cents ou mille je crois, exempts de tous droits, à celui qui justifierait de la possession d'un éléphant apprivoisé. Il semblait donc que le problème fût insoluble, quoique beaucoup répondissent par ce juste argument, qu'il est difficile de croire que les éléphants militaires des Carthaginois avec lesquels les légions romaines eurent tant maille à partir et ceux que ces mêmes Carthaginois employaient aux jeux du cirque vinssent d'autre part que de l'Afrique, voire même de l'Afrique du Nord Le général Faidherbe, qui s'intéressa vivement à la question pendant son passage au gouvernement du Sénégal, fit des recherches toutes spéciales et démontra de façon irréfutable, dans un rapport remarquable, que les pachydermes employés par les peuples de l'Afrique septentrionale furent bien des éléphants africains.

Malgré tout, les tentatives modernes d'emploi de l'éléphant faites en Afrique jusqu'à il y a deux ans encore, le furent avec des éléphants importés de l'Inde : c'est ainsi qu'Ismaïl-Pacha fit venir de ce pays six éléphants dressés, pour les utiliser dans le Soudan égyptien. Après avoir, pour s'y rendre, traversé le Nil à la nage cinq ou six fois, ils moururent l'un après l'autre, privés des soins auxquels ils étaient accoutumés.

Le roi Léopold voulut tenter un nouvel essai : il profita d'un de ses voyages au Tanganika pour y faire venir de l'Inde à ses frais, et à grands frais ! quatre éléphants et treize cornacs comme noyau d'une ferme qu'il désirait créer sur les bords du lac, ceux de l'Inde devant contribuer à la capture des Africains. Ils n'arrivèrent pas à moitié route entre la côte et le lac. Léopold II ne renouvela pas l'expérience. Mais il était question de la reprendre dans l'ouest, à la Côte d'Ivoire, quand j'y passai en 1903. Un représentant d'une société minière étant venu à bord du paquebot, nous raconta que sa société faisait venir du Siam six éléphants destinés à aider à l'exploitation d'une mine d'or.

Depuis quelques mois la preuve est faite que l'éléphant d'Afrique est domesticable tout comme son frère du bord du Gange, et cette preuve on la doit au commandant belge Laplume, qui, à la ferme d'Api, dans le haut Congo, est parvenu à élever quelques éléphanteaux et à les utiliser pour des transports. Ce beau résultat, qui a coûté au commandant Laplume beaucoup de tâtonnements et de peines, a été une cause légitime de joie pour les partisans qui menaient campagne en faveur du mastodonte. Même ils ont vu, en dehors de la satisfaction d'un de leurs plus vifs desiderata, un avenir nouveau ouvert à la colonisation, à cause des services que leur protégé, apprivoisé, va rendre comme bête de somme, résolvant un des problèmes de la mise en valeur de nos colonies africaines, supprimant cet irritant problème africain, le portage.

Je crois qu'il y a là une très forte exagération et qu'il faut se défendre d'un enthousiasme pouvant ménager de grandes déceptions.

Ce qui fait mon pessimisme, c'est ce que j'ai lu et ce que l'on m'a dit de la capture et surtout de l'élevage des éléphanteaux du commandant Laplume. J'ai eu plus d'une fois l'occasion, au cours de mes passages à travers le Congo, d'entendre causer de ces essais intéressants. J'ai appris ainsi que non seulement la capture des élèves du commandant Laplume n'avait pas été sans de très grandes difficultés, mais qu'il avait eu mille peines à parvenir à en conserver une vingtaine, de 1901 à 1907, en sept ans. C'est que l'éléphant, quelque bizarre que cela puisse paraître chez une pareille masse, est un animal de tempérament très délicat : vous voyez dans les récits concernant la ferme d'Api que les jeunes sujets refusent du manioc vieux de trois à quatre jours et que, lorsqu'on leur en apporte une racine fraîche, ils n'y mettront la dent qu'après l'avoir soigneusement secouée, puis lavée ; il leur faut à chacun quotidiennement une ration de deux à trois cents kilogrammes de feuilles d'arbres, et non pas de tous les arbres indistinctement, mais de quelques espèces seulement ; c'est la cause pour laquelle les troupeaux d'éléphants sont si nomades, et cela fait que pour fournir chaque jour au troupeau d'Api quatre à cinq tonnes de feuillage, un vrai bataillon de travailleurs est nécessaire.

Ils n'aiment pas à s'éloigner des marais où ils se plaisent à prendre leur bain deux ou trois fois dans la journée. Tout comme l'homme, l'éléphant est, en outre, sujet à l'insolation ; c'est pour cela qu'à l'état sauvage il ne quitte jamais l'ombre des forêts pendant les heures les plus chaudes ; des sujets d'Api s'étant couchés au grand soleil, après avoir tiré la charrue, moururent en quelques heures, et à l'autopsie on constata de la congestion du cervelet, preuve certaine d'insolation ; enfin plusieurs autres succombèrent victimes de phénomènes psychiques : regrets de la famille, des grandes forêts, de la liberté perdue.

Considéré comme bête de somme, l'éléphant me paraît un animal très surfait ; le maximum de charge de ceux d'Asie est quatre à cinq cents kilogrammes ; même si ceux d'Afrique, incontestablement plus puissants, sont capables de porter, leur croissance faite, cent à cent cinquante kilogrammes de plus, c'est là un poids tout à fait disproportionné avec le volume du porteur ; un bon chameau de charge en porte près de la moitié. Le plus petit cheval, celui de la cavalerie légère, avec son cavalier et son paquetage, marche, avec plus de cent kilogrammes, à des allures vives soutenues longtemps ; un mulet, un âne même, allant au pas, transporteront loin une semblable charge, le cinquième ou le sixième de celle de l'éléphant, alors qu'ils sont vingt, trente fois moins volumineux. Je trouve donc que l'éléphant est, comme utilisation économique, non seulement très inférieur au chameau, au mulet, au cheval, à l'âne, mais encore à l'homme : le noir africain, le plus mauvais porteur qui soit, fait facilement une étape de trente kilomètres avec vingt-cinq à trente kilogrammes sur la tête ; donc une trentaine de porteurs remplacent un éléphant, et comme le chameau, le mulet, le cheval, l'âne, ils sont bien autrement faciles à nourrir.

Pour me résumer, il faut, certes, rendre hommage à la preuve faite par le commandant Laplume après des années d'efforts, mais je ne trouve pas que les résultats obtenus à Api, si satisfaisants qu'ils soient, donnent le droit de crier victoire complète, parce que cet élevage et ce dressage, s'ils encouragent quelques imitateurs, je ne les vois pas pratiques, pour toutes les raisons que j'ai dites, ni entrant dans le domaine commun d'ici bien longtemps, au Congo pas plus qu'ailleurs. En outre, je regarde le bassin du Congo comme la dernière portion du territoire africain où le portage par l'éléphant soit susceptible de rendre de grands services : il n'est pas de pays où le réseau fluvial soit aussi développé ; il est admirable ; la nature a voulu donner cette compensation au Congo des chemins inconnus dans ses forêts vierges ; jetez un coup d'œil sur une carte du pays : les lignes marquant les fleuves et leurs affluents forment une vraie toile d'araignée dont les fils constituent et constitueront toujours les vrais moyens de transport. Par contre, je crois aux services que pourront rendre dans les mines, dans les chantiers de bois, où on dit qu'ils peuvent soulever des troncs de huit cents à mille kilogrammes, les autres éléphants que l'on domestiquera, ayons-en le ferme espoir ; leur importation dans les ménageries européennes où ils sont jusqu'ici inconnus, pourrait être d'un bien grand secours aussi à cette malheureuse industrie foraine, tout à fait dans le marasme aujourd'hui, et ils deviendraient un revenu important pour la colonie ; leurs congénères asiatiques, dont nous avons les yeux rassasiés, valent encore de cinq à six mille francs; enfin ils ne contribueraient pas peu à mettre, dans leurs cortèges, nos rois nègres en valeur, et particulièrement au Congo il en est beaucoup qui en ont réellement besoin.

4 Août. — A une heure de l'après-midi, nous apercevons au loin, à un coude de la rivière, taches claires au milieu du feuillage, les premières maisons de Bangui, et une demi-heure plus tard, le *Commandant Lamy* vient s'accoter doucement au quai naturel que lui fait une jolie grève de sable fin bordée d'une allée de bambous. Il y a aujourd'hui quarante jours que nous avons quitté Bordeaux et quinze que nous nous sommes embarqués à Brazzaville.

Sur la grève, quoiqu'il soit l'heure sacrée de la sieste, est accourue la majorité de l'élément européen. L'élément féminin est au complet, deux dames, les premières femmes européennes qu'ait vues Bangui et il faut s'incliner bien bas devant le courage qui leur fait braver depuis un an ce coin qui sent la fièvre pour être près de leurs maris. Tout ce monde s'agite, pousse des cris de joie. On se reconnaît du bord à terre et des bonjours se croisent, exubérance bien compréhensible certes chez ces *blancs*, isolés en pays noir, vers le 4e degré de latitude, à un millier de kilomètres de la côte, et qui voient arriver des compatriotes directement de la mère patrie. Leur plaisir est d'autant plus grand que la famille Guynet est connue de beaucoup et de réputation sympathique à tous les autres ; en outre, depuis six à sept mois les bateaux à vapeur ne montaient plus jusqu'à Bangui et devaient s'arrêter à cinquante kilomètres de là, au seuil rocheux de Zinga, où nous avons trouvé cette fois bien juste assez d'eau pour passer ; autre attraction, le *Commandant Lamy*, tout flambant neuf, est le premier bateau fluvial grand et confortable qui paraisse dans l'Oubangui battant pavillon français.

Donc notre arrivée est un peu sensationnelle, et à peine la longue planche d'abordage a-t-elle été lancée à terre du pont inférieur, que sur ce plancher étroit et branlant courent, à la file indienne, fonctionnaires de l'Administration et agents des factoreries. Après la visite du bateau et le tribut d'éloges qui lui est justement accordé, M. Guynet a fait apporter du champagne (le thermomètre du bord marqué 33°) et on porte toast sur toast à la France et au Congo français.

Pour ma part, je suis avide de terre ferme après ces quarante jours passés à peu près exclusivement sur l'eau salée ou l'eau douce, et je me hâte de sauter sur le sable de la grève dans lequel, à cette heure, on pourrait probablement faire cuire des œufs à la coque.

C'est avec un vrai plaisir que je revois Bangui, combien peu semblable au Bangui que je connus à mon premier débarquement à cette même place, il y a trois ans. Il comptait, en tout et pour tout, à cette époque, trois cases : l'une habitée par l'administrateur de la région ; la seconde, misérable construction en pisé et paille, abritait un adjoint des affaires indigènes ; la troisième, du même genre, mais divisée par des clayonnages en trois ou quatre cellules, constituait le logement des passagers. On choisissait, pour le repos de quarante-huit heures réglementaire, la cellule dans laquelle les interstices du toit laissaient le moins passer les rayons du soleil et on abandonnait les autres aux boys pour la cuisine et le placement des bagages. Je me rappelle que nous étions cinq ainsi campés ensemble, évoquant philosophiquement le dicton africain : « Le plus mauvais gourbi (abri en feuillage) vaut mieux que la meilleure tente. » Faute de notre précaire abri, nous eussions été, en effet, obligés de dresser nos tentes, et jamais dicton ne fut plus vrai que celui que je viens de citer : si cet abri de toile peut être considéré comme protecteur sérieux la nuit, dans un climat humide, sous toutes les latitudes d'Afrique, il est, de jour, une affreuse et inabordable étuve.

Devenu capitale de l'Oubangui-Chari, Bangui compte une trentaine de cases étagées à flanc de coteau entre la rivière et une ligne de collines rocheuses très rapprochées formant un cirque à pentes abruptes ; les collines se terminent vers le Nord par une falaise à pic sur laquelle s'élève une autre mission catholique dépendant de Brazzaville.

Les principales maisons de commerce ont édifié de belles constructions en briques, très surélevées, avec de larges vérandas. Dans le vaste espace qui entoure la maison principale d'habitation sont les cuisines, les magasins, les habitations des contremaîtres, des boys, des travailleurs indigènes, puis des jardins fruitiers pleins de promesses.

Ici comme à Brazzaville on a la sensation agréable que ce n'est plus du provisoire, qu'il y a une assiette sérieuse. De plus, les commandants de poste de Bangui ont eu le souci des alignements, ce qui ne nuit point, et toutes les maisons bordent de larges avenues bien droites et plantées de manguiers, papayers, citronniers qui poussent avec une rapidité si merveilleuse sous ces climats humides autant que chauds. Pas de villages indigènes ; à plusieurs kilomètres autour de Bangui, c'est le désert complet.

Sur l'autre rive, en face et à dix-huit cents mètres environ, est le poste belge de Zongo, au pied de coteaux escarpés. Une ligne de rochers barre, un peu plus en amont, la rivière dans toute sa largeur, imposant une limite à la navigation des steamboats ; les eaux limoneuses grondent en venant s'écraser sur cette barrière formée d'une suite de masses rocheuses surmontées d'éperons qui crèvent la nappe blanche d'écume ; une seule brèche praticable aux petites embarcations se trouve du côté de Zongo.

Après le seuil rocheux de Zinga, qui permet le passage aux bateaux à vapeur pendant six mois de l'année sur douze, c'est la deuxième barricade qu'oppose l'Oubangui à leur navigation. M. Gentil, en 1895, a réalisé, dans son premier voyage vers le Tchad, un tour de force en y faisant passer un petit steamboat de quinze tonnes, le *Faidherbe ;* puis la société le Kouango, située dans le haut Oubangui, en amont de Fort-de-Possel, l'a renouvelé il y a trois ans, avec un vapeur de tonnage identique. Nous allons trouver ces barricades nombreuses encore dans le bief de cent kilomètres qui sépare Bangui de Fort-de-Possel. Elles existent dans les parties où l'effort du gros torrent qu'est l'Oubangui, — il atteint une largeur maxima de mille cinq cents mètres pour se rétrécir brusquement à cinq et six cents — n'a pu accomplir de façon complète son action érosive. Suivant que l'érosion a été plus ou moins prononcée, les rides rocheuses qui subsistent forment obstacle en saison sèche seulement, ou en tout temps, offrant néanmoins des difficultés moindres au franchissement pendant la période des basses eaux au cours de laquelle le courant est moins violent.

A cinq heures, la chaleur étant un peu tombée, nous avons accompagné ces dames à la mission de Saint-Paul-des-Rapides, à un kilomètre de Bangui. C'est la plus jolie promenade que l'on puisse faire et la plus ombragée, dans un sentier de chèvres qui serpente tout le long de la falaise parmi les troncs d'arbres magnifiques, au milieu desquels se distinguent ces gigantesques fromagers, remarquables par les dimensions de leurs troncs autant que par la beauté de leurs fleurs et cette écorce grisâtre semblable à celle de nos hêtres ; puis des baobabs courtauds, aussi laids qu'ils sont gros, ce qui n'est pas peu dire, puisqu'il en est dont la circonférence dépasse vingt mètres et qui, avec leurs troncs informes et leur branchage dégingandé, ressemblent tout à fait à de grosses betteraves plantées les racines en l'air.

La mission se compose d'une église et de trois grandes maisons d'habitation avec de nombreuses dépendances, le tout fort bien construit, en briques cuites, et recouvert de toitures en tôle ondulée ; tout autour, une vingtaine d'hectares sont en culture ; il y a de grosses plantations de bananiers, de manioc, de maïs, de millet. de patates douces, quantité d'arbres fruitiers ; des caféiers plantés il y a une huitaine d'années sont en plein rapport ; ils sont d'une des deux espèces qui vivent à l'état sauvage sur les rives de l'Oubangui ; les indigènes n'en tirent aucun parti et n'ont même pas de nom pour les désigner. Le potager européen est vaste et contient des légumes prospères ; il y a pas mal de ressources aussi dans le poulailler et le parc aux chèvres.

C'est à force de persévérance, de travail opiniâtre, que les Pères missionnaires sont arrivés, avec leurs seuls moyens, à mettre sur pied cette belle œuvre, remarquable sinon vraiment utile, à constituer assez de ressources alimentaires pour nourrir cent quatre-vingts à deux cents enfants attachés à leur maison. J'ai entendu dire souvent que leur réussite dans tous leurs établissements avait pour cause l'aide importante et gratuite de leurs prosélytes ; c'est certain, mais encore fallait-il qu'ils créassent cette main-d'œuvre particulière.

Il est un facteur plus important de la prospérité des missions, ce sont les longs séjours accomplis par leurs membres et qui engendrent l'esprit de suite dans l'effort, c'est surtout ce qui fait l'organisation de leurs établissements supérieure à celle de nos postes : étant donnée la nocivité du climat au Congo, les règlements ministériels ne tolèrent aux fonctionnaires qu'un séjour de vingt mois, un peu plus long quelquefois dans des cas spéciaux ; et autant de chefs se succédant, autant de modifications surviennent dans les plans de travail et d'organisation. Les missionnaires, eux, demeurent de longues années à leur poste ; le père Sallas, que je retrouve toujours ici, n'a pas revu la France depuis dix ans.

La réelle valeur de ces résultats matériels est admise d'ailleurs par tous.

Mais, où en sont les missions congolaises au point de vue de la régénération des âmes noires, de leur assimilation par le travail, l'école et le confort qui sont la base, la raison d'être de toutes les missions africaines ? Les résultats ont été obtenus, partiellement tout au moins, ailleurs, en Afrique occidentale, au Sénégal, à Sierra-Leone, au Gabon, par exemple, en formant des ouvriers, des employés, des fonctionnaires même, avec cette restriction qu'ils doivent être sévèrement contrôlés et qu'il faut que leur besogne soit routinière ; mais les missions y avaient affaire à des populations d'un niveau suffisamment élevé que ces populations ont atteint elles-mêmes ou bien qu'elles doivent au contact de peuples voisins plus avancés.

Les missions du Congo sont-elles arrivées au même point ici, depuis vingt-cinq ans qu'elles y sont installées, ou bien y atteindront-elles dans l'avenir, avec le nègre du centre africain, le nègre purement indigène ?

En toute conscience, je réponds : non.

Certes, il est très réjouissant de voir dans leurs maisons ces groupes d'enfants, disciplinés, proprement habillés, se présentant bien, causant français avec vous ; à l'église leur tenue est fort édifiante, et c'est avec beaucoup d'âme qu'ils clament vers les cieux les pieux cantiques. Mais il est une chose avérée, et cela, tous ceux qui vivent depuis le plus longtemps avec eux vous le disent : c'est qu'une fois sortis du giron de l'école, ces jeunes chrétiens deviennent aussi voleurs, aussi menteurs, aussi sanguinaires que leurs congénères. Le dressage a été excellent, il ne persiste pas. Plus rien ne reste des notions de travail, de charité, de famille, de religion, toutes choses complètement inconnues chez eux et que leurs admirables instructeurs ont essayé de leur inculquer.

Il n'y a là rien qui puisse froisser l'amour-propre des Pères missionnaires La raison en est — elle est bien connue — que jusqu'à l'âge de dix à douze ans, chez ces races très inférieures, dont la limite d'existence ne dépasse pas une quarantaine d'années, les néophytes montrent souvent une intelligence assez développée, susceptible de s'élever assez haut pour comprendre ; mais dès que la puberté arrive, les facultés s'atrophient. Rendu à ce moment à lui-même et à son milieu, le nègre retombe à ses instincts vicieux un moment refrénés.

On commence à reléguer, combien justement ! au rang des vieilles lunes, comme dangereuse utopie, la politique d'assimilation, celle qui met le noir sur le même pied que le blanc. Pour le nègre de l'Équateur, bien plus que pour les autres, l'objection n'est plus à faire : que c'est peut-être le contact repris avec les gens de sa race non éduqués qui est une cause de sa chute, qu'elle pourrait être évitée s'il était soustrait aux influences de milieu, dépaysé même ; que, réagissant contre ses instincts, il pourrait alors se maintenir à un certain niveau intellectuel, sinon parvenir au nôtre. Qu'on constate ce qui s'est passé dans la république de Libéria, à Haïti en particulier où rien n'a gêné l'évolution des nègres dans un pays admirable, au sol des plus féconds ; aux Etats-Unis ; dans ce dernier milieu, formé avec les éléments les plus disparates, alors que les races blanches ont subi, en une génération ou deux, les effets de la puissance assimilatrice, la race noire, qui a coûté si cher aux Américains, une vingtaine de milliards et deux à trois cent mille existences humaines pendant leur guerre de Sécession, leur est aujourd'hui une terrible charge. Il y a un demi-siècle qu'ils ont affranchi leurs nègres ils leur ont donné la même éducation qu'à leurs propres enfants, leur ont accordé les mêmes privilèges ; au lieu de se rapprocher de leurs éducateurs, les élèves s'en éloignent et reviennent peu à peu à la mentalité de leurs ancêtres amenés de l'Afrique. Bien loin est l'oncle Tom, le nègre vertueux et civilisé de Mme Beechers-Stowe, leader des abolitionnistes. Ne pouvant mettre leurs noirs à la porte, ni les exterminer, ni les replacer sous le joug de l'esclavage, il reste aux Américains à tenter de leur enlever les droits civiques qu'ils leur ont imprudemment conférés.

Tous ces nègres de Libéria, de Haïti, des États-Unis, sont des rejetons de nègres congolais ou de races de la côte tout à fait similaires.

On reconnaît, dans les colonies de l'Afrique occidentale, trois facteurs capables d'agir pour relever dans une certaine mesure l'état mental du noir : les missions, le contact direct des Européens en dehors de toute influence religieuse, l'Islam.

Je viens de dire les résultats obtenus par le premier. Admettons un instant que le succès réponde complètement et partout à l'éducation donnée à leurs pupilles par les Pères avec un dévouement inlassable ; mais ce succès ne toucherait que quelques rares sujets perdus dans la masse. Une des causes de faiblesse des missions a toujours été le trop petit nombre de leurs membres : les évangélistes ont donné à leur œuvre toute leur existence, toutes leurs énergies, toutes leurs ressources, quand ils ne sont pas morts à la peine, et on constate aujourd'hui que dans l'Afrique occidentale entière, française et étrangère, où ils sont seulement quatre à cinq (cents ceux du Congo compris dans ce nombre), la proportion des indigènes convertis au catholicisme ou au protestantisme n'est même pas de deux pour cent.

Je n'attribue pas de résultats beaucoup plus appréciables au second facteur, le contact direct des Européens, dans des colonies qui ne sont pas des colonies de peuplement, où le contact entre blancs et noirs se réduit, en dehors de deux ou trois centres importants, à celui du petit nombre d'Européens disséminés dans les postes les factoreries ou les missions ; au dernier recensement, ce nombre a été de mille deux cent soixante-dix-huit pour le Congo français entier, y compris le territoire militaire du Tchad : cinq cent deux fonctionnaires et militaires et sept cent soixante-seize colons, commerçants et missionnaires.

Si le Congo subit un jour une influence salutaire, profonde et durable, il le devra à l'Islam, je ne dis pas influence moralisatrice, parce que le noir congolais ne sera jamais religieux que superficiellement ; il récitera les versets du Coran comme il dit son chapelet, sans que son cerveau s'assimile la moindre bribe de morale. Malgré cela, il n'est pas douteux qu'ayant à choisir entre les deux religions il opterait pour la première ; la lutte entre le christianisme et l'islamisme sur le terrain fétichiste n'est pas égale ; le premier a des principes rigides, impose une morale rigoureuse, complique l'existence matérielle du néophyte, alors que l'autre se présente avec une simplicité de dogme beaucoup plus élastique, montre le plus large esprit de tolérance, et surtout se rapproche tout près de l'animalité du nègre par les promesses éblouissantes de jouissances éternelles similaires des temporelles. Comment de pareils avantages n'attireraient-ils pas le nègre vers le paradis de Mahomet !

Ce qui fera encore, en pays congolais comme dans les autres pays fétichistes, la force de l'Islam, ce qui explique sa puissance, ses conquêtes, la facilité et la rapidité avec lesquelles il s'est propagé, c'est qu'il donne au fétichiste droit de cité, lui procure des lois, une organisation, le pénètre dans tous ses pores, le marque d'un type nouveau par de nombreux croisements avec lui, l'élève en un mot dans l'échelle sociale. Nous sommes incapables de lui donner le moindre de ces avantages. Le parti antiislamique ouvre en ce moment une nouvelle campagne en partant de ce principe, pas nouveau, que pour coloniser, il ne faut pas imposer aux peuples des coutumes et des traditions nouvelles ; qu'en pays fétichiste on doit s'assimiler convenablement les coutumes et les traditions et gouverner avec elles en leur donnant seulement une plus large base. En principe, cela est vrai, mais encore faut-il que la base existe ; on n'élève pas les murs d'une maison sans fondations, et au Congo il n'en a jamais été posé une pierre. J'en suis bien convaincu, seuls et isolés comme nous le sommes et sommes condamnés à rester dans cette colonie, nous n'arriverons jamais à une organisation satisfaisante de peuplades qui n'en ont jamais connu la moindre et qui, au dernier degré de la sauvagerie, ne sont régies par d'autres lois que celles d'appétits bestiaux ; je ne vois pour nos efforts que stérilité, parce qu'ils se perdent dans la masse. Que l'Islam organise au contraire, il nous permet d'agir à notre tour et de gouverner par ses propres moyens. Nous avons dans les pays du Tchad un merveilleux exemple de ce dont il est capable. J'en appelle à tous les Européens qui ont fait ce voyage du Congo-Tchad : quand on laisse derrière soi les fétichistes plus ou moins lippus, crépus et écrasés de nez, plus ou moins bestiaux, plus ou moins nus, pour entrer dans les pays où a passé Mahomet, il n'est pas possible de nier qu'il ait rendu service aux nègres qu'il y a trouvés : il leur a donné de la dignité avec la religion, des aspirations avec de l'organisation ; il leur a infusé un type supérieur ; il les a vêtus ; il en a fait des hommes qui nous comprennent et que nous comprenons et auxquels il est autrement intéressant de commander.

Je touche là un sujet qui a fait couler beaucoup d'encre : le panislamisme africain. En deux mots, voici la question : on trouve dans le centre africain, à une période allant du VIIIe au XVe siècle, les traces d'immigrations humaines, toutes venues de l'Est pour des causes peu nettement définies, se succédant brutalement, se heurtant, se mêlant jusqu'au chaos, tellement nombreuses que, de vagues en vagues successives, elles vont toucher aux bords de l'Atlantique. Puis, vers le XVe siècle, cette masse informe de barbarie est peu à peu pénétrée, comme un sol inculte par les mille filets fécondants d'une pluie subite, par les musulmans apportant leur civilisation avec leur religion, l'Islam. Au Sénégal, au Niger, ils sont venus du Nord, du Maroc ; au Tchad, de la vallée du Nil ; puis du Dar-Four, du Dar-Rounga, du Kordofan, du Ouadaï ils se glissent sur le haut Oubangui à la faveur du trafic des esclaves, de l'ivoire, des plumes d'autruche, des chevaux et des bœufs. Les Belges les ont trouvés installés dans la région comprise entre les Lacs et Stanleyville, émigrés de Mascate et de Zanzibar. Petit à petit, de façon ouverte ou de façon latente, leur infiltration s'est produite partout où elle trouvait un sol perméable. Dans l'est vers le haut Oubangui et le haut Congo, ils se sont arrêtés devant le rideau de la forêt équatoriale ; dans les régions méridionales des territoires du Tchad, des populations rebelles jusqu'ici à leur influence les ont fait se cantonner au-dessus du 10e degré de latitude.

L'occupation européenne, dans ces dernières années, de territoires où l'Islam n'avait pu encore pénétrer ayant eu comme conséquence l'ouverture de voies de communication nouvelles et par suite la facilité et la sûreté des transactions de peuplades à peuplades, le problème s'est posé : faut-il favoriser une autre expansion de l'Islam, lui ouvrir une canalisation nouvelle ou l'arrêter net dans ses limites actuelles ?

Ses adversaires lui reprochent avant tout son intransigeance religieuse, l'influence considérable qu'il acquiert sur les populations dont il peut faire taire momentanément les dissensions et former contre nous un faisceau redoutable. On voit toujours dressé depuis dix ans, dans les possessions de l'Afrique centrale, cet épouvantail du fanatisme musulman.

Il y a là une exagération manifeste : musulman n'est pas synonyme de fanatique. Il en est de la religion du Coran comme de celle de la Bible ; son intensité varie considérablement suivant les milieux ; l'indigène du Congo concevra un Islam autrement libéral que celui de l'Algérien, de même que les principes religieux de ce dernier diffèrent sensiblement, c'est un fait bien connu, de ceux du Tripolitain ou du Marocain. On distingue bien dans nos races des catholiques et des protestants ; on y a connu le mysticisme des Croisades et l'intransigeance de l'Inquisition. J'accorde que dans tout pays islamisé une influence puisse créer des dangers, c'est celle du fanatique isolé, de l'agent de confrérie, des marchands qui agissent dans l'ombre ; mais cette influence, ce danger, existent tout autant en pays fétichiste avec le jongleur et le sorcier ; à nous de veiller et, tout en laissant l'Islam essaimer ses croyances, son culte, ses lois, de lui faire sentir sans cesse que nous n'abandonnons pas nos droits à réglementer son influence. Il ne faut pas que « la vieille dame incorrigible », comme l'un de mes amis d'Alger appelait la civilisation, se laisse surprendre les pieds sur sa chaufferette, ainsi que cela lui est arrivé en Algérie et ailleurs. Dans tous les pays de colonisation, cette action de l'autorité n'est-elle pas nécessaire depuis le premier jour de la conquête jusqu'à une époque avancée même de la colonisation ? Et elle n'est pas particulière aux pays musulmans. Bien justement dans son étude *le Péril de l'Islam*, M. Binger fait remarquer que si l'on jette un regard en arrière sur les expéditions de l'ouest africain, on voit que les difficultés ont été aussi grandes pour les armes européennes en pays fétichistes qu'en pays musulmans : campagne des Anglais chez les Achantis, des Belges au Congo, de nous-mêmes au Dahomey, au Baoulé. J'ajoute qu'une fois conquis et toutes proportions gardées d'étendues de territoire, ces pays demandent le même déploiement de forces que les pays musulmans.

Autre objection faite à la liberté d'influence de l'Islam au Congo. il concurrencerait le commerce européen. Voilà, il me semble, une interprétation bien erronée des intérêts économiques d'un pays que celle qui lui ferme sur deux faces ses débouchés naturels. Libre jeu de commerce ne doit-il pas être axiome colonial ? Que l'Islam concurrence le commerce européen en en amenant une partie vers l'est ? Mais ce sera pour notre commerce une émulation de plus ; d'ailleurs, je ne crois pas que la concurrence puisse être jamais bien redoutable pour l'Européen, parce qu'on pourra toujours la réglementer.

Je voyais tout à l'heure à Bangui un petit groupe de Haoussas ; ce sont des indigènes de pays à l'ouest du Tchad et les vrais colporteurs du centre africain. Ils sont venus sous la conduite d'un ancien tirailleur de même nationalité et qui, libéré récemment de son engagement au bataillon du Tchad, a joint ses économies aux leurs. Ils ont acheté une quinzaine de bœufs et chevaux dans les environs de Fort-Lamy ; par toutes petites étapes nocturnes et en faisant de longs détours pour éviter les territoires des mouches tsé-tsé, ils ont mis deux mois à gagner les régions du Gribingui et de l'Oubangui, n'ont perdu, grâce à leurs précautions, qu'un seul animal en route et repartent après avoir vendu les autres deux fois leur prix d'achat aux blancs et aux noirs des postes de Fort-Crampel à Bangui, ravis de l'aubaine. Ils ont consacré l'argent de leur vente à l'achat d'étoffes et d'ivoire qu'ils céderont avec nouveau bénéfice à leurs coreligionnaires du Tchad. On me dit que ce ne sont pas les premiers musulmans que l'on voit à Bangui ; depuis dix-huit mois que je n'y étais passé, d'autres sont venus du Baguirmi, du Bornou anglais même, dans un but identique. Des Haoussas encore ont tâté la voie de la rivière la Sanga, affluent de droite du Congo, et sont descendus par là vendre des animaux à Brazzaville.

Voilà les premiers pas indécis encore, les premières infiltrations timides qui se font de nos pays musulmans du nord vers le Congo, attirés par la sûreté actuelle des communications ; encourageons-les donc, favorisons ce commerce ; noirs du nord, noirs du sud et Européens n'ont qu'à y gagner, et souhaitons qu'en même temps qu'il pénètre commercialement, l'Islam fasse la tache d'huile religieuse et organisatrice aussi vite et aussi bien que possible.

Enfin, on jette à la tête des adeptes de l'influence musulmane que leurs protégés ne sont que de vils marchands d'esclaves.

Que la traite ait été une plaie du centre africain, nul ne peut le nier. Malgré tous nos efforts au Tchad, les effectifs beaucoup trop restreints du corps d'occupation laissent des trous par lesquels, même en ce moment, passent des caravanes de captifs razziés chez les fétichistes de la rive gauche du Gribingui en particulier et amenés à la capitale du Ouadaï pour être de là dirigés sur Tripoli, puis la Turquie. Le commerce, fort lucratif pour les sultans africains, est déjà bien réduit, et il est certain que lorsque des subsides permettront d'augmenter nos postes frontières au Tchad, il sera absolument impossible qu'il subsiste.

Mais voilà que j'ai encore une fois interrompu le récit de mes pérégrinations. J'en demande pardon à mes aimables lecteurs, que je viens de promener au sujet de l'âme nègre de Bangui aux États-Unis, à Haïti et un peu dans toute l'Afrique. Je m'empresse de revenir à Bangui.

Après notre excursion à la mission, nous sommes allés faire un bout de toilette à bord. La nuit était venue. Nous avons trouvé Swensen installant à l'avant du bateau une étoile de becs électriques accrochés à un fort réflecteur. Cette étoile, que la hâte des derniers aménagements du *Commandant Lamy* n'avait pas permis de placer avant notre départ de Brazzaville, est encore un perfectionnement bien appréciable des nouveaux bateaux de la société des Messageries fluviales ; elle est destinée à percer le manteau de feuillage de la forêt et à faciliter ainsi considérablement la besogne nocturne des coupeurs de bois de combustible. Quand les rayons en vont fouiller pour la première fois la capitale de l'Oubangui-Chari, ils sont salués par des bravos enthousiastes, presque aussitôt couverts par un concert de hurlements qui s'élèvent, partis de groupes noirs de tout sexe et de tout âge accroupis au bord de la rivière et qui fuient éperdument, en bonds désordonnés, poursuivis par les jets de lumière. Décidément il fera époque à Bangui, notre brave *Lamy*.

Avec de Villeneuve, j'ai dîné chez M. Dubois, que j'ai connu en 1904 « commissaire des colonies » à Brazzaville ; ses fonctions n'ont en rien changé ; il n'en est pas de même, par exemple, de son titre (ô sacro-saints mystères administratifs !) : « Adjoint à l'intendance des troupes coloniales. » Cette formule nouvelle compliquée n'a du reste pas déteint sur l'heureux caractère de notre camarade Dubois, qui jamais n'engendra mélancolie. Aussi eussions-nous été bien heureux de prolonger la soirée avec lui, mais à l'équateur il faut toujours compter, le soleil disparu, avec ces satanées bestioles que sont les moustiques. Ils nous ont furieusement harcelés ; après nous être flagellés longtemps à grands coups de serviettes, il n'y a plus eu moyen d'y tenir et nous avons dû aller nous réfugier sous nos moustiquaires.

M. Merwart, lieutenant-gouverneur de l'Oubangui-Chari, est en tournée en ce moment. Il est remplacé par M. l'administrateur Fourneau, un nom qui possède l'estime et l'affection de tous les Congolais : ancien capitaine de l'artillerie coloniale, M. Fourneau, après avoir terminé une exploration du bas Niger, dans laquelle il a montré les plus belles qualités d'endurance et d'énergie, niées de lui seul, vient de quitter l'armée pour entrer dans le corps des administrateurs coloniaux où s'illustra son frère, un des premiers pionniers du Gabon-Congo avec M. de Brazza et qui, jusqu'en 1905, s'est prodigué dans la colonie.

M. Fourneau m'a dit hier qu'il laissait à notre disposition toute la journée d'aujourd'hui pour mettre en ordre les bagages, mais que dès demain matin, ayant sous la main le nombre d'indigènes nécessaire pour armer une baleinière, il nous mettra en route sur Fort-de-Possel, notre quatrième étape.

Je me suis donc levé avec le jour et suis allé prendre langue dans Bangui, reconnaître l'embarcation qui nous est réservée, notre équipe de pagayeurs, toucher quelques vivres. Je retrouve ici commis des affaires indigènes, M. Danigo, que je connus adjudant à la batterie d'artillerie du Tchad ; il cumule à Bangui les fonctions de magasinier, de commissaire de police, d'agent voyer, et est en même temps grand maître de la flottille qui fait les transports dans le bief Bangui-Fort-de-Possel, une vingtaine de baleinières et sept ou huit pirogues. Ces baleinières, mesurant dix à douze mètres de long sur deux de large, sont constituées par des plaques en tôle d'acier réunies par un boulonnage spécial ; à l'arrière un gouvernail de même métal, à l'avant une chaîne aux maillons étroits, mais très épais, d'une cin-

quantaine de mètres, et servant à haler la baleinière à travers les barrages rocheux, le pagayage devenu impossible ; deux ou trois bancs seulement destinés surtout à étayer la carcasse ; les pagayeurs s'assoient sur les plats-bords.

Telles quelles, ces embarcations sont parfaitement établies, très solides ; il faut qu'elles le soient, puisqu'elles flottent encore après six ans qu'elles sont en service continuel sur l'Oubangui, dans les conditions que la suite de ces lignes indiquera et sans être jamais réparées, pour la raison qu'il n'existe à Bangui ni un boulon, ni une plaque métallique de rechange, ni seulement un ouvrier chaudronnier dont la compétence puisse au besoin remédier au mal par un coup de marteau donné au bon endroit. Il y en a une demi-douzaine de disponibles en ce moment à Bangui et Danigo est assez aimable pour m'inviter à faire mon choix, en ajoutant d'ailleurs qu'il n'espère pas que dans aucune d'elles je voyage les pieds au sec.

Je connais par expérience l'étanchéité des boats au Congo, mais un seul coup d'œil sur ceux-ci a augmenté mes appréhensions ; ils sont vraiment fatigués : dans les tôles, des renfoncements à loger la tête, ce qui n'a que l'inconvénient de compliquer l'arrimage des caisses ; mais, ceci est plus grave, le fond est disjoint en beaucoup d'endroits, et tout ce qu'on a pu faire, en l'absence d'ouvriers et de matériel de rechange, a été de boucher des fissures avec... des emplâtres de terre glaise. Ce calfatage d'un nouveau genre a pour résultat d'empêcher la baleinière de couler à fond, à condition de vider de temps en temps l'eau qui filtre à travers les craquelures.

C'est donc en me livrant à des réflexions pessimistes sur nos étapes aquatiques d'ici à Fort-de-Possel que je remonte vers le magasin à vivres où j'ai donné rendez-vous à de Villeneuve et à nos boys pour toucher les choses premières nécessaires à notre *popote*, qu'il faudra organiser dès demain : du sel et du poivre, du vinaigre et de l'huile, du saindoux et de la farine, du thé, du sucre et du café, de la sardine et du thon, du vin, s'il y en a : il est rare dans les magasins coloniaux, les récipients en sont fragiles et le transport difficile ; une caisse de quinze bouteilles avec leur emballage constitue la charge d'un porteur humain. « Que de choses vous sont nécessaires, à vous, hommes de France ! » me disait un jour, un peu ironiquement, au Tchad, un vieux chef arabe qui m'accompagnait en colonne dans les sables, au nord du Lac. Il est certain que j'étais en état d'infériorité manifeste vis-à-vis de ses goumiers et de lui ; accrochée à la selle de leur chameau, une peau de bouc contenait des dattes, des galettes de mil dont quelques bouchées suffisaient à leur nourriture pendant une longue période.

Tous les articles que je viens de citer, presque tous indispensables au bon fonctionnement d'organismes de civilisés, composent la « ration », comme l'on dit en style d'intendance, et cette ration, il est de principe que l'État la fournisse à chaque passant, dans le but d'éviter aux serviteurs de la colonie à leur départ de France une augmentation de bagages toujours trop nombreux, voulant aussi qu'en cas de perte de ces bagages, ils ne soient pas exposés à mourir de faim ; j'en ai vu la fourniture gratuite en 1904, aux tout premiers temps de l'organisation du Congo ; puis un paiement minime en a été demandé ; aujourd'hui il représente à peu près intégralement le prix d'achat en France joint à celui du transport ; c'est ainsi que la « ration » d'un mois que nous prenons à Bangui, calculée au strict nécessaire, est d'un prix de revient dépassant 60 francs, qui augmentera avec notre éloignement de la côte et sera, au Tchad, de plus du double ; rien que de juste et de rationnel d'ailleurs dans cette mesure, étant données les compensations des soldes coloniales.

En dehors de ce que Danigo vient de nous délivrer, nous n'avons à compter, jusqu'à Fort-Archambault, comme fonds d'alimentation, que sur les caisses de conserves que nous avons emportées de France et un peu sur nos fusils ; après, ce sera le territoire du Tchad, avec la vie matérielle plus facile.

Le soleil est déjà haut quand nous en avons fini avec nos achats, et nous nous dirigeons vers le *Commandant Lamy* pour demander au capitaine Swensen de faire décharger nos bagages, quand nous rencontrons M. Fourneau, qui aimablement nous invite à déjeuner avec les Guynet en ajoutant : « Réjouissez-vous, vous êtes assurés de manger de la viande fraîche, deux poulets que, par bonheur, un chef indigène m'a apportés ce matin ! »

Bangui n'a pas changé sous ce rapport ! On y a vécu, on y vit et on y vivra, longtemps encore, uniquement de conserves, et les maisons Potin, Rodel, Moser et autres ont beau s'être surpassées depuis quelques années dans l'art de mettre en boîtes viandes et légumes, la moindre bribe de viande fraîche ferait évidemment mieux l'affaire d'estomacs européens que les rancunes de leur appareil digestif contre pareil régime vouent fatalement à la dyspepsie et à beaucoup d'autres maux par contre-coup. On n'a même pas ici, comme à Brazzaville, de temps en temps tout au moins et lorsque les envois de bœufs de la Guinée n'arrivent pas à bon port, l'aubaine d'un hippopotame. dont la chair est certainement supérieure à celle des vaches maigres que nous mangeons souvent en France avec appellation de bœuf au menu ; ces animaux ne viennent guère dans l'Oubangui, trop étroit et trop fréquenté pour qu'ils puissent, en tranquillité, y prendre leurs ébats ; quelquefois, mais si rarement ! un chasseur indigène, avec un fusil à lui confié par le poste, arrive à tuer un buffle ; c'est alors jour de bombance dans ce pauvre Bangui. Il y existe une quarantaine d'Européens ; la consommation journalière de chacun d'eux est, pour le moins, de cinq boîtes de conserves, ce qui en fait deux cents absorbées dans un jour, soit six mille par mois et soixante-douze mille par an. Mettons en trois à quatre mille de plus au compte de l'élément noir des factoreries qui ne dédaigne pas de varier quelquefois son régime de manioc et de poisson sec, et autant pour les Européens qui y passent sans cesse, c'est donc quatre-vingt mille boîtes qui, au courant d'une année, jonchent le sol de Bangui. Et comme la consommation en est obligatoire de Brazzaville à Fort-

Archambault, dans quelques siècles, les gens qui s'occuperont d'antiquités au Congo pourront mesurer l'intensité de notre civilisation aux divers points à la grosseur des filons de boîtes de conserves qu'ils y trouveront.

Quoi qu'il en soit de cette situation gastronomique, M. et Mme Fourneau savent recevoir leurs hôtes de la façon la plus charmante et que peuvent apprécier tous les Européens de passage à Bangui.

Comme je m'étais levé avec le soleil ce matin, j'aurais bien voulu après déjeuner, par une température de 34° à l'ombre, goûter les douceurs de la sieste; mais, arrivé dans ma cabine, j'ai vu que j'avais à choisir entre deux alternatives : ou braver les attaques d'une nuée de mouches qui l'ont envahie, ou prendre un bain de vapeur sous ma moustiquaire. J'ai reculé devant les deux et suis redescendu à terre chercher un coin d'ombre dans l'allée des bambous qui ont formé sur le bord de la grève et sur cent cinquante mètres de longueur un dôme ravissant. Dans l'eau s'ébattent une douzaine de négrillons qui viennent ensuite se vautrer dans le sable brûlant ; dans une petite crique, à l'abri des incursions des caïmans, des mamans lavent leurs mioches qui se débattent avec force cris perçants, d'autres femmes nettoient jarres et calebasses avec ce coup de coude particulier à la bonne ménagère et en y mettant un tel entrain que leurs mamelles, sans plus aucune rondeur, flottent de çà et de là, avec des envolements de drapeau. Toutes ces têtes laineuses narguent le soleil qui darde ses rayons sur elles ; il est vrai que, d'après les phrénologistes, elles ont sous leur toison une épaisseur de crâne double de la nôtre. A nous, les médecins des colonies prescrivent, sous peine des plus grandes calamités, de garder notre casque sur la tête de six heures du matin à six heures du soir. Si vous leur demandez la raison du danger sous ces latitudes, ils sont, en vérité, assez embarrassés pour vous répondre ; ils le mettent volontiers sur le compte des rayons violets et ultra-violets, des rayons chimiques dont le soleil tropical détient le monopole. Que la faute en soit ou non à ces rayons, il est certain qu'on a vu des gens passer de vie à trépas pour s'être un instant exposés le crâne nu au grand air du jour ; d'autres sont seulement devenus fous ; bien mieux, dans une case dont le toit laisse filtrer des rayons, chacun d'eux, vous affirment les docteurs, est une épée de Damoclès pour une tête sans protecteur. On finit par devenir méfiant et par se soumettre à l'obligation de ne pas quitter son couvre-chef en liège. Cela vous le fait prendre en grippe presque autant que la moustiquaire ; aussi, sur beaucoup de paquebots rapatriant des Européens, dès qu'on laisse derrière soi après les Canaries le tropique du Cancer, il est organisé une petite fête dont le principal numéro est le jet simultané des casques dans l'Atlantique, ce qui fait le bonheur des requins en même temps que celui des passagers.

Tout en fumant des cigarettes, allongé sous mon abri de bambous, j'ai fini par m'assoupir, quand je suis réveillé par un sonore : « Bonjour, mon lieutenant ». Devant moi, à la position militaire, est un grand diable de Sénégalais portant la tenue de la milice et, sur les bras, les galons de sergent. Et comme je cherche où j'ai eu l'avantage de le connaître :

« Mon lieutenant, me dit-il, je suis Samba-Ba, et j'ai servi avec toi à l'escadron du Tchad (les Sénégalais ne connaissent que le tutoiement). J'ai su que tu étais ici, et je suis venu de suite te saluer. »

Parfaitement ; mes souvenirs me reviennent et je me rappelle Samba-Ba comme l'un des plus vieux serviteurs du territoire militaire, où il vint avec la mission Gentil, et aussi comme l'un des plus incorrigibles buveurs de mérissé de l'escadron (le mérissé est une bière de mil germé qui peut griser, absorbée à hautes doses).

« Et alors, lui dis-je, tu as lâché la tunique rouge pour te faire milicien ? »

Samba-Ba est tout confus, car, pour un Sénégalais, il y a plus de distance entre un soldat régulier et un milicien, lié par un simple contrat de travail, qu'il n'en existe entre un cuirassier et un garde champêtre.

« Mais oui, mon lieutenant. Mon deuxième rengagement fini, j'avais trois cents thalers d'économies (neuf cents francs) ; alors j'ai voulu revoir le Sénégal, où je ne suis pas retourné depuis sept ans et j'ai demandé à être rapatrié ; mais en route, j'ai joué dans les postes avec les camarades et j'avais tout perdu arrivé à Bangui. Comme mon livret ne portait pas de mauvaises notes, on m'a offert une place de caporal, ici, dans la milice ; j'ai accepté et il y a un mois que je suis sergent.

— Et tu ne me sembles pas malheureux, Samba-Ba ; tu as une mine florissante.

— Je suis très heureux, je suis plus payé qu'un maréchal des logis là-bas ; je ne prends plus de gardes ; je n'ai pas souvent d'exercice à commander ; mes miliciens sont presque toujours en route de côté et d'autre, à la recherche de pagayeurs, et puis, mon lieutenant, j'ai trois *moussos* (femmes), s'esclaffe-t-il, en ouvrant toute grande sa bouche édentée, et tu sais qu'à l'escadron, on ne nous en permettait qu'une ! Ce qui manque dans ce pays, vois-tu, c'est la viande et le mérissé ; presque toujours je suis obligé de boire de l'eau et puis aussi, ajoute-t-il avec une pointe de mélancolie, les *moussos* ne sont pas aussi jolies que celles du Tchad. Je serai bien content si tu veux venir jusqu'à ma case, je te montrerai les miennes ainsi que mon petit. »

Je n'ai pas voulu refuser à ce brave garçon le plaisir de me présenter à sa famille et je l'ai accompagné jusqu'au camp des miliciens, trois rangées de paillotes à l'une des extrémités desquelles s'élèvent les deux cases auxquelles ses hautes fonctions lui donnent droit.

Il a panaché son harem ; ses trois épouses sont de trois types différents et de teintes quelque peu dissemblables aussi : l'une est une Banghala d'un noir d'ébène, une autre est de race Bakongo au teint cuivre oxydé, la troisième est une Kassaï café au lait très foncé.

La responsabilité culinaire est échue à la femme Banghala. J'ai cherché vainement à fixer un âge à cette créature ; dans les races nègres, le visage, de même que les charmes apparents, n'indique que l'extrême jeunesse ou la vieillesse très avancée. Accroupie devant une case, les mollets réunis sur une même ligne et les fesses posées à côté dans une de ces positions auxquelles peut seul atteindre un corps auquel l'usage des sièges est inconnu, elle surveille, dans un énorme récipient en terre, la cuisson d'une bouillie de manioc qu'elle remue avec énergie au moyen d'un billot ; elle est obligé de faire cette opération à distance, les bras tendus, pour que le ventre proéminent ne vienne pas au contact du récipient brûlant; les seins, qui touchent aux cuisses à l'état de repos, marquent la cadence.

La Bakongo, la favorite, assise sur la terre battue, tient en travers, sur ses jambes allongées, l'héritier de mon ancien spahi ; il n'a pour prendre la tétée à sa mère, dans cette position, qu'à lever la bouche. A côté la femme Kassaï dort, allongée sur le dos, d'un sommeil qui défie les attaques des mouches voraces.

Toutes trois, enduites d'une épaisse couche d'huile de palme qui les fait luisantes comme un fourneau bien fourbi, sont sommairement vêtues d'un pagne serré à la ceinture ; tatouages, entailles, bâtonnets ou rondelles d'étain dans les oreilles, dans les lèvres, dans les narines, relèvent l'accoutrement, ainsi qu'il est prescrit par la mode du jour.

La famille est complétée par un négrillon de six à sept ans, fruit d'amours antérieures de l'épouse cordon-bleu : une tête en potiron, énorme, les grosses lèvres lippues laissant voir des dents soigneusement aiguisées à la façon de celles d'une scie, un torse où les cercles des côtes proéminent avec, sur le devant, le ventre ballonné à éclater et sur son milieu une hernie ombilicale qui a certainement cinq à six centimètres d'épaisseur, le tout supporté par deux jambes de cigogne. Donnant à mon sourire toute l'expression aimable dont il est capable, je me suis approché du marmot, sans succès. Il a trépigné et hurlé et Samba-Ba que cette terreur amuse beaucoup, me dit que son fils adoptif crie parce qu'il croit, comme tous les petits nègres, que le blanc va l'emporter pour le manger !

J'ai pris souvent plaisir, au cours de mes tournées dans les villages musulmans du Tchad, à m'asseoir près des cases pour assister à toutes les scènes familiales qui ont du charme, du bouquet autant que chez nous, parce que là aussi il y a de la race, que tout y est affiné par l'empreinte si forte du cachet musulman. Dans ce pays ce qu'on peut trouver de poétique dans pareils tableaux est gâté par la laideur et la bestialité de ces malheureux.

Le cas de mon spahi devenu gradé de milice dans l'Oubangui est fréquent ; à la fin de l'épopée des missions Foureau-Lamy, Gentil et Joalland, les troupes d'occupation des territoires nouvellement conquis ont été constituées avec les éléments sénégalais venus avec l'une ou l'autre mission de l'ouest ou du sud ; tous ces soldats, partis sans femmes pour ces lointaines expéditions, se sont mariés ensuite avec celles du pays, pour lesquelles ils n'ont pas le moindre attachement ; par contre, quand ils en ont des enfants, le sentiment paternel étant très vif chez eux, ils restent là-bas, retenus par lui. Combien ai-je connu de spahis ou tirailleurs qui ne sont jamais, depuis 1899, retournés au village natal pour cette raison ! D'autres, qui, n'ont pas les mêmes attaches, se sentent pris, à l'expiration d'un engagement, par le mal du pays ; on leur verse alors les économies réalisées sur leur solde pendant leur temps de service et on les met en route pour Brazzaville.

Il en est bien qui rejoignent le Sénégal, mais quantité d'autres, ou bien parce qu'à l'instar de maître Samba-Ba ils ont mangé toutes leurs économies en cours de route, ou bien parce que l'âme de chemineau du mercenaire sénégalais reprend le dessus, s'arrêtent dans les régions du Gribingui, de l'Oubangui et du Congo, où l'administration civile est heureuse d'en faire des éducateurs de sa milice. Samba-Ba s'est chargé de nous dire tous les avantages qu'ils trouvent dans cette nouvelle situation.

Revenu au *Commandant Lamy*, je trouve la majeure partie de la cargaison débarquée sur la grève, y compris les caisses de Villeneuve et les miennes qui forment, empilées à part, un tas imposant, beaucoup trop !

Rien n'est banal dans ce voyage du Tchad, ni son itinéraire aquatique, ni le temps qu'on y emploie, — beaucoup plus que n'en mit Philéas-Phog à faire le tour du monde, — ni les pays qu'on traverse, ni les gens qu'on y trouve, tout pleins encore de couleur locale, pas déflorés du tout par notre civilisation. Mais ce qui l'est encore moins, c'est la quantité de colis emportés : tout d'abord ceux des vivres de conserves ; on va dire que j'y reviens souvent, c'est que, dans ce pays de famine, la question fait prime ; des conserves on parle sans cesse, on en a toujours plein la bouche. Non seulement il faut s'en préoccuper pour une durée de deux mois sur quatre du voyage d'aller au Tchad, mais aussi pour celui de retour, sans préjudice de la provision que l'on est heureux de posséder pour en absorber de temps en temps, les jours de fête, pendant un séjour de deux années, comme dérivatif aux sauces du boy cuisinier ; on en est donc muni d'un poids fort respectable, et avec les autres *impedimenta*, cantines de linge et de vêtements, harnachement, tentes, lits de camp, cantines-popotes, fusils et munitions, etc..., nous atteignons, de Villeneuve et moi, à plus de quinze cents kilos.

Le nombre d'Européens, officiers et sous-officiers, en service dans le territoire militaire du Tchad, est de soixante, en chiffre rond ; c'est donc, en moyenne, un va-et-vient annuel, à Bangui, de cent Européens environ du Tchad, ceux qui y vont et ceux qui sont rapatriés ; dans le haut Oubangui, il y a une compagnie sénégalaise avec un cadre d'une douzaine d'Européens (1) ; puis il faut compter le personnel de l'administration civile dans les régions au delà de Bangui, haut Oubangui et Gribingui, soit un va-et-vient d'une soixantaine d'Européens encore. Le poids moyen de bagages emportés par un Européen est de six cents kilos ; une baleinière, avec son équipage de quinze hommes, ne peut contenir plus de douze cents à quinze cents kilos de chargement ; on se rappelle que le pays autour de Bangui est désert ; il faut aller recruter des bateliers à deux, trois journées de marche, au double quelquefois, de façon à répartir équitablement la corvée sur tous les endroits habités dans ce rayon et qui sont loin de se prêter volontiers au pénible service qu'on leur réclame. Il est facile de se rendre compte des soucis qu'impose au chef de poste de Bangui cette seule question de transport d'Européens avec leurs colis. Mais ce n'est pas tout, il doit aussi assurer celui des vivres de la « ration », celui des munitions. Enfin, les contrats de la colonie avec les différentes sociétés concessionnaires situées en amont, la mettent dans l'obligation de fournir à ces sociétés, sinon les embarcations nécessaires au transport du caoutchouc, de l'ivoire, etc..., — toutes ont les leurs — du moins des pagayeurs encore.

(1) Depuis que j'ai écrit ces lignes, les effectifs de l'Oubangui et du Tchad ont été augmentés de trois compagnies.

Je ne possède pas de documents officiels où soient consignés de façon précise les chiffres de pagayeurs requis annuellement pour les départs de Bangui vers la haute rivière ; il varie de quinze cents à deux mille, mais ce petit aperçu que je viens de donner montre l'importance qu'il y aurait, à tous les points de vue, à rendre navigable aux bateaux à vapeur le bief Bangui-Fort-de-Possel. Ce n'est pas le désir qui en manque, l'argent toujours. Il y a cinq ans un officier du génie avait été chargé d'étudier la création d'un chenal dans les seuils rocheux à l'aide de la mélinite ; il a estimé la dépense à deux millions. D'autres projets se font jour en ce moment ; Bangui de-

CONVOI DE BALEINIÈRES ET DE PIROGUES SUR L'OUBANGUI.

viendrait la tête de ligne du chemin de fer qui devra relier inévitablement un jour les deux bassins de l'Oubangui et du Chari.

Grâce à la complaisance de Danigo, notre baleinière a été accotée au *Commandant Lamy* avec son équipage au complet ; cet équipage comprend quinze hommes : douze pagayeurs, deux percheurs, l'un pour l'avant, l'autre pour l'arrière, dont le rôle est de seconder l'action du gouvernail en maintenant le boat parallèle au courant, et un *capita* (le mot est dérivé de capitaine), dont la première qualité est de savoir quelques mots de français. Dans cette équipe, il y a trois indigènes au-dessus de vingt ans. Tous sont de race Yakoma, de taille au-dessous de la moyenne et squelettiques, quoique leurs tribus soient réputées parmi celles qui montrent le plus de goût pour l'anthropophagie et que même, détail particulier, les hommes réservent la chair humaine pour eux tout seuls, ne tolérant pas que femmes ou enfants y mettent la dent, encore question de psychologie peut-être ?. .

Avant qu'ils commencent le chargement des bagages, j'ai donné un coup d'œil aux emplâtres de terre glaise ; le *capita* me dit bien que le masticage est frais et qu'il l'a fait lui-même avec tout le soin possible et toute la science que lui donne l'habitude de pareil travail ; je ne laisse pas que d'être tout de même bien inquiet.

L'équipage s'est mis ensuite à la confection du *chimbek*. Qu'est-ce qu'un *chimbek* ? C'est l'abri sous lequel se tiennent les Européens passagers ; pour l'édifier, on fixe de chaque côté de la baleinière et en son milieu quelques tiges de bois vert que l'on recourbe en dôme en les liant au sommet ; puis cette carcasse est couverte avec de la paille. Comme la baleinière, pour trouver un courant moins violent autant que pour permettre aux percheurs d'avoir le fond, est obligée de suivre la rive aussi près que possible et que cette rive est presque toujours couverte par un fouillis de branches d'arbres et de lianes sous lequel il faut passer, il s'ensuit que le *chimbek* ne peut être bien haut ; il dépasse les plats-bords de 0 m. 50 environ ; les colis s'étageant à la même hauteur à l'avant et à l'arrière, on laisse à une des extrémités un orifice suffisant pour qu'en accomplissant une gymnastique plus compliquée que celle d'un Esquimau entrant dans sa hutte, les passagers puissent en atteindre le fond ; assis sur leur pliant ils y cuisent tout le long du jour. Le *chimbek* est la meilleure école de philosophie que je connaisse ; il est aussi le baromètre le plus sûr de la patience européenne.

DE BANGUI A FORT-DE-POSSEL

6 août. — Notre nuit a été courte. On nous en avait prévenus, il y a rivalité pour l'amabilité entre nos compatriotes du poste de Bangui ; nous y serions restés cinq jours que nous eussions connu les charmes de leurs dix « popotes » ; hier soir, après avoir été, de Villeneuve et moi, les hôtes de notre camarade le lieutenant Gâteau, officier d'ordonnance du lieutenant-gouverneur, nous avons pris part aussi à une réception officielle offerte à M. Guynet ; on y a bavardé et discuté sans que la plus parfaite cordialité cessât de régner ainsi qu'il convient ; lorsque nous sommes allés nous coucher, nous eussions pu entendre le deuxième chant du coq, si ce volatile existait à Bangui pour le plus grand bonheur de ses habitants. En outre, le *Commandant Lamy* devant repartir dans l'après-midi pour Brazzaville, son équipage a commencé bien avant le lever du soleil, et en menant grand vacarme, l'embarquement de la cargaison de retour : colis d'ivoire, ballots de caoutchouc, chaviraient dans ses flancs de fer avec un tapage à réveiller des morts. Il ne fallait plus songer à dormir. Nous ne devions nous mettre en route que dans le milieu de la matinée, mais les jours de départ, dans les pays où il y a des chemins de fer, j'ai toujours le tracassin, un mal qui me poursuit dans ceux-ci où on ne fait encore que soupirer après. Je suis donc sorti de dessous ma moustiquaire, j'ai secoué de Villeneuve qui s'étirait sous la sienne et appelé les boys pour qu'ils plient les lits de camp et ferment nos dernières cantines.

Lestés d'un lunch copieux, nous avons fait encore une fois le tour de Bangui pour prendre congé de nos aimables hôtes, puis est venu le moment des adieux à nos chers compagnons de bord ; un mois et demi de si charmante intimité avec eux nous les a trop fait apprécier pour que nous ne ressentions pas vivement la séparation.

Cette barricade rocheuse qui nous a imposé halte à Bangui établit une scission brutale entre les choses d'en deçà et celles d'au delà vers le Tchad ; sur cette digue est venu buter le coin peu vigoureusement enfoncé de la colonisation et de la civilisation ; aux journées de *far-niente*, aux heures de bonnes causeries, aux douceurs d'un demi-confort européen, vont succéder l'inconfortable et l'imprévu journaliers pour des années sans doute. Un petit émoi de transplantés s'éveille-t-il ? une dernière vibration de France ? On les trouverait, c'est bien possible, si l'on sondait tant d'impressions si nombreuses et si terriblement bousculées.

Notre baleinière démarre à neuf heures ; pour passer le rapide elle doit aller chercher du côté de la rive belge, comme je l'ai dit, le seul chenal ou plutôt l'endroit où la chute des eaux est moins prononcée ; elle nous prendra de l'autre côté, près de la mission, sur laquelle nous nous dirigeons à pied. Au moment où nous quittons le *Commandant Lamy*, de longs coups de sifflet se font entendre en aval ; c'est

PIROGUE AVEC « CHIMBEK » EN BOIS PASSANT AU RAPIDE DE BANGUI.

l'*Eugène-Etienne* que nous avons, ces derniers jours, distancé de loin et qui arrive seulement.

J'avais compté qu'en une heure et demie nos bateliers franchiraient le banc de roches ; mais le courant est plus fort aujourd'hui par suite d'une crue qui s'est manifestée dans la nuit et les hommes ont eu mille peines à faire passer l'embarcation, en halant à la chaîne ; à deux heures de l'après-midi seulement nous nous glissons dans le *chimbek* pour y déjeuner frugalement d'une boîte de *corned-beef* et de biscuit.

Nous sommes chargés au point qu'au milieu du plat-bord dix centimètres seulement dépassent le niveau de l'eau ; péniblement la barque s'ébranle ; puis des bagages mal arrimés rompant l'équilibre, il faut perdre une demi-heure, amarrés à la berge, pour y remédier.

Les pagaies, comme des bêches qui creusent péniblement un sillon, frappent l'eau sans conviction, malgré les énergiques *Kaï, Kaï* (traduisez : allez, allez) du *capita*, qui s'agite beaucoup pour faire du zèle. Le premier jour de route, il en est toujours ainsi, l'entraînement fait défaut, l'effort est plus pénible, rien n'est « tassé ». Afin de ne pas forcer du premier coup les rouages de notre moteur poussif déjà essoufflé, je profite de ce qu'à quatre heures et demie se présente sur la berge un espace suffisamment débroussé pour donner le signal du campement.

Nous ne devons pas être à plus d'une lieue de Bangui ; l'endroit où nous avons fait halte est une falaise à pic de cinq à six mètres, au sommet de laquelle conduit une série de marches creusées à même le sol argileux ; les pêcheurs fréquentent ce bivouac, comme l'indiquent les débris de feux et des restes de victuailles indigènes jonchant un espace de cinquante mètres carrés, à peine suffisant pour contenir nos tentes et permettre aux hommes de s'établir eux-mêmes ; tout autour, un cadre impénétrable d'herbes et de joncs.

Le soleil est tombé au-dessous de l'horizon avec cette rapidité caractéristique aux pays tropicaux, avant que nos boys aient terminé le montage des tentes et des lits, et c'est à la lueur des feux qu'ils préparent le dîner, vite prêt d'ailleurs, la besogne du cuisinier se bornant à faire bouillir des boîtes au bain-marie, à les ouvrir et à en verser le contenu dans nos assiettes de métal. Ce soir, bœuf sauce tomate de Potin et fricandeau à l'oseille de Rodel, biscuit marin ; eau de l'Oubangui au naturel, on n'a pas le temps de la faire filtrer ; elle est absorbée riche en calcaire et teinte café au lait clair.

Nous avons mangé dans l'obscurité, pour ne pas attirer les moustiques ; de Villeneuve me dit bonsoir aussitôt avalée la dernière bouchée.

Je n'ai pas sommeil, et après avoir fait activer le feu qui a servi à notre cuisine, je vais m'asseoir à côté pour me défendre de l'humidité autant que des ennemis nocturnes habituels qui commencent à danser leurs rondes. Le ciel couvert fait la nuit très sombre ; un vrai tronc d'arbre, posé en travers du bûcher, lance des éclats rouges qui vacillent et la font paraître plus noire encore. Sorties du fouillis herbeux qui nous entoure, des mouches à feu zèbrent l'obscurité de sillons lumineux ; un vol de chauves-souris est accouru et dans leurs cercles et leurs trajectoires elles me frôlent la tête en poussant de petits cris aigus ; l'air est chargé de cette odeur particulière que l'on sent la nuit dans les pays tropicaux, faite des relents de la terre, des fleurs, du feuillage et des herbes surchauffés pendant la journée. Des pagayeurs et nos boys, groupés autour de petits feux, font bouillir du manioc et croquent des bananes en causant à voix basse ; quelques-uns ronflent déjà en des poses avachies, affalés le dos au sol aussi nu qu'eux, jambes ouvertes et bras en croix, bouche bée ; d'autres accroupis font griller des épis de maïs dont ils déchirent les grains à pleines dents, sans même en enlever l'enveloppe. On entend en amont le mugissement sourd d'un rapide que nous passerons demain.

Tout comme au coin du feu qui flambe l'hiver dans la cheminée, auprès de celui du bivouac on part facilement pour le pays des rêves ; le silence se peuple de souvenirs. Des sensations se réveillent en moi que je croyais désapprises. Me voici de nouveau campé dans ces mêmes régions, où j'étais il y a un an à peine, rentrant en France de mon premier séjour colonial. J'évoque tant d'autres nuits passées de la sorte, depuis trois années que je connais le centre africain : nuits humides et fraîches sur les berges de l'Oubangui dans les mêmes conditions que ce soir ; nuits claires des bords du Chari, où la température sèche, plus clémente dans des pays moins chargés en végétation, permet le plus souvent le repos à l'abri de la seule moustiquaire, et, grâce au régime particulier du fleuve, le campement plus agréable et plus facile sur les bancs de sable au milieu ; nuits inoubliables, nuits de féerie vraiment, au cours desquelles la faune manifeste constamment sa présence : ébrouement des hippopotames pataugeant dans l'eau, bêlement des antilopes, aboiement de la panthère, coup de trompette de l'éléphant, voix si impressionnante du lion en chasse, bandes d'oiseaux dérangées par un fauve dans leur gîte nocturne et qui s'envolent et tourbillonnent en poussant des cris stridents.

Puis mon souvenir va aux nuits de bivouac avec mes spahis, près du grand lac : sur une dune de sable, les chevaux attachés au piquet, en cercle, à se toucher, pour parer aux dangers d'une alerte nocturne, mangent le fourrage déposé devant eux ; à l'extérieur chaque cavalier dort à la tête de son cheval, roulé dans le long burnous rouge, la carabine à son côté. Dans l'intérieur du cercle, mon ordonnance et moi, puis les chameaux de convoi, entravés, ruminant et balançant leur long cou ; tous les feux ont été éteints ; dans le ciel merveilleusement clair des régions désertiques, les étoiles brillent de tout leur éclat ; à quelque distance, les deux factionnaires se promènent, la carabine sur l'épaule.

Bien d'autres souvenirs un peu ternis en France me reviennent là maintenant, souvenirs sains et doux. Au sortir de l'existence coutumière, un coin du Moi peut protester contre la perte de ce qu'il laisse en arrière et la perspective de la plus grande somme de peines et de privations au-devant desquelles il va. Mais je la connais, cette évolution de sentiments ; le passé peu à peu s'embrume, bientôt il s'efface et le présent vous prend, la vie de brousse solitaire, ingrate souvent, mais avec cette attirance de l'inconnu, de la marche vers un but bien déterminé, de l'action, l'action complète, celle qui exerce l'homme tout entier, fait agir le moindre de ses ressorts, met en jeu toutes ses puissances, développe toutes ses facultés physiques et morales.

Il est bien vif et bien constant, cet attrait de l'Afrique intertropicale, l'*Afra*, la Noire, l'appelaient les Romains, la terre des forêts et des brousses, des fleuves énormes, des animaux monstrueux, des peuples nus. Il existe à tous les âges et dans toutes les situations, chez le simple troupier comme chez le sous-officier chevronné ; chez le sous-lieutenant à peine sorti de l'école autant que chez l'officier de haut grade, chez le prospecteur, l'administrateur, le colon, le savant qui vient au nom de la science, fait de sensations dont on ne peut rendre qu'une bien faible part, charme aussi subtil que pénétrant, qui étonne tant nos amis sédentaires. On le voit même persister loin des pays qui l'ont engendré ou se réveiller dans le colonial chez lequel il s'était éteint une fois rentré chez lui. Incontestablement, celui qui a trempé ses lèvres à cette coupe en garde le goût ; j'en suis une preuve.

La fascination indéniable de cette existence, la griserie de cette nature restée toute neuve dans son sol, ses hommes, ses bêtes, ses forêts, ses fleuves, qui fait vibrer déjà nos âmes d'enfant, ce sont là encore, sans doute, des héritages de nos lointains et errants ancêtres des premiers âges, de ces sentiments qui persistent chez nous dans des petits recoins ignorés, nous disent les psychologues ; dans l'Afrique noire, ils se retrouvent dans leur élément, y évoluent à souhait. Quoi qu'en puisse souffrir notre orgueil, il est bien certain que nos grands ancêtres ne se distinguaient guère de ces gens de l'équateur, au dernier degré de l'échelle sociale actuelle. Les parfaits historiens que sont les géologues, historiens dont la véracité est la moins contestable, parce qu'au lieu de s'appuyer sur des traditions, ils lisent dans des archives indélébiles, nous apprennent que ces aïeux vivaient dans des cavernes, de fruits et de racines ; que lorsqu'ils arrivaient à tuer des animaux avec leurs mauvaises armes de silex, ils les dévoraient crus, n'ayant pas encore fait la conquête du feu ; que les peaux de bêtes étaient le seul ornement de leur nudité. D'autres chercheurs, comme M. Steinmetz, affirment qu'ils n'avaient, pas plus que les nègres d'ici, scrupule à mettre la dent dans leurs semblables.

Ce que nous enseignent encore les psychologues, c'est que notre pauvre carcasse est un vrai champ de bataille entre quantité d'inclinations, de passions auxquelles nous donnons asile, perpétuellement en agitation et entre lesquelles le sage doit être sans cesse occupé à mettre l'accord. Dans ces pays d'Afrique, par exemple, où la médiocrité est partout, dans le boire, dans le manger, dans le coucher, où l'on connaît les privations, l'austérité, il y a lutte souvent entre notre élément barbare et notre élément civilisé ; ce dernier, lorsqu'il se réveille, a le réveil mauvais ; il réclame des droits acquis, ébranle les nouveaux enthousiasmes, proteste contre l'énervement produit par les rigueurs du climat, les responsabilités lourdes, les coups répétés de la fièvre et de la fatigue, la solitude, les longues soirées inoccupées, sans lumière, les insomnies opiniâtres. Malheur à celui qui lui laisse prendre le dessus ! L'anémie qui guettait accourt à grands pas, puis à la dépression physique s'ajoute la dépression morale, provoquant des écarts d'imagination, une perte d'équilibre des facultés mentales ; il ne reste bientôt plus qu'une loque humaine qui s'émiette lamentablement. C'est l'état que l'on a baptisé « soudanite » ; il existe ; il est indéniable ; mais ce contre quoi peut et doit protester le colonial africain, c'est que cet état, on a voulu le faire endémique. Soudanite ne fut jamais que la maladie des faibles et des impuissants ; j'en ai vu pour ma part bien rarement, j'ai plaisir à le dire, et j'ajoute que l'on ne montrera jamais à leur égard trop d'indulgence.

Ce matin, c'est la fraîcheur qui m'a réveillé. Un brouillard épais à couper au couteau a pénétré dans ma tente dont j'avais laissé les pans relevés ; ma moustiquaire n'a pas empêché que mon lit en soit complètement imprégné ; lorsque je mets la main sur mes vêtements de toile déposés sur mon pliant, je les trouve tellement trempés que je crie à mon boy d'aller à la baleinière en chercher d'autres.

Quelques instants après, ses appels nous font accourir sur le bord de la falaise et nous constatons que l'embarcation est à ras d'eau ; plusieurs cataplasmes de glaise ont cédé pendant la nuit ; une heure plus tard et le naufrage était consommé ; à part cinq ou six caisses du dessus, tout est immergé.

Les Yakomas, munis des plus gros récipients de nos popotes, courent vider l'eau ; après quoi, il reste à attendre que le soleil brille et à se mettre en quête d'une berge moins escarpée avec plus d'espace pour organiser le séchoir.

A neuf heures, une crique à pente douce facilite la mise à terre du chargement. Nos fournisseurs de conserves ayant pris la précaution d'assurer l'inviolabilité de leurs caisses par quantité de vis, ç'a été un vrai labeur de les ouvrir. Il y a des dégâts irrémédiables : des bouillies d'un peu tout, de tapioca, de farine, de légumes jadis secs, des pâtes de récipients en carton qui les ont contenus engluent chaque caisse ; deux cent cinquante cartouches ont été noyées, enfermées pourtant dans des boîtes dites étanches, — la bonne plaisanterie que « l'étanchéité parfaite » des catalogues, dans ces pays où la soudure ou bien le bourrelet de caoutchouc apposés au rebord d'une enveloppe sont soumis à l'épreuve de tant de heurts, de pareilles chaleur et humidité.

Les pharmacies n'ont pas été atteintes, c'est un gros point.

L'endroit de notre atterrissage présente l'aspect d'un bazar sur lequel nous laissons agir le soleil, pendant que nous allons visiter le boat : évidemment par suite de chocs au passage du rapide de Bangui, deux tôles se sont disjointes à une partie mastiquée, qui, une fois délayée, a laissé passage à l'eau. Il n'y a pas de glaise où nous sommes ;

EMBARCATION AVEC SON « CHIMBEK ».

il faut aviser à trouver un autre système de calfatage ; un prélèvement est fait sur la lingerie ; les hommes en fabriquent de l'étoupe et les hiatus sont aveuglés couçi couça.

J'espérais pouvoir tout remballer à midi, mais, pour comble de guigne, le temps « est à tornades », comme l'on dit à l'équateur ; à chaque instant des chapelets de gros nuages, pour lesquels nous n'aurions en d'autres circonstances que des regards d'amis, viennent passer devant le soleil, et le séchage s'en ressent. Mieux vaut donc ne pas s'éterniser ici et attendre à demain un astre moins voilé ; à deux heures les effets les plus humides amarrés sur le *chimbeck*, le reste entassé pêle-mêle dans les caisses, nous nous ébranlons de nouveau.

Navigation aussi lente, mais sans incidents tout l'après-midi. L'eau filtre à travers nos bouchons d'étoupe assez fort pour obliger à user sans cesse de l'écope.

L'Oubangui s'infléchit vers l'est-nord-est. Depuis Bangui, nous sommes en dehors de la grande forêt, mais par endroits la bordure de végétation subsiste, de peu d'épaisseur ou paraissant s'étendre sur plusieurs centaines de mètres, toujours aussi fournie, avec les mêmes géants formant d'épaisses futaies drapées de leurs plantes grimpantes dont les longues guirlandes tombent jusqu'à la berge et des paquets chevelus ou hérissés des racines adventives ; partout où cette bordure existe elle reste insondable ; on y fait parfois quelques mètres, puis la voie est vite barrée, dans ce sous-bois à l'aspect de verger mal tenu, où l'humus et l'eau ne font jamais défaut, mais où la lutte pour l'air et la lumière subsiste entre des fougères géantes, des palmiers, des arbustes de vingt espèces, des espèces presque toutes différentes à cette latitude déjà, disent les botanistes qui y ont passé avant nous et alors qu'à nos yeux de profanes la flore apparaît absolument semblable.

Puis, subitement, l'encadrement sylvestre se brise ; aux berges accores succèdent des bords vaseux garnis de colonies de plantes aquatiques qu'ébranle le clapotis produit par notre marche ; au delà sont de grandes clairières semées de roseaux, de hautes graminées, d'arbres effondrés et pourrissants, bordées à une distance rapprochée de la rive par une ligne de collines pelées, grisâtres, dans lesquelles un ou deux liserés de végétation mettent une note plus vive, démarquant les petits ravins formés sur les flancs. Certes, tout cela n'est pas beau ; néanmoins, après avoir été comprimé pendant deux semaines dans la sylve de l'équateur, on est tenté de trouver que le paysage s'humanise du fait de ces quelques échappées sur de seconds plans.

Couché dans un tout petit village, perché au sommet d'une haute falaise et appelé Bongo.

Notre arrivée a été le signal d'une fuite générale, éperdue, des habitants dans leurs domaines broussailleux. C'est à grand'peine que les appels du *capita*, envoyé à leur recherche, décident à revenir une demi-douzaine de vieillards, hommes et femmes, et autant d'enfants ; tout ce qui est en état de craindre une réquisition pour le pagayage se gardera bien de montrer le bout du nez avant que nous soyons loin. Au fait, je m'avance peut-être beaucoup en parlant d'hommes capables de pagayer ; les cases sont dans un état de dénuement complet ; tous les malheureux qui viennent d'y rentrer sont des squelettes ambulants ; les cercles des côtes proéminent, les os se dessinent aux bras et aux jambes comme dans les pièces d'un cabinet anatomique ; des angles partout, plus de rondeurs, excepté la panse chez les petits, la vilaine panse toujours dilatée des petits nègres, même lorsqu'ils crèvent de faim. Un des vieux m'explique que la dernière récolte de maïs a manqué, et avant deux mois ils ne peuvent compter sur l'autre; les crues continuelles font la pêche difficile; dans des paniers au coin de son logis, il me montre des vivres de famine : des racines de bananiers, des chenilles, des sauterelles; depuis un mois ils se soutiennent avec ça au village. Je n'ai pas voulu demander à ce pauvre vieux, qui m'a fait réellement pitié, s'il se sustentait aussi de temps à autre avec la chair de son prochain; il se fût probablement répandu en protestations négatives. Vraiment, si cela lui arrive, ainsi qu'à ses pareils de Bongo, je ne puis croire que la divine Providence leur tienne rigueur; après avoir imposé à des âmes d'habiter des corps aussi laids et leur avoir marchandé autant les jouissances de cette terre, elle se doit bien de leur faire connaître celles du Paradis. A ces enveloppes humaines, lorsque disparaît la plus puissante attraction, manger, que reste-t-il ? Pauvres races sans psychologie, restées emmaillotées de leurs langes ! aucun sentiment ne filtre par ces gros yeux fixes; derrière ce front bombé pas un des joyaux de notre vie : amour, espérance, amitié, ambition, sentiment du beau.

C'est une vraie aubaine, au cours de ce voyage en bain de pied flottant, que la possibilité de se livrer quelquefois au *footing* aimé de nos amis Anglais; ils ne le pratiqueraient pas s'il n'était salutaire au physique; mais il est, en outre, excellent ici pour remédier aux effets produits sur les nerfs par la station sous le *chimbek*; elle les tend comme les cordes d'une harpe prête à vibrer; c'est un état bien désagréable pour soi-même et ses voisins; aussi dès que je reprends terre, mon premier souci est de faire un tour d'horizon, s'il y en a un, et de voir si l'épaisseur de la brousse ou des roseaux ne m'empêche pas d'y tracer mon sillon.

Ce soir, me faisant suivre par un pagayeur qui porte un de mes fusils, je pars à l'aventure sur une piste qui quitte le village dans la direction du nord et avec le mince espoir de tuer un rôti. Tout va bien au début, des herbes pas trop drues ni trop élevées; mais après quatre cents mètres, il faut se frayer un passage, tête baissée, les coudes largement écartés. Que chasser là dedans ! Cependant, au moment où je débouche dans une longue clairière formant lisière à un boqueteau, des pintades s'envolent sur lesquelles je fais coup double.

Mes deux coups de fusil ont à peine retenti que c'est, sur les premiers arbres, une cacophonie à percer les oreilles d'un sourd. J'ai semé le trouble dans une nombreuse réunion de ces gros singes dits cynocéphales, qui atteignent souvent un mètre trente dans la station droite. Ce sont les plus grands après l'orang-outang et le gorille ; ils appartiennent à la même famille, celle des anthropoïdes, comme les nomment MM. les naturalistes parce qu'ils nous rappellent le mieux que nous ne sommes que des singes perfectionnés élevés en dignité.

Je ne me serais pas du tout froissé des grimaces que me prodiguaient ceux-ci ; mais mon piqueur s'est livré à une mimique si expressive, en me montrant successivement sa bouche, son ventre et les singes, que j'ai pris en considération ce légitime appétit : une balle de ma Winchester est allée frapper un des plus gros en plein ventre ; il a fait un bond énorme, s'est accroché en tombant de son bras velu à une branche plus bas ; le corps a tournoyé, puis un dernier spasme et un bruit sourd dans les broussailles : à peine le cadavre avait-il touché terre que mon moricaud était à plat ventre, suçant à pleines lèvres le sang qui coulait.

Le gibier pesait certainement plus de trente kilogrammes ; rôtissant au feu du campement ce soir, enfilé sur une perche de bois de fer, il semblait tout à fait un corps d'enfant ; un rôti dans la note du pays.

8 août. — En route à cinq heures et demie. Il fait à peine jour, mais nous voudrions rattraper le temps perdu depuis Bangui. Comme hier, le brouillard pénètre jusqu'à la moelle, le ciel pleure en bruine ; il faut secouer les pagayeurs qui, transis, restent jusqu'à la dernière minute accroupis près du feu ; même le *capita* doit y aller de quelques bourrades. Après l'embarquement, c'est chaque fois la même chose : bousculades, cris, discussions pour les places, les pagaies. Ils finissent par se caser, debout, assis en tailleur sur les plats-bords, les caisses ; mais les pagaies ne font que tremper dans l'eau ; il faut que je m'en mêle à mon tour. Enfin nous voilà partis. Le *capita* entonne une mélopée plaintive à laquelle l'équipe répond en chœur ; le Benjamin de la bande, armé d'une bûche, est assis à l'avant et cogne de toutes ses forces, pour maintenir la cadence, la tôle du capot :

Yakoma mamba
O louba
Yakoma pongo
Eh ô, ô léléio.

Ça dure une demi-heure ou plus sur ce rythme de romance, puis on passe à celui de chanson alerte de café-concert, une cadence précipitée, avec de brusques éclats ; tout cela d'intonation remarquablement juste. D'ailleurs, qu'ils chantent ou qu'ils jouent d'un instrument, cette faculté m'a surpris bien des fois chez ces primitifs : l'instrument musical le plus répandu chez eux, importé de la côte, le « piano Loango », est une petite caisse creusée dans un carré de bois ; cinq ou six lamelles d'acier y sont implantées par l'une de leurs extrémités, puis on les a fixées au tiers de leur longueur, en les courbant, à un chevalet semblable à celui d'un violon, laissant les deux autres tiers libres de vibrer. Les pianistes tiennent la caisse à plat sur les deux mains ouvertes et manient les touches avec l'extrémité des pouces ; on en voit accroupis le soir au bord de l'eau, hypnotisés des heures entières par leur musique, les yeux tout blancs rivés aux étoiles. L'Histoire sainte nous dit qu'Orphée arrivait à charmer par ses accords les sauvages de je ne sais plus quel pays ; le fait me paraît certain ; je trouve même qu'on devrait bien joindre à toutes les écoles professionnelles ou autres, que l'on installe dans nos capitales et chefs-lieux africains, des conservatoires musicaux ; je suis persuadé qu'il y a là quelque chose à faire.

Quelquefois aussi nos bateliers se lancent dans l'improvisation ; à un moment donné, les mots *Liéténant*, *Liéténant*, reviennent à tout bout de champ. C'est moi qui suis sur le tapis, dit Tourgou : « Liéténant, le singe était bien bon ; tue-nous encore un singe, liéténant... »

Et lorsque je fais affirmer mes bonnes dispositions, c'est un grand enthousiasme : le rythme devient pour un temps furibond, le geste des douze raquettes brandies si énergique que l'eau gicle par-dessus les plats-bords.

Enveloppés dans nos caoutchoucs, nous sommes assis sur les échafaudages de caisses. Il y a eu baisse légère du niveau de la rivière après la crue du six ; nous avançons lentement malgré tout, en côtoyant la berge française ; j'estime que le courant central doit être encore de trois à quatre nœuds, et certainement nous ne faisons pas plus de deux à trois kilomètres à l'heure, quoique nous en ressentions les effets très affaiblis sur les bords.

A travers le brouillard un soleil rouge et sans rayons monte lentement, un orbe sanglant et doux, pour le moment sans chaleur et sans clarté ; vers huit heures, il perce la brume, dont il ne reste bientôt plus que des lambeaux accrochés aux arbres ; ils s'évanouissent à leur tour, et sous les puissants éclats le paysage s'illumine complètement. La largeur de l'Oubangui est très irrégulière depuis Bangui ; il a des expansions de quinze cents à dix-huit cents mètres et se resserre ensuite à six cents ou huit cents ; pas d'îles, rien qu'un boyau. La rive belge comprend deux ou trois assises molles et allongées, mais surmontées de pitons qui doivent atteindre deux cents mètres ; la bordure d'arbres, peu épaisse, n'existe que sur le bord de l'eau.

Stoppé à midi pour laisser souffler les hommes et manger une pintade froide, rôtie de la veille et qui est excellente ; mais que cette eau de l'Oubangui est donc détestable et quel dépôt elle doit laisser dans le tube digestif !

Il y a un bon coup de chaleur au moment où nous allons nous enfouir dans notre carapace, après avoir fait amarrer dessus la plus grande quantité de linge et d'effets possible pour les soumettre à un nouveau séchage. Les ardeurs du soleil semblent avoir fait de la rivière un lac de mercure. Les mélopées reprennent : cette fois chaque bordée a sa phrase et pagaie à son tour en frappant alternativement l'eau et le plat-bord. Les poussées ainsi produites impriment au boat un balancement régulier : je fume ; Villeneuve rêve les paupières demi-closes ; nous transpirons tous deux à grosses gouttes. Ce bercement continu, la chaleur, le rythme de la chanson, l'immobilité forcée, le relent de ces corps huileux en nage produisent l'effet d'anesthésiants ; nous ne dormons pas, nous sommes plongés dans un engourdissement dont nous sort de temps en temps le rabotage de la coque par un tronc immergé entre deux eaux ou un vol de mouches qui, dérangées dans leur sieste sous le feuillage, nous livrent un assaut, ou bien l'équilibre est violemment détruit par un plongeon presque général des chanteurs qui ont aperçu un arbuste assez commun portant des fruits de la taille d'un gros haricot, de couleur rouge foncé et de goût sucré, dont ils sont très friands.

Pas folichonne, cette navigation !

Après dix heures de marche effective, nous sommes à cinq heures à un village d'une dizaine de cases appelé Sui, aussi dépourvu de toutes ressources que celui d'hier. Il a l'avantage de posséder une grande case en pisé qu'une heureuse idée d'un administrateur a fait édifier à l'intention des passagers éventuels, ce qui évite d'avoir à tirer les tentes de leurs sacs et à les y remettre le lendemain. Le temps est beau, aucune apparence de tornade ; nous faisons établir nos lits sous les vérandahs. Ces cases, chauffées à blanc tout le jour et pas aérées, conservent presque toute la nuit leur chaleur de four, et ce n'est qu'en dernier recours que l'on peut se décider à coucher à l'intérieur.

En échange de sel j'arrive à me faire donner trois à quatre kilos de manioc et autant de maïs ; c'est peu pour les quinze estomacs affamés qu'il faut garnir ; ils ont bien touché, en partant de Bangui, leurs vivres pour cinq jours, délai admis pour gagner Fort-de-Possel ; tout est déjà dévoré et nous avons fait un tiers du chemin ! Ce soir il faut renoncer à tuer quoi que ce soit, même un singe ; à peine sorti du village, on est en plein marigot. Le soleil couché, les moustiques sortis de ces marécages nous ont sonné des charges furieuses. Dîner à la hâte avec les restes de la pintade accommodés en ragoût trop clair et fuite aussitôt vers les moustiquaires.

A trois heures du matin, branle-bas de l'atmosphère. Je suis prévenu par mon enveloppe de tulle qui me fouette le nez en même temps que retentit un formidable coup de tonnerre répercuté par les échos. Les boys sont accourus ; ils n'ont que le temps de plier les lits de camp et de les porter à l'intérieur ; éclairs et tonnerre font rage ; des torrents d'eau cinglés par les rafales inondent la case dont le toit est une écumoire ; il faut se tapir dans un coin, tandis que le centre se transforme en mare. Cela a duré une heure.

Tourgou nous a servi une double dose de café pour nous remettre de cette mauvaise fin de nuit, et puis en route. Le *capita* m'a fait remarquer que la souche à laquelle il avait amarré hier soir la chaîne de la baleinière est sous l'eau ; il y a crue encore, et forte crue ; le niveau a monté de plus de dix centimètres ; à l'œil, on se rend compte de l'augmentation de violence du courant.

Débarbouillé par les rafales, le ciel est d'une pureté parfaite ; gare la chaleur aujourd'hui. Égayée par cette claire matinée, la faune volatile, plus nombreuse depuis Bangui, est particulièrement abondante et remuante : quantité de passereaux voltigent le long de la rive qu'égaient leurs couleurs chatoyantes où dominent le bleu, le rouge et le jaune ; des bandes de perroquets jacassent au-dessus de nos têtes, se poursuivant et se querellant ; de grands aigles, noirs et blancs, perchés au-dessus de l'eau dans l'attente du poisson, s'envolent farouches à notre approche, en poussant leur cri strident ; des martins-pêcheurs leur font concurrence, et, plus familiers, restent immobiles sur leur branche, le cou enfoncé dans le corps, le grand bec en arrêt.

Les berges ont disparu, noyées. Notre bateau-tortue zigzague au travers d'un réseau de lianes, sous des arbres tellement inclinés qu'ils donnent l'impression qu'ils vont s'abattre sur nous. Une pirogue partie à la dérive et arrêtée en travers par une branche a servi d'éventaire au torrent pour un tas d'objets : calebasses, nasses de pêche, paquets de joncs, lambeaux de filets, débris d'un toit de case. Les percheurs ne trouvent plus le fond, et le reste de l'équipe, le pagayage rendu impossible dans ce chaos, s'agrippe à chaque liane, à chaque arbuste, pour nous déhaler. De six heures à huit heures et demie nous n'avançons certainement pas d'un kilomètre.

A un moment donné, grande agitation parmi les hommes ; tous les yeux se fixent sur moi : *Niama* ! (de la viande) me souffle-t-on. Tourgou me passe ma carabine ; à cinquante pas, un caïman dort, allongé sur une souche. J'ai souvent constaté la puissance de sommeil de ces animaux quand ils sont chauffés par le soleil ; celui-ci pourtant se réveille trop tôt pour que je puisse lui envoyer une balle.

Quelques instants après, nouvel émoi :

— Qu'est-ce qu'il y a ?

— Un serpent, dit Pierre.

— Où ? Je ne vois rien.

Je finis par découvrir, collés à un arbre, une suite d'anneaux grisâtres ; cela remue en ondulant, puis une tête apparaît à l'extrémité courbée en col de cygne et une langue qui n'en finit plus et se démène furieusement. Une cartouche de plomb n° 2 dans mon fusil, le temps de viser, la bête se déroule, pend une seconde, inerte, et tombe à l'eau la tête emportée. Floc ! toute la bordée de babord y a bondi en même temps, de peur qu'elle ne soit pas bien morte et file dans quelque trou, l'eau embarque dans la baleinière de l'autre côté et je m'étale les reins sur une pile de cantines en fer. Avec les plongeons continuels que ces animaux de Yakomas font sans crier gare, il arrivera que nos bagages vont aller faire connaissance avec le fond de la rivière. Le serpent est un de ces reptiles amphibies très communs sur le Congo et l'Oubangui et inoffensifs, disent les indigènes ; celui-ci a la grosseur du bras et mesure un mètre cinquante.

Mon coup de fusil a encore jeté l'émoi dans une troupe de singes dits pleureurs qui gesticulent et gémissent en bondissant de branche en branche. Un second coup, et un de ces pauvres dégringole, une guenon que son petit, désespérément cramponné, n'a pas lâchée dans sa chute, et ce sont des cris lamentables du reste de la tribu pendant que les Yakomas trépignent et hurlent de joie.

Quel massacre ! Saint Hubert, excusez-moi. Il faut bien que je remplisse ces ventres vides. *Niama ! Niama !* ces gens ne songent qu'à cela ; serpents, perroquets, caïmans, martins-pêcheurs, il faudrait que j'aie tout le temps la crosse à l'épaule, que je tue tout.

A Bafourou, quinze cases, où nous soufflons à une heure, il n'y a rien, toujours rien comme vivres. Les indigènes riverains que leur métier de pêcheurs a fait demeurer là, d'apparence plus cossue, se gardent de planter quoi que ce soit à proximité de la rivière, dans la crainte de pillage par les passants noirs ou de prélèvements par les Européens ; toutes les plantations sont à plusieurs kilomètres dans l'intérieur, on ne peut perdre son temps à attendre qu'ils y aillent et en reviennent, et puis on n'est pas sûr qu'ils en reviennent ; il reste à s'en aller les mains vides. Ce n'est pas si mal calculé de leur part, et vraiment on ne peut leur en vouloir.

Un peu plus loin que Bafourou, un seuil rocheux qui barre complètement le lit nous a donné bien du mal pour hisser le bateau pardessus. L'année dernière, lorsque je revenais en France, il m'est arrivé sur ces cailloux une fâcheuse aventure. J'étais parti de Fort-de-Possel avec le maréchal des logis de spahis Violet. Nous montions une de ces superbes pirogues en bois rouge devenues malheureusement rares sur l'Oubangui. La nôtre avait vingt-deux mètres de long; enlevée par quinze pagayeurs M' Bagas, elle filait comme une flèche en descendant le courant ; nous avions quitté Fort-de-Possel la veille à six heures du matin, passé sans encombre les rapides de Mokouangué et de l'Éléphant, réputés les plus difficiles, et je venais de dire à Violet : « Tout va bien ; ce soir, au train où nous allons, nous de-

RAPIDE DE L'OUBANGUI.

vons être à Bangui. » Après l'angle brusque inattendu que fait à cet endroit la rivière, la ligne de rochers apparaît subitement à fleur d'eau ; les pagayeurs n'ont pas le temps de mettre la pirogue en bonne direction, l'avant va buter dans une anfractuosité ; l'embarcation pivotant autour de ce point d'arrêt, drossée en travers par le courant, heurte violemment le récif de toute sa longueur et pirouette.

Inouïe vraiment, la rapidité d'une culbute dans un rapide : un grand choc, l'embarcation qui verse, l'eau qui embarque des caisses qui plongent, des hommes perdant pied, sombrant, reparaissant dans l'eau qui fait rage, des cris, des pensées qui se brouillent, un brin d'émotion aussi ; en deux secondes ce divorce violent entre contenant et contenu ; on se raccroche où l'on peut et quand on peut. Cette fois, le dernier cas fut le nôtre ; dans notre malheur, nous eûmes la chance que la pirogue restât emprisonnée dans les cailloux après son chavirage, la moitié sous l'eau, l'autre en l'air ; si le courant l'eût emportée, c'était certainement la noyade pour beaucoup de ses passagers ; pour n'être pas critique et bien que ne pouvant faire craindre un refroidissement, la situation manquait néanmoins de charme : nous avions trouvé pied sur le banc de roches ; mais, dans l'eau jusqu'aux aisselles, cramponnés à l'extrémité de l'esquif naufragé, constamment douchés par la masse écumeuse qui se ruait sur l'obstacle, nous avions encore à redouter la dent des caïmans ; l'instinct de ces animaux les fait séjourner plus nombreux dans le voisinage des rapides, où les naufrages sont relativement fréquents. Sans que j'aie eu besoin de le leur dire, les hommes, afin d'écarter ces ennemis aussi capons que voraces, se relayaient pour frapper l'eau à grands coups de pagaies ; quant à nous-mêmes, la hantise de mâchoires largement ouvertes faisait d'instinct se déclencher nos genoux, tels ceux de chevaux qui piaffent.

La rive gauche de l'Oubangui était à cinq cents mètres, la rive droite à peu près à la même distance ; il ne fallait donc pas, dans un courant de quatre nœuds, essayer de gagner l'une ou l'autre à la nage ; le capitaine Webb lui-même, dont l'exploit dans le Pas de Calais est perpétué au Tchad par les couvercles de boîtes d'allumettes qu'y vendent les indigènes du Bornou anglais, eût dû cette fois se reconnaître impuissant.

Une heure, une heure et demie se passe ; le soleil déclinant, je commençais à me demander, en pestant contre le sort, si nous allions passer la nuit au bain, lorsqu'enfin, d'amont, arrive un convoi de petites pirogues, portant du caoutchouc à la Société M'poko à Bangui, et sous la direction d'un *laptot* (1) sénégalais. Nous parlementons ; impossible d'embarquer nous et nos caisses survivantes à bord de ces coques de noix surchargées. De plus, le *laptot* a l'ordre d'être rendu à minuit à Bangui, où un steamboat attend le caoutchouc pour le transporter aussitôt à Brazzaville. Esclave de sa consigne, il nous déclare que tout ce qu'il peut faire pour nos infortunées personnes est de les déposer, avec le strict nécessaire, sur une partie plate du récif cause du naufrage. Je lui remis, sur une page de mon carnet restée à peu près sèche, un mot pour le chef de poste de Bangui ; et, sur notre caillou, nous robinsonnâmes quarante-huit heures, jusqu'à l'arrivée de la baleinière de secours, et sans autre toit que la calotte des cieux, mordus par le soleil le jour, hygromètres vivants la nuit.

(1) Marin engagé de l'État dans les ports de la côte occidentale d'Afrique ; le titre lui reste après sa libération du service.

Décidément c'est le jour des serpents : au moment où un pagayeur saisit, pour haler le boat, un arbuste à demi immergé, du sommet lui dégringole sur les épaules un reptile aussi gros que le premier ; assommé d'un coup de pagaie, il augmentera le menu du bord.

A Bakoundi, ce soir, j'ai pu non sans peine, même avec du sel, acheter dix kilos de manioc. Une pintade en une heure de chasse. A trois kilomètres du village, j'ai trouvé les traces fraîches d'un troupeau d'éléphants : un large sillon dans les herbes ; dans certains endroits où les pachydermes se sont arrêtés, des arbustes couchés, des joncs hachés, le sol défoncé comme par vingt charrues, et du crottin en quantité. A longues enjambées j'ai suivi la voie jusqu'au dernier jour ; quel malheur de ne pouvoir joindre ce beau gibier !

Pendant que nous dînions, ont éclaté des sonneries de clairon inconnues. J'ai fait venir l'instrumentiste et appris qu'il était clairon de milice, transfuge d'un poste de l'État belge en face, d'où il s'est enfui à la suite d'une punition. D'un coup de langue aisé il nous a donné un intermède musical fait de toutes les sonneries de l'État indépendant.

Si nos voisins belges ont valu à Bakoundi ce mélomane, en revanche on me dit que le village s'est dépeuplé depuis un mois d'une cinquantaine de ses habitants qui ont passé de l'autre côté de l'Oubangui : ce va-et-vient d'une berge à l'autre est fréquent ; qu'un village apprenne la prochaine perception de l'impôt, une réquisition de travailleurs, partie des contribuables, tous quelquefois, opèrent leur déménagement, qui consiste à emporter une provision de manioc et les récipients pour le faire cuire et vont s'établir en l'autre pays jusqu'à ce que leur existence étant connue du poste le plus voisin et à la moindre exigence nouvelle, ils changent encore de nationalité ; pas plus que l'amour de la maison paternelle ou celui du clocher, les gardes-frontière ne sont là pour mettre obstacle à ces villégiatures successives. Il n'y a pas que sur l'Oubangui que les gens font ainsi la navette ; il en est de même sur le Chari, dès que les rives allemandes et françaises sont en regard ; les deux populations flottent entre les deux administrations et les deux impôts ; quand ils leur déplaisent d'un côté, ils passent de l'autre.

10 août. — Mauvaise journée, brûlante et si pénible ! Nous sommes entrés dans le secteur de l'Oubangui où, pendant une quinzaine de kilomètres, le cours s'encaisse entre des berges accores ; c'est aussi la partie la plus tourmentée de la rivière, celle où la pente est la plus accentuée, les étranglements plus nombreux, et dans ce secteur les phénomènes particuliers aux rivières ou fleuves barrés de rapides se manifestent avec toute leur violence.

La masse liquide qui se précipite dans un cours d'eau de ce genre dont les fonds et les rives présentent des accidents nombreux, dont les profondeurs sont minimes, — un mètre cinquante à trois mètres dans l'Oubangui, — ne reste ni unie ni uniforme dans son mouvement; elle comprend un premier volume d'eau, le plus important, qui coule dans le milieu et en occupe généralement la majeure partie ; ce courant principal se divise lui-même en courants coulant les uns à côté des autres ou même les uns au-dessus des autres avec des vitesses différentes.

Sur chacune des berges d'autres masses d'eau descendent avec des vitesses variables aussi, selon la position et la configuration des rives.

Enfin on doit admettre que, dans les fonds de la rivière, à cause du peu de profondeur, des phénomènes analogues se produisent, dont le retentissement se fait sentir à la surface.

Dans de nombreux endroits sur l'Oubangui et en particulier dans la partie que nous abordons, la section de la rivière se trouve rétrécie soit par le rapprochement des berges, soit par des écueils et des îlots encombrant le lit, ou des élévations brusques du fond barrant partiellement ou totalement le cours, atteignant seulement la surface ou la dépassant. L'intensité du courant augmente proportionnellement à ce rétrécissement du lit ; il y a chute si l'exhaussement du fond dépasse le niveau. C'est l'ensemble de ces conditions qui produit ce qu'on appelle un rapide, appellation qu'on a étendue improprement à tout passage où l'eau dévale plus ou moins tumultueusement parmi des rochers.

Immédiatement en aval de chaque rapide et sur une longueur de plusieurs centaines de mètres se manifestent des phénomènes conséquents dont les principaux sont :

des contre-courants, remontant vers l'amont ; ils se produisent surtout dans les criques, les retraits où l'eau vient buter contre les berges ;

des tourbillons, causés par deux courants continus et de sens inverse ; la masse d'eau est alors animée de deux mouvements, l'un de translation, l'autre de giration ;

des sources ; on a donné ce nom à des mouvements ascendants et descendants, produits par les grandes irrégularités du fond et qui se manifestent par des convexités de dix à trente mètres de diamètre ;

enfin des déplacements violents en tous sens, résultant du rebondissement des courants contre les berges ou des chocs entre eux.

On conçoit les difficultés de notre navigation dans une onde aussi tourmentée, contre un courant impétueux. Les rapides de l'Oubangui ne comptent plus les colis qu'ils ont engloutis. Avec une pirogue de moyenne longueur, les noirs se jouent de ces difficultés qu'ils sont habitués à combattre ; il ne peut en être de même avec un boat de

RAPIDE EN SAISON SÈCHE.

deux tonnes, chargé à la dernière limite, ayant comme moteur douze pagaies maniées par des bras peu vigoureux. Le plus grand danger est l'*embardée*, c'est-à-dire la déviation de la route dans un axe oblique à la direction ; il faut que l'embarcation reste l'avant vers l'amont ; pour peu qu'elle soit prise en travers, elle devient un jouet pour les eaux. Ce fut la cause de l'accident que je racontais plus haut et c'est ce qui fait que nous avons toujours en ce moment deux percheurs à l'avant pour parer à d'autres semblables.

La crue ne cesse pas. Immédiatement après avoir quitté Bakoundi, à un coude à angle aigu de la rivière, nous embouchons un couloir de deux cents mètres de large formé par la terre et une petite île : le courant là-dedans est formidable et la profondeur telle qu'il n'y a plus moyen de se servir des perches ; les hommes s'épuisent en vain pour faire avancer le boat à la pagaie et le maintenir droit. Pendant qu'ils soufflent, la baleinière amarrée à la rive, Villeneuve retourne par terre à Bakoundi pour réquisitionner une pirogue au moyen de laquelle, et en attachant la chaîne d'arbre en arbre, nous nous déhalons mètre à mètre. Deux heures pour franchir ce boyau d'un kilomètre à peine ; à l'extrémité il est barré par une chaîne, attachée à un arbre de la rive, l'autre extrémité plongeant dans l'eau : le *capita* me dit qu'il y a huit jours une baleinière a coulé là avec son chargement de munitions et de vivres ; on ne pourra la retirer qu'à la saison sèche.

L'Oubangui s'est rétréci jusqu'à cinq cents mètres ; en outre, des îles le divisent en nombreux défilés ; nous avons trouvé l'un d'eux complètement obstrué par un géant de la forêt déraciné par les crues et tombé en travers ; il a fallu ouvrir à coups de hache un passage dans le branchage. Jusqu'à quatre heures du soir, trois rapides par-dessus lesquels a été hissée l'embarcation ; au cours de ce labeur, mon fusil calibre douze, accroché au *chimbek*, est tombé à l'eau ; c'est une perte sensible ; trouverai-je un camarade rapatrié qui puisse me céder le sien ?...

A quatre heures et demie nous sommes au Rapide de l'Éléphant. L'origine de cette appellation ? On n'a jamais pu me la dire, mais il est fameux par ses naufrages et ses noyades. Bien avant midi l'approche nous en était signalée avec une véritable obsession par des tremblements lointains, comme au passage d'un train sur un pont sonore.

L'Oubangui atteint là quatre cents mètres ; plus près de la rive gauche, deux îles perpendiculaires au courant ; tout le reste barré par deux lignes de roches sur lesquelles l'eau mugit et roule en grosses volutes blanches d'écume qui s'accrochent à toutes les aspérités, puis s'écroulent avec un bruit de tonnerre faisant une chute de quatre-vingts centimètres. Par endroits, dépassant plus fort le niveau, d'immenses dalles chauffées à blanc, polies par les courants, masses de gneiss striées de veinules de quartz ou des amas de rocs visqueux couverts de larges plaques d'herbes gluantes sans cesse arrosées par les éclaboussures et les paquets d'écume. Dans ce chaos, deux coupures seulement, d'une dizaine de mètres dans la plus grande largeur, où la masse liquide, apaisée par les obstacles moindres, glisse avec la consistance d'une nappe d'huile, mais pour se disloquer ensuite en bosses, en creux, en tourbillons et bouillonner comme le contenu d'une chaudière en ébullition. Dans un remous, un arbre arrêté au fond, secoué, roulé sans cesse, laisse surgir par moments quelques-uns de ses rameaux qui se tendent vers le ciel comme les bras d'un homme qui se noie. Le long des rives, des bandes de gravier vaseux alimentent des fourrés de roseaux. Les rives dénudées, ces amoncellements de cailloux, notre emprisonnement entre les hautes berges surmontées de croupes nues, lépreuses, où des squelettes d'arbres s'accrochent comme ils peuvent, le grondement continu qui oblige à crier pour se faire entendre, l'approche de la nuit, tout tend à faire le paysage infiniment triste, l'endroit aussi peu hospitalier que possible.

J'avais passé là en saison sèche et en pirogue il y a trois ans ; il ne faut pas songer à le faire cette fois, en baleinière, sans décharger la plus grosse quantité des bagages. La soirée est trop avancée et les pagayeurs trop éreintés pour leur imposer ce travail aujourd'hui ; le boat est amené dans un cul-de-sac où la rivière retrouve un peu de calme, et nous établissons le campement sur un banc de sable à l'extrémité.

J'ai dû me préoccuper tout de suite de la nourriture de l'équipage, qui a travaillé dix heures en grignotant quelques morceaux de manioc. Pas de chasse possible, tous les environs sont inaccessibles ou inondés. Quoiqu'il nous en coûte, il faut faire des prélèvements sur nos provisions d'endaubage. J'en ai fait une distribution. Lorsqu'est venu le tour de Pierre, le boy civilisé de Villeneuve, je l'ai vu prendre un air renfrogné : « Je n'avais pas l'habitude, m a-t-il dit, de manger de la viande sans farineux. » (Textuel.)

Pas de doute, plus ces gaillards ont la prétention de se rapprocher de nous et plus ils s'en éloignent.

A peine les objets de campement déposés sur le sable, de Villeneuve s'est installé à sa petite table pour écrire avant que la nuit soit complètement tombée ; les boys ont allumé un feu, mis à bouillir l'eau où se délaiera notre potage Maggi, et commencent pièce à pièce le montage des tentes. Les pagayeurs se sont empressés d'éventrer les boîtes d'endaubage et s'en disputent le contenu.

Je me suis étendu sur le sable ; après cette journée torride, énervante, débarrassé enfin du casque, on a une illusion de fraîcheur. Le soleil va disparaître derrière les hautes collines de la rive droite ; sa chute fait désarmer les mouches qui, tout le jour, les pestes ! nous ont mis au supplice, des grosses et de toutes petites, ces dernières, des *fourous*, les plus acharnées ; elles vous entrent dans le nez, les oreilles, la bouche, si voraces qu'une fois leur trompe implantée dans l'épiderme elles se laissent écraser, vous imprégnant les doigts d'une odeur de musc écœurante. Chose curieuse, nous n'avons pas encore vu de tsés-tsés.

Dans combien de jours arriverons-nous à Fort-de-Possel ? En saison sèche, à mon premier voyage, j'y abordais le matin de la cinquième journée. On admet vingt-quatre heures de plus quand la saison des pluies augmente les difficultés du trajet. Les crues qui se sont succédé depuis notre départ de Bangui, nous ont été particulièrement défavorables ; nous avons navigué trente-sept heures et sommes à peine à mi-route. La question de subsistance des hommes est pour moi l'objet de grands soucis. Je les aperçois à un angle du banc de sable, mornes, affalés, après avoir englouti leurs six kilos de bœuf salé, une bouchée pour chacun d'eux ; deux ou trois plus courageux ont grimpé au sommet de quelques palmiers à huile qui s'élèvent sur le bord et cueilli de maigres régimes dont ils cassent les amandes entre deux pierres. Ce n'est pas ce qui leur remplira beaucoup plus le ventre ; tout ce monde ne va-t-il pas nous lâcher et prendre le large ?...

J'en suis là de mes préoccupations quand je vois le groupe s'animer. Tous se soulèvent, nous regardent, regardent à l'autre extrémité du banc de sable. Je suis la direction de leurs yeux : à vingt pas émerge la tête d'un caïman ; il doit être énorme ; ses gros yeux glauques, saillants, roulent dans les orbites, ses mâchoires s'élèvent et s'abaissent lentement... Un coup de feu à mes oreilles, c'est Villeneuve qui a tiré, trop vite ; la balle a frappé l'eau au dessus de l'animal, qui s'est laissé couler aussitôt.

Les Yakomas se sont de nouveau accroupis ; dix minutes se passent, puis, soudain, mêmes signes d'agitation. Le caïman est à la même place et dans la même position ; Villeneuve me passe sa carabine ; j'ai le temps d'ajuster tout à mon aise... J'ai touché en pleine tête ; un bond fait sauter le saurien hors de l eau ; sa queue furieusement bat deux ou trois fois, puis le voilà couché sur le dos, le ventre blanc se détachant sur la teinte sale de l'Oubangui. Les hommes se sont précipités en criant ; hélas ! le dernier soubresaut de l'animal l'a fait sortir du remous, le courant l'a pris et l'entraîne, pendant que les Yakomas piétinent en agitant les bras et se lamentant.

— Mais saute à l'eau, saute à l'eau ! crions-nous au *capita*.

— Des autres y en a ! gémit-il en montrant successivement ses jambes et la rivière.

Plusieurs festins qui s'en vont ainsi au fil de l'eau ! Le *capita* nous supplie de le laisser partir avec la baleinière à la recherche du cadavre ; mais la nuit est venue, ce serait risquer un cataclysme. C'est navrant, pauvres Yakomas ! mais tant pis !

Cet exemple d'un caïman émergeant à quelques mètres d'un campement n'est pas commun ; il fallait que celui-ci, évidemment attiré par les émanations, crevât de faim ; d'ailleurs il est reconnu que ces animaux sont particulièrement dangereux dans l'Oubangui ; la raison en est, disent les indigènes, que le régime torrentueux de la rivière fait le poisson plus rare que dans le Congo.

A huit heures, alors que nous allons entrer sous nos tentes, se manifestent les premiers souffles précurseurs de la tornade. Dix minutes plus tard, un ciel de jugement dernier, crépitement du tonnerre, mugissements des rafales se mêlant à ceux du rapide, puis la trombe d'eau crible nos abris branlants. Bon Dieu ! quel vacarme ! Des lueurs aveuglantes, vingt zébrures perpendiculaires jaillissent continues de tous les coins du ciel, illuminant d'une clarté sinistre les gorges de l'Oubangui. Dans des conditions autres, on serait tout à la grandeur de cet imposant spectacle. Par une meurtrière de la toile j'aperçois un instant les pagayeurs écroulés sous ce déluge, pelotonnés, la tête rentrée dans les épaules, les bras croisés, près de leurs feux éteints. Ça a duré une demi-heure, pendant laquelle je suis resté cramponné à un des montants de la tente, Tourgou à l'autre, croyant vingt fois qu'elle allait s'envoler dans la nuit.

Ce matin il manquait deux pagayeurs à l'appel. La chose n'est pas pour me surprendre ; je m'étonne qu'il n'en manque que deux ; j'ai félicité les autres.

Par la berge et sur une longueur de deux cents mètres, l'équipage a transporté plus d'une tonne de nos bagages de l'autre côté du rapide. Puis nous nous sommes mis à la besogne pour passer dans la brèche la plus rapprochée de nous. Le nombre de percheurs doublé, deux à l'avant, deux à l'arrière, le reste de l'équipe aux pagaies, le boat se dirige d'abord doucettement vers un petit bassin qui bouillonne à peine ; mais bientôt nous embouchons le chenal, resserré, tortueux, encaissé d'un mètre cinquante à deux mètres vers son milieu. Tout de suite un premier ressaut où l'eau fait une vraie volute ; maintenant, attention ! La chaîne est développée ; six des Yakomas l'empoignent après s'être échelonnés en s'agrippant aux arêtes des rocs ; deux autres se placent au-dessous de la chute pour empêcher les heurts de l'esquif contre les parois du chenal ; les boys, nous-mêmes épaulons de dedans avec les perches. *Yé, oh ! oh, yé !* On crie pour coordonner les efforts ; les tôles grincent en rabotant la roche. Après, c'est une dalle à peine immergée qui barre le couloir ; on soulève et on y place l'avant ; nous voilà perchés par le travers sur l'obstacle, le bec en l'air ; si un maillon de la chaîne se brisait, quelle culbute ! Une vigoureuse traction, une autre qui l'est trop ; l'avant pique du nez brusquement et s'effondre dans une excavation ; l'eau gicle par-dessus ; il n'est pas trop de toutes nos forces pour le repêcher et le hisser sur une nouvelle dalle. Nouvelle chute, de l'arrière cette fois ; nous avons embarqué la contenance d'une barrique, un quart d'heure se passe à vider l'eau. Puis tous se remettent à haler à la chaîne. Enfin nous passons ! nous sommes passés ! il a fallu quarante minutes. Un contre-courant en aval des derniers cailloux facilite l'approche de la berge où on recharge les colis.

A une heure de l'après-midi seulement nous avons aperçu le poste belge de Mokouangué et passé, avec les mêmes difficultés, le rapide du même nom. Il y a un an, le poste était commandé par un bien charmant officier italien, toujours à l'affût des passants européens pour leur offrir bon repas, bon gîte... et le reste. Il vient de mourir, payant un tribut, lui aussi, à la grande meurtrière, la bilieuse hématurique.

12 août. — Matinée radieuse ; pas un nuage, pas de brouillard, ce qui est presque anormal sur l'Oubangui. Aussi, dès huit heures du matin, le soleil chauffe si bien qu'il faut se terrer sous le *chimbek*, mais d'avoir connu tant de moments d'énervement depuis quarante-huit heures sur les cailloux nous réconcilie un peu avec lui.

La rivière a perdu tout caractère torrentueux ; c'est une belle nappe d'eau sur un millier de mètres de large, et nous y voguons sans encombre.

A onze heures, des cris de joie de l'équipage signalent Djoumbi, la seule agglomération importante entre Bangui et Possel ; mes affamés ont espoir de s'y refaire.

Je veux dire un mot des Banziris qui l'habitent. Ils le méritent en ce qu'ils sont une des races, très rares dans le bassin du Congo, sur lesquelles l'œil a plaisir à se reposer.

D'où ils viennent et quel sang ils ont dans les veines ? Je laisse à débrouiller la chose à MM. les ethnographes. Il est déjà venu quelques-uns de ces derniers au Congo. N'est pas ethnographe qui veut à l'équateur ; il faut un réel courage pour piocher le méli-mêlo des nègres qui s'y sont échoués ; l'écheveau est en effet fort embrouillé : multiplicité de tribus, croisements entre elles, dialectes variant de l'une à l'autre, noms de villages se confondant avec ceux des chefs et tous renseignements très vagues donnés par les indigènes passant, bien entendu, par l'organe d'un interprète. Vraiment, quand on songe qu'en France même les ethnologistes laissent tant de points incertains, les préférences vont ici à ceux qui finissent par donner leur langue au chat.

Toujours est-il que la différence du type Banziri avec les autres est considérable : teinte beaucoup plus claire, — il paraît même que l'albinisme serait fréquent chez eux, — prognathisme moins prononcé, muscles bien attachés, taille fine, le nez suffisamment long, pas trop épaté ; ces qualités relevées encore par de la gaieté et des façons expansives tout à fait inconnues chez les voisins.

Le beau sexe, moins les formes callypiges, a son élégance : des yeux en amande, les cheveux soigneusement tressés garnis de perles rouges et bleues enfilées alternativement ; des bijoux en quantité, au nez, aux oreilles, aux bras, aux chevilles, des tatouages symétriques. Sa coquetterie et son amabilité bien connues lui ont toujours valu les préférences des Européens en service dans le pays et la recherche des passants. Le costume reste sensiblement mode paradis terrestre, un lambeau d'étoffe chez les hommes, un morceau de feuille de bananier pour les femmes et l'innocence chez les moutards.

A la première demande de vivres on nous en apporte à profusion : calebasses de farine de manioc, de maïs, poisson séché — on le sent dans le village, ce poisson ! — un quart de gigot d'un éléphant tué il y a une huitaine par un Européen de passage ; il a un fumet autre que celui du poisson, mais aussi prenant ; pour y tailler des rumsteack, on a dû avoir recours à ma hachette : dur comme du fer et noir du côté avoisinant la peau, il était jaune à l'intérieur et verdâtre avec consistance spongieuse au dehors.

Ah ! les yeux des Yakomas rivés sur toutes ces bonnes choses ! Aussi les feux ont-ils été vite allumés, les marmites en terre garnies de la farine ; les épis de maïs, les rumsteacks, les poissons enfilés à des perches de bois dur exposés au-dessus de la flamme.

Deux hommes que la faim talonne davantage déchirent à belles dents leur portion d'éléphant toute crue.

Puis, la pâtée de manioc suffisamment à point, tous s'accroupissent muets de faim autour des marmites ; chacun enfonce ses doigts dans la bouillie brûlante, en pétrit une poignée et le col en avant, le coude en l'air et joliment arrondi, introduit la main dans le côté gauche de la bouche ouverte en entonnoir et la sort de l'autre absolument immaculée ; l'ingestion est suivie d'une aspiration bruyante et du bruit d'une solide mastication. On ne pense pas à boire : il s'agit avant tout de ne pas perdre son temps ; tant pis si ça brûle ; on en est quitte pour en laisser baver un peu qui est rattrapé et remis en bonne place à l'aide du dos de la main. L'éléphant a suivi, puis le poisson a servi de dessert. Ils s'en sont donné pendant une heure et demie, un coup de dent empiétant sur l'autre.

Mis en train par la vue de cette bombance, nous avons décidé de nous offrir, nous aussi, le luxe d'un déjeuner plus confortable et plus varié que ceux des jours passés : table et pliants ont été installés à l'ombre d'un grand ficus, les boys ont apporté des conserves de premier choix ; même nous sommes allés jusqu'à la débauche d'une bouteille de champagne, quoique ce liquide soit classé dans les bagages du colonial à l'article pharmacie.

O vin si généreux après huit jours d'eau de l'Oubangui ! nous avons tout vu, grâce à lui, sous un jour plus rose : l'ombre donnée par les branches de notre ficus est telle qu'il y fait presque bon ; des perruches multicolores caquettent au-dessus de nos têtes ; des Vénus banziris, venues autour de notre table, regardent manger ces êtres blancs en ouvrant tout grands leurs yeux bridés, commentant tous nos gestes et riant comme de petites folles en se tapant les cuisses ; des bambins hauts comme ça, mis en confiance par des morceaux de sucre, ne conservent plus la moindre retenue et s'accrochent à nos jambes ; maître Pierre N'gom, très digne en présence du cercle féminin, avec, sur le bras, en boy bien stylé, une serviette de teinte presque claire, clame après chaque plat : « la souite ! », en se tournant vers Tourgou affairé à ses casseroles. Pique-nique charmant.

Le café servi, j'ai fait comparaître le chef du village, une bonne tête blanche de nègre de trente ans qui bat déjà la breloque ; du sel, de l'endaubage, du tabac, ont rémunéré ses largesses. Il était si content qu'il a absolument voulu organiser une sauterie pour dames seules : ces dames se sont assemblées en rond et se sont mises à chanter à tue-tête en frappant des mains en cadence ; quelques accords seulement et le ton est pris. Faisant un à-gauche avec beaucoup d'ensemble, elles avancent ensuite, presque sans lever les pieds, les genoux un peu fléchis, minaudant du postérieur, les seins rythmant un contre-chant, les poings sur les croupes de bronze luisant; reprise de la ronde, puis à un signal, halte brusque et sautillements ; vu de derrière surtout, c'était d'un fort bon effet. Au cours de ces figures, le chant n'a pas cessé ; quand il faiblissait, une virtuose ranimait le zèle des choristes en lançant de nouvelles variations. Mais bientôt voici qu'on s'échauffe et qu'on s'allume, un souffle lascif a passé, les reins ploient, les poitrines bombent, les hanches sont projetées en mouvements saccadés, le rythme du chant est surexcité, furibond ; l'amoureuse Afrique apparaît dans son rut farouche, halète sa folie et son désir.

Et cela eût duré longtemps si nous n'avions crié : « Assez. » Le maître de céans, accroupi en extase à nos côtés, n'a pas voulu que nous le quittions sans nous présenter la directrice de ballet, sa fille, une plantureuse fille de Cham qui lui vaut l'honneur de pouvoir se dire le beau-père de plusieurs blancs ayant eu leurs pénates à Bangui et qu'il s'est plu à me nommer.

Il a fallu nous arracher à cette Capoue et revenir aux réalités de notre existence de vagabonds. Un bruyant et sympathique cortège nous reconduisit à notre esquif. La digestion des Yakomas était évidemment laborieuse; ils manifestaient, au reste le plus naturellement du monde, des signes de réplétion non équivoques et tiraient la jambe en descendant la berge ; mais je dois leur rendre cette justice qu'ils ont eu ensuite la reconnaissance du ventre : pagayage vigoureux, *tam-tam* sur les tôles, chansons et improvisations avec des *niama*, des *léléio*, des *liétênant* attendris ; au demeurant, de bien braves garçons, nos Yakomas. Le plus clair de ces bonnes dispositions, c'est que nous avons marché grand train, au moins quatre kilomètres à l'heure, une allure à pagaye forcée que nous ne connaissions plus.

Aussi le soleil était-il haut encore lorsque nous parvînmes à l'embouchure de la rivière Ombella, où vient de se créer une factorerie nouvelle, dite du « Commerce libre », et d'où l'on aperçoit les toits des cases de celle de Ouadda. Elles ne sont pas, en effet, éloignées de plus de quatre à cinq kilomètres et nous avons décidé d'y aller coucher. Mais il a suffi encore d'un mauvais seuil caillouteux avec un arbre tombé à l'eau et retenu par ses racines, pour nous occasionner un retard considérable. La lune et les étoiles toutes barbouillées ne s'étant pas mises en frais d'éclairage, il faisait nuit noire quand nous arrivâmes. Heureusement notre marche avait été assez bruyante pour nous signaler longtemps à l'avance, et sur la rive un grand feu servait de repère. M. Delporte, agent principal de la société, nous reçut de façon fort aimable.

13 août. — Vers six heures et demie du matin seulement le réveil ; dans les arbres autour de nous concert invisible de la gent passereau, qui lance à plein gosier tout ce qu'elle a d'art et d'amour.

Un *camping* confortable sous la large véranda de la case de M. Delporte nous a incités à faire la grasse matinée ; nous nous en sommes sentis tout guillerets ; le moindre bien-être, dans ce pays, amène tout de suite un peu de détente. Les Yakomas eux-mêmes n'ont jamais été d'humeur plus charmante ; le but tout proche provoque chez eux un regain de vigueur et, sous les *kaï* du *capita*, ils pagaient avec frénésie.

L'Oubangui monte, monte toujours : dans les régions du haut bassin il doit tomber des déluges ; ce qui fait que nous n'avançons pas fort malgré tout. La trop grande profondeur empêche de se servir des perches ; le pagayage seul, dans une embarcation aussi lourde, éreinte les hommes.

On ne compte pas plus de dix kilomètres de Ouadda à Fort-de-Possel ; mais nous n'apercevons le pavillon du poste qu'à deux heures de l'après-midi. Et puis, tornade formidable, soudaine ; un vent du diable qui transforme cette nappe tranquille, un miroir il n'y a qu'un instant, en une véritable mer écumeuse où nous tanguons et roulons tout comme sur l'*Europe* dans le golfe de Gascogne ; sous l'étreinte du vent les vagues s'accentuent et viennent se briser avec bruit le long du bord. A grands coups de pagaie nous nous réfugions dans un trou de la berge où nous recevons stoïquement l'avalanche liquide sous le toit du *chimbek* transformé en arrosoir. A cette même place, il y a quatre ans, un boat portant deux sous-officiers européens et une vingtaine de Sénégalais, relève de la compagnie du haut Oubangui, a été surpris par la tornade au milieu de la rivière. L'embarcation a sombré à cinquante mètres de la rive où elle allait chercher un abri ; trois Sénégalais seuls s'en sont tirés.

Le soleil se couche quand nous débarquons à Fort-de-Possel. Notre pauvre sillage, à force d'ajouter un kilomètre à un autre, a fini par nous y conduire ; on en compte cent pour le ruban des berges de l'Oubangui depuis Bangui jusqu'ici ; il nous a fallu une marche effective de soixante-six heures pour en venir à bout.

Et voici encore terminée une excursion sur l'eau, *ô léléio !*

DE FORT-DE-POSSEL A FORT-CRAMPEL

Fort-de-Possel, créé en 1899 par les collaborateurs de Gentil, doit son nom au maréchal des logis de cavalerie de Possel-Deydier, tué à Kouno, sur le Chari, la même année, au cours d'un combat livré aux troupes du sultan Rabah par les compagnies Robillot, Julien, de Cointet et de Lamothe : un poste en vedette sur une haute berge, mais un poste sans remparts, ni fossés, ni enceinte quelconque ; comme dans tous ceux que nous allons voir jusqu'à Fort-Crampel, un petit groupe de miliciens suffit à assurer sa sécurité dans une région peu peuplée et aux peuplades sans cohésion ; c'est ici comme à Bangui, pas un village aux alentours à moins de deux journées de marche. Quatre cases ou magasins en briques et deux abris en torchis pour les passagers sont bâtis sur une éminence peu étendue qui devient, à la saison des pluies, une presqu'île, enceinte par l'Oubangui au sud et au sud-ouest, à l'est par son affluent la Kémo ; au nord s'étend une plaine humide avec de hautes herbes, des roseaux et quelques tranches de bois bordant des marigots. Cette disposition physique a été cause qu'on a dû rapporter un décret de 1906 qui avait fait de ce point la capitale de l'Oubangui-Chari ; la place eût manqué pour édifier le nombre de logis suffisants ; des questions sanitaires furent aussi mises en jeu ; on lui a donc préféré Bangui. Le commandant du poste est l'administrateur Landre ; il est assisté de M. Sainval-Noël, adjoint des affaires indigènes. A deux cents mètres en aval sur l'Oubangui, sont les bâtiments d'une factorerie de la société Ouahmé-Nana, noms des deux rivières qui arrosent les terrains de la concession. Une petite crique formée par l'embouchure de la Kémo sert de port à une douzaine de pirogues et aux baleinières de passage.

Tout exigu qu'il est, Fort-de-Possel tire une importance réelle de sa situation. Il constitue l'une des têtes de ligne de la voie terrestre qui va nous conduire du bassin du Congo dans celui du Chari et sur laquelle existe un va-et-vient incessant de gens et de colis passant de l'un dans l'autre ; de plus, il est l'embranchement des deux routes menant l'une dans le haut Oubangui et vers le haut Nil, l'autre vers le Tchad, embranchement où ont passé tous les explorateurs, depuis un temps relativement peu éloigné d'ailleurs. Jusqu'en 1884, en effet, les sources de l'Oubangui étaient inconnues ; les deux Européens qui les atteignirent à cette époque furent un Allemand, Schweinfurth, et un Russe, Junker ; mais ils n'allèrent pas plus loin, ils venaient du Nil et s'en retournèrent par où ils étaient venus. En 1885, le missionnaire Grenfell releva le cours de l'Oubangui inférieur. Mais c'est seulement de 1890 que datent les premières tentatives faites dans le but de plus grandes expansions et elles eurent

PIROGUES DE L'OUBANGUI.

pour raisons les nombreux coups de canif donnés par les Belges dans une convention datant de 1887 et réglant le partage du pays.

L'interprétant à leur profit, les Belges débordèrent de toutes parts au nord de la rivière dans des régions que nous regardions comme nôtres ; c'est alors, en 1890, qu'ils fondèrent le poste de Zongo, que nous avons vu en passant, pendant que l'explorateur français Ponel installait en face celui de Bangui. Comme ils menaçaient de nous couper les routes du nord et de l'est, M. de Brazza, alors à la tête du Congo, envoya à la rescousse M. Liotard qui, déployant une admirable énergie, aidé des renforts amenés par le jeune duc d'Uzès, le lieutenant Julien et le capitaine Decazes, sut remettre les choses au point et provoquer de nouveaux arrangements en 1894. En 1896, il arrivait dans le bassin du haut Nil, et c'est pour assurer toutes ses prises de possession qu'on lui envoya l'expédition Marchand. On sait ce qu'elle devint.

A la suite des événements de Fachoda, notre pénétration, arrêtée vers l'est, se trouva canalisée du côté du nord, où est une trouée large de huit cents kilomètres entre l'Oubangui et le Cameroun allemand. Le Tchad devint à cette époque l'objectif des voyageurs et le point de mire des préoccupations d'une partie de l'opinion publique. On mit en train la question de relier notre Congo au Soudan et à l'Algérie ; on envisagea même de nouveau la possibilité d'une pénétration vers le Nil par le nord-est. Ce fut une course au clocher vers les rives mystérieuses du grand lac ; les Anglais cherchèrent à l'atteindre par la Bénoué, les Allemands par le Cameroun et nous par l'Oubangui et le Chari. Crampel, qui débuta sur cette route, fut assassiné à cent kilomètres au nord du poste qui porte aujourd'hui son nom. Dybowski, Maistre avec Bonnel de Mézières, de Behagle et Clozel qui lui succédèrent, ne dépassèrent pas le neuvième degré. C'est M. Gentil qui devait, en immortalisant son nom, faire flotter, en 1896, le premier pavillon européen, le pavillon français, sur le grand lac du centre africain.

Les étapes que nous allons avoir à fournir à pied pour atteindre Fort-Crampel, sur le Gribingui, affluent du Chari, sont ainsi réparties :

Fort-de-Possel	à	Botinga	:	22 kilomètres.
Botinga	—	les M'brous	:	24 —
les M'brous	—	Yongoro	:	23 —
Yongoro	—	Krébedjé	:	32 —
Krébedjé	—	M'poko	:	24 —
M'poko	—	les Ungourras	:	23 —
les Ungourras	—	Dekoa	:	31 —
Dekoa	—	Nana	:	30 —
Nana	—	les trois Marigots	:	25 —
les trois Marigots	—	Fort-Crampel	:	27 —
	dix étapes et au total		:	261 kilomètres.

Je donne là les chiffres adoptés officiellement. Pas une de ces étapes dont la distance ne soit matière à controverses entre les Européens qui l'ont parcourue : le degré d'ouverture des jambes d'un chacun et surtout les dispositions journalières qui actionnent ce compas, amènent à des estimations dont la variabilité est en rapport direct du nombre des voyageurs ; c'est un sujet de discussion tout trouvé à l'arrivée quand on est deux.

La vérité ne luira que lorsque sera décidée l'installation du chemin de fer qu'il faudra bien poser un jour ou l'autre ; sur la voie de l'Oubangui, déjà engorgée par le trafic habituel, le transport par-dessus les cailloux de plusieurs milliers de tonnes de rails joints à du matériel roulant, ne sera pas jeu d'enfant et il faudra en connaître au plus juste la longueur nécessaire ; la nécessité s'imposera encore, même si on évite le passage des rapides en prenant Bangui comme tête de ligne, car dans ce pays il faut toujours, avant la valeur intrinsèque de la matière, songer au coût de son transport.

Trois projets de chemin de fer ont été agités pour relier les bassins du Congo et de l'Oubangui :

1° De Fort-de-Possel à Fort-Crampel ;

2° De Krébedjé à Fort-Crampel, en utilisant jusqu'à Krébedjé les rivières Kémo et Tomi ;

3° De Bangui à la rivière ou Bahar-Sara servant de prolongement vers Fort-Archambault.

Le dernier reviendrait à une quinzaine de millions, les deux autres à six et dix environ ; ils auraient la largeur de voie de celui de Matadi et comporteraient des difficultés aussi sérieuses, quoique, en général, d'un autre ordre ; le tracé de la voie serait plus simple, mais la main-d'œuvre manquerait également, puis, chose autrement grave, le combustible, car l'emploi du bois, en dehors de son faible pouvoir calorifique, présente l'inconvénient de nécessiter pour son transport un poids mort considérable et ce serait folie, bien entendu, de songer à la houille ; tout ce que l'on entrevoit, c'est l'utilisation comme au chemin de fer du Soudan du tourteau d'arachides fournies par la région du Bahar-Sara au sud-ouest de Fort-Archambault.

De plus, tous ces chemins de fer ne peuvent compter que sur un trafic très réduit : la production en caoutchouc et en ivoire décroît rapidement à partir du 7ᵉ degré de latitude pour être à peu près nulle au 9ᵉ vers Fort-Archambault, et il n'est pas d'autres produits dans ces régions.

Pourquoi donc voir aussi grand et ne pas se borner à la pose d'un simple Decauville avec traction animale, ou bien encore les wagonnets étant poussés à main d'homme ? Si même on veut éviter les ouvrages d'art, il serait possible de faire les wagonnets assez petits pour que le corps, débarrassé des roues, puisse être transporté par un petit nombre d'hommes au delà des obstacles barrant ce sentier ; ils sont plus nombreux que difficiles ; ce ne sont que des ruisseaux coulant dans des ravins peu larges et peu escarpés pour la plupart.

Depuis trois ans que j'ai le plaisir de connaître la colonie du Congo, j'entends sans cesse agiter le même grelot : il va être enfin consenti un emprunt à cette pauvre miséreuse et tout de suite on va songer à ses voies ferrées ; et celle de Possel à Crampel sera la première installée, parce qu'elle débarrassera tout le monde d'un vrai cauchemar, celui du portage à tête d'homme des milliers de caisses et colis qui y passent continuellement.

On a dit bien du mal du portage dans ce pays. On lui a mis sur

LE PORTAGE.
(Cliché de la *Dépêche Coloniale.*)

le dos l'anéantissement de populations entières. Une pratique inhumaine et révoltante ! s'est-on écrié, qui a semé les lignes d'étapes terrestres, et celle-ci en particulier, de squelettes humains. Voici plusieurs fois que j'y passe, je n'y ai jamais vu trace de squelette et, réellement, ce que j'y ai connu du portage ne me l'a nullement montré barbare ou dégradant, pas plus que je ne me suis rendu compte des raisons pour lesquelles il aurait pu être si mortel. On le pratique ailleurs qu'en Afrique ; à Madagascar, la charge-type est de quarante-cinq kilos ; en Indo-Chine, les porteurs sont encore plus vigoureux, leur charge est de cinquante à soixante kilos ; ici on s'est préoccupé moins encore de la résistance physique des indigènes que de leur maladresse, et on l'a réduite à vingt-cinq, au plus trente kilos ; la distance qu'on leur impose avec ce poids excède rarement cinquante kilomètres en quarante-huit heures et sur une piste où presque partout le feuillage des arbres est capable de faire écran ; je les ai toujours vus bien traités ; leur aspect n'a rien qui inspire la pitié ; il y a parmi eux beaucoup plus de sujets gras et dodus que de malingres ; dans le bas Congo, avant la construction de la voie ferrée de Matadi, on a attribué la mortalité des noirs soumis au portage à l'abus de l'alcool dont ils se seraient saturés ; c'est le premier de nos vices auquel ils s'acclimatent, mais ceux qui nous occupent n'ont pas encore goûté de cette façon à notre civilisation ; la bouteille d'eau-de-vie chez eux est pour le moment aussi rare que le cuissot de viande fraîche. J'ajouterai que j'ai été très frappé de voir, à Krébedjé, un groupe d'indigènes habitant les environs du poste et qui en sont arrivés à se créer des besoins, venir demander si on ne pouvait les employer comme porteurs pour gagner une pièce d'étoffe ou de quoi en acheter une à la factorerie voisine du poste, et on me dit de divers côtés que ce n'est plus là un exemple isolé.

Cette contrée entre Fort-de-Possel et Fort-Crampel est très peu connue ; les administrateurs sont les premiers à vous le dire, ils sont si peu nombreux et tellement pris par le service absorbant des passagers et du ravitaillement qu'il leur devient à peu près impossible de s'occuper d'exploration et de recensement ; on en est donc réduit pour la plupart des renseignements aux dires des noirs auxquels, habitués qu'ils étaient à ne rien faire, l'obligation du portage a évidemment représenté un effort inouï et qui sont, par conséquent, intéressés à peindre la situation sous les plus sombres couleurs ; c'est ce qui fait que je me suis demandé si on n'avait pas mis à son compte beaucoup de dégâts de la maladie du sommeil ou de la variole qui sévit constamment. Tout ce que je viens d'émettre là n'est pas pour faire l'apologie du portage, mais pour indiquer seulement les raisons qui me font croire à l'exagération de ses méfaits ; enfin, s'il faut le considérer comme un mal, on reconnaîtra que dans une région où tous les moyens de transport faisaient défaut, il était un mal nécessaire, sous peine de renoncer à l'œuvre colonisatrice. Il a des résultats néfastes indéniables, dont le premier est de faire de nos administrateurs de véritables sergents recruteurs, alors que leur intelligence et leur activité pourraient être employées de façon tellement plus utile ; il a créé le désert très loin autour de cette route que nous allons suivre ; les indigènes se sont reculés aussi loin qu'ils ont pu, jusqu'à ce que d'autres populations les arrêtent. C'est une cause de retards souvent considérables pour le personnel du territoire militaire du Tchad ; en ce qui me concerne, le temps moyen qui m'a été nécessaire au cours de mes différents voyages pour gagner l'un des terminus de la ligne est de vingt-six jours, vingt-six jours pour couvrir dix étapes d'un total de deux cent soixante et un kilomètres ; de plus, cette fuite des naturels a eu comme contre coup pour eux-mêmes, qu'aujourd'hui, lorsqu'ils sont réquisitionnés pour cette dîme du portage, le trajet de leur village au poste requérant et *vice versa* représente un laps de temps double ou triple de celui qu'ils emploient avec leur charge sur la tête et, surtout à l'époque des semailles et des récoltes, cette perte de temps est des plus regrettables.

Pour le moment, pendant sept mois de l'année et en saison sèche, voyageurs et colis passent par toutes les étapes que j'indiquais plus haut. Chaque équipe de porteurs en fournit deux. Les postes des M'brous, de Krébedjé, des Ungourras et de Nana, où se font les changements des équipes, sont sous le commandement d'un membre de l'administration ou, à défaut, d'un gradé de la milice ; un ou deux miliciens gardent les autres.

Lorsque la saison des pluies a grossi le cours de la Kémo et de son affluent la Tomi, et dans le but d'adoucir les exigences du portage, on met en route les Européens avec leurs bagages les plus indispensables, six à huit charges, par la ligne d'étapes ; tout le reste est transporté en pirogue jusqu'à Krébedjé : une pirogue de moyenne taille, conduite par dix hommes, pouvant être chargée d'une tonne environ, soit trente-cinq charges du poids de vingt-cinq à trente kilogrammes, on voit que l'économie des porteurs est sérieuse. En revanche, la perte de temps est grande, car si, pour aller de Possel à Krébedjé, il faut, par le sentier, cinq jours en comptant un jour de repos aux M'brous, douze à quinze sont nécessaires aux pirogues pour arriver au même point par la ligne d'eau, avec de gros risques de chavirage ou tout au moins d'inondation des caisses. Larges de vingt à vingt-cinq mètres, très sinueuses, encombrées de débris de toutes sortes, la Kémo et la Tomi ne constituent donc comme voie de communication qu'un pis-aller.

Le lendemain de notre arrivée, j'ai passé, avec M. Landre, une partie de la matinée à visiter l'installation, de l'autre côté de la Kémo, d'un assez fort troupeau, une soixantaine de bœufs et vaches : c'est tout ce qu'on a pu conserver de quelque quatre à cinq cents animaux venus du Tchad depuis cinq à six ans.

Ces essais d'importation de bétail, toujours à l'ordre du jour, constituent l'une des questions les plus importantes en même temps que des plus intéressantes dont on s'occupe dans la colonie du Congo français.

Dès les premiers temps de l'organisation de notre territoire militaire du Tchad, — 1900-1901, — le gouvernement de la colonie se préoccupa de faire bénéficier les régions du Gribingui, de l'Oubangui et du Congo du bétail et des chevaux qui sont la principale richesse des musulmans pasteurs. Multiples étaient les raisons qui inspiraient le désir de l'importation de ces animaux : avant tout, la nécessité de pourvoir de viande fraîche les Européens, fonctionnaires et commerçants, condamnés, on l'a vu, à ne vivre guère que de produits conservés sous un climat déjà dangereux ; d'autre part, la présence de chevaux devait être partout très utile, en facilitant les relations entre les postes presque tous fort éloignés les uns des autres et en évitant aux administrateurs la fatigue de longues tournées à pied ; son plus grand besoin s'en faisait sentir sur cette ligne d'étapes de Fort-de-Possel à Fort-Crampel où il devenait possible de remonter les nombreux Européens qui constamment y circulent, souvent malades ou anémiés par un long séjour ; elle pouvait aussi remédier aux funestes conséquences du portage ; enfin l'implantation de chevaux et de bétail faisait espérer à juste titre une aide puissante à l'œuvre politique et économique en semant un intérêt dans l'existence de ces malheureuses populations et en supprimant peut-être ainsi parmi elles l'anthropophagie.

Pour aboutir à ces résultats si tentants, le problème est ardu ; et tout d'abord la distance : entre Fort-Lamy, région la plus septentrionale du territoire militaire du Tchad d'où partent les animaux, et Fort-Crampel, premier poste à approvisionner, mille à douze cents kilomètres ; entre ce même point de Fort-Crampel et les régions les plus méridionales du Tchad, Melfi, Laï, le Bahar-Salamat, sept à huit cents kilomètres. Les différents groupes d'animaux partis, soit de la rive droite, soit de la rive gauche du Chari, doivent joindre en premier lieu Fort-Archambault, après quinze, vingt, vingt-cinq jours de route, suivant le point de départ.

A Fort-Archambault la nécessité s'impose du changement des cadres de conduite ; il serait, en effet, impolitique d'exiger de musulmans à peine soumis un long voyage au milieu de peuplades complètement dissemblables en ce qui touche à la religion, au langage, aux mœurs, à l'existence matérielle ; il faut se résoudre à faire passer les troupeaux après quelques jours de repos, des mains de pasteurs experts dans les soins nécessaires, à celles d'indigènes du cercle de Fort-Archambault que l'existence dans leur région de quelques chevaux et quelques cabris seulement fait évidemment peu propres à remplir la mission réclamée d'eux. Sous la conduite de ces nouveaux guides, les animaux exportés se remettent en marche vers Fort-Crampel en empruntant une piste toute proche de la rivière Gribingui pour simplifier la question des abreuvoirs. Un minimum de vingt étapes est nécessaire à un troupeau placé dans ces conditions pour gagner Fort-Crampel ; quand il y arrive, les fatigues d'un mois et demi de route ou davantage, l'absence de soins intelligents, le changement de climat, de pâturages, ont amené un déchet déjà considérable ; les survivants sont remis en marche pour être répartis dans les postes de la ligne d'étapes et sous la conduite d'autres indigènes encore ; les mêmes facteurs de déchet subsistant, les pertes augmentent de jour en jour.

En définitive, depuis 1901, elles ont été de 70 à 80 % M. Landre vient de me montrer la plus grande partie des survivants ; Fort-de-Possel en a été le réceptacle parce que l'on a remarqué que c'était le point où le bétail a toujours le mieux résisté ; il y a quelques bêtes qui y vivent depuis cinq et six ans ; comme chevaux il n'existe que le sien ; il y en a deux ou trois autres à Krébedjé et autant à Nana et à Fort-Crampel. On n'a essayé qu'une seule fois, en 1902, de faire parvenir pour la consommation une trentaine de bœufs, d'abord par voie de terre jusqu'à Bangui, puis par chaland jusqu'à Brazzaville ; la moitié seulement y est arrivée.

Certainement ces résultats malheureux des efforts d'importation sont imputables en partie aux causes dont j'ai parlé plus haut, mais il en existait une autrement grave et que l'on n'a connue que fort tard : la piqûre de la mouche tsé-tsé. J'ai dit qu'il y a un an l'attention s'était portée d'une façon spéciale sur ce fléau du Congo, la maladie du sommeil ; les recherches ont abouti à cette conclusion entre autres que l'agent propagateur du terrible mal, la tsé-tsé, servait également de véhicule à un virus mortel aux animaux ; sans doute, dès que nous nous sommes établis au Tchad, nous avons appris des indigènes que, dans quelques régions, à cause de la présence d'une certaine mouche, les troupeaux ou les chevaux ne pouvaient pas vivre ; mais les soucis d'une occupation militaire à ses débuts ne permirent pas une enquête sérieuse ; de plus, la tsé-tsé est relativement rare au Tchad, alors qu'elle pullule dès qu'on arrive vers le Gribingui.

Voilà posé le problème avec toutes ses difficultés ; sont-elles insurmontables ? Faut-il renoncer à toutes les espérances que permettait de concevoir cette importation d'animaux ? — Certainement non, à mon avis. La cause principale de la mortalité est la tsé-tsé ; tout animal infecté par sa piqûre meurt dans un délai plus ou moins long, et à de rares exceptions près c'est un fait certain, mais ce qui est non moins certain, on le sait par les observations des commandants de poste, par celles des voyageurs, — j'aurai l'occasion de le faire constater bientôt, — et surtout par les dires des indigènes, c'est que la tsé-tsé n'existe pas partout, qu'elle se localise à certains endroits : dans le territoire militaire j'ai commandé pendant de longues périodes des détachements nombreux de cavalerie au Kanem, au Dagana, jamais je n'y ai eu un cheval infecté ; par contre, des obligations de marche en colonne m'ont fait passer dans les parages de la lagune Fitri ; immédiatement j'ai constaté les signes bien caractéristiques de la piqûre de la mouche et j'ai perdu des chevaux. Mes camarades qui ont été à la tête du poste de Melfi savent qu'alors que tous les animaux s'y portent bien, il ne faut pas songer à se rendre en tournée avec un cheval du côté de Boli, qui n'est qu'à une quarantaine de kilomètres, ce serait le condamner. Je pourrais multiplier les preuves en ce qui concerne le territoire du Tchad, où les postes sont nombreux, changent assez souvent d'emplacement, où les indigènes pasteurs sont les premiers intéressés à connaître les endroits fréquentés par la tsé-tsé ; on ne connaît pas ses domaines dans la région du Gribingui parce que la population y est très clairsemée, qu'elle ne possède pas d'animaux, que les postes y sont très rares ; c'est là qu'il y a un travail, un gros travail certes, à fournir ; mais le jour où on y aura repéré, tout comme au Tchad, les secteurs dangereux, il ne sera pas bien difficile de tracer une route sûre pour faire arriver les animaux indemnes dans ceux des postes de la ligne Crampel-Possel que l'on sait exempts de danger ; sans doute, il faudra se ménager d'autres garanties de succès : établissement de nombreux gîtes d'étapes avec abris, abreuvoirs, réserves de fourrages et de grains, voyages à toutes petites étapes, de nuit, avec des conducteurs sûrs et surtout intéressés à la réussite de leur mission par l'appât de bonnes récompenses, etc. ; les postes garnis, il restera à faire petit à petit le même travail de découverte dans leurs environs ; on peut bien compter aussi que dans quelque temps les travaux des « missions de la maladie du sommeil » aboutiront à des mesures prophylactiques contre la tsé-tsé, tout comme il en a été pour le moustique ; enfin il y a un exemple fort encourageant : c'est celui des pères de la mission de la Sainte-Famille, située à une petite journée de Fort-de-Possel sur l'Oubangui : depuis huit ans ils y ont acclimaté une centaine de bœufs, une trentaine de chevaux et d'ânes, plusieurs centaines de moutons et de chèvres ; tous ces animaux, importés des régions du Tchad ou de celles à l'est de Fort-Crampel, se portent bien dans des écuries et des étables bien conditionnées, aérées, appropriées au pays. Le père Moreau, qui est à la tête de la mission, a donné tous ses soins à l'établissement de bons pâturages ; il a implanté quelques nouvelles herbes fourragères : en saison des pluies, les animaux sont nourris avec du foin récolté à la bonne époque.

Ce qui prouve que la question continue à être l'objet de toute la sollicitude du gouvernement du Congo, c'est que M. Merwart, lieutenant-gouverneur de l'Oubangui-Chari, vient d'annoncer à son passage qu'un crédit annuel de douze mille francs était ouvert au commandant de Fort-de-Possel pour la création et l'entretien d'une ferme modèle où seront soignés les animaux arrivés sains et saufs et où il sera tenté des essais d'acclimatation de plantes fourragères d'Europe.

M. Landre me dit que nous sommes à Possel pour quatre jours au moins ; les villages les plus rapprochés ont fourni récemment un contingent de porteurs et il a été obligé de faire chercher les nôtres à plus de deux journées de marche.

Nous occupons notre temps à remettre de l'ordre dans les bagages, à répartir effets et vivres en charges de vingt-cinq kilos. Il a fallu organiser un vaste séchoir, tout se ressent encore de l'inondation de l'Oubangui ; même nous avons constaté de nouvelles pertes.

Depuis deux jours, je sentais sous le pied gauche des démangeaisons continuelles avec sensation de brûlure ; j'ai fait passer une inspection par Tourgou... Je m'en doutais, c'est une puce chique qui a établi là son domaine. Cette puce chique (*pulex penetrans*, l'appellent les naturalistes) est encore un fléau du Congo : c'est un insecte assez semblable à la puce ordinaire, un peu plus petit et qui vit habituellement dans le sable ; mais, quand la femelle a été fécondée, elle se met en quête d'un pied humain pour y déposer ses œufs en sécurité ; rarement elle cherche plus haut ; le plus souvent elle va se loger entre les doigts ou dans le voisinage des ongles, où la peau est plus tendre.

Une fois qu'elle a pratiqué son gîte, elle pond les œufs qui sont contenus dans une poche de la grosseur d'un pois ; la puce elle-même devient alors presque imperceptible. Au moment où elle pénètre, le sujet ne ressent pas de sensation douloureuse, mais au bout de quelques jours il se forme un abcès qui occasionne de cuisantes démangeaisons. Pour se préserver de ces désagréables bestioles, qui pullulent, il est indispensable de se faire visiter les pieds chaque jour.

Quand le boy en a découvert une, il s'arme d'une épingle et soulève la peau tout autour du nid ; puis il l'enlève, en ayant soin de ne pas crever la poche aux œufs.

Les pieds nus des indigènes offrant à la chique un terrain d'opérations autrement accessible, elle leur accorde ses préférences ; aussi voit on dans tous les coins des groupes de patients accroupis, une jambe en l'air, les poings aux fesses, s'opérant à tour de rôle.

Ce petit animal est un cadeau des Américains ; ils nous avaient déjà donné le phylloxera en France en 1868 ; récemment, ils nous ont encore doté du mildiou ; les premières chiques — j'emprunte le détail à M. de Mandat-Grancey, qui conta de façon si spirituelle un voyage à Brazzaville — débarquèrent en 1872, au port portugais d'Ambriz, un peu au sud de l'embouchure du Congo, portées là par un navire venant du Brésil où il avait pris comme lest du sable dont il se débarrassa à l'arrivée en le jetant sur la plage. Les chiques se multiplièrent, au grand dommage des pieds des nègres, qui ne comprenaient rien à ce qui leur arrivait ; puis, après s'être propagées sur le littoral, se mirent à faire en sens inverse le voyage de Stanley ; en 1885 on signalait leur apparition au Stanley-Pool, en 1892 au lac Victoria et en 1897 à Bagamoyo, sur la côte est ; elles avaient traversé l'Afrique en moins de trente ans. Les voici, à présent, qui veulent en faire autant sur l'itinéraire de la mission Foureau-Lamy : ainsi en 1904, à mon premier voyage, on ne les rencontrait guère au delà de Fort-de-Possel ; aujourd'hui, il paraît qu'elles sont rendues à Fort-Archambault ; en moins de trois ans elles ont donc couvert dans cette nouvelle direction environ sept cents kilomètres ; nul doute qu'à bref délai, elles gagnent les zones sablonneuses du lac Tchad, et là, comme bien l'on pense, elles vont se reproduire à cœur joie ; il faut donc s'attendre à les voir apparaître au premier jour sur le littoral algérien. Il n'est pas douteux que de sa liaison déjà réalisée, côté ouest, avec le pays noir, cette malheureuse Algérie ne récolte bientôt aussi la maladie du sommeil, le ver de Guinée et d'autres maux encore ; il est vrai qu'elle se vengera, ce n'est pas moins certain, en inoculant aux nègres la typhoïde, la tuberculose, la scarlatine, la gale et *tutti quanti* qu'elle doit à son voisinage avec les gens d'Europe et dont les bacilles n'ont pas encore trouvé le chemin des tropiques.

Nos porteurs et les pagayeurs sont là ; nous partirons demain matin. Nouvelle accueillie avec joie ; le temps n'en finit plus dans cette inaction sous un toit de paille. Tout de suite nous avons commencé le chargement de nos caisses dans la pirogue qui les portera à Krébedjé par la Tomi, un tronc misérable d'une dizaine de mètres, avec des fissures plein le fond mastiqué à la terre glaise encore. Seize charges seulement partiront avec nous deux : les lits, les tentes, des caisses de vivres et de linge.

Cet après-midi est arrivé le capitaine Cornet, de l'infanterie coloniale, venant du Tchad et rapatrié; il nous a donné des nouvelles fraîches du territoire militaire; il était en service dans le Kanem, au nord du lac, et a quitté son poste il y a deux mois, après avoir pris part, en février-mars, à une colonne composée d'un détachement de méharistes et d'un peloton de spahis, mon ancien peloton, qui s'est emparé de la Zaouïa d'Aïn-Galakha, dans le Borkou; du côté de l'est, vers le Ouadaï, il y a eu aussi des affaires sérieuses. Pendant deux heures nous avons mis à contribution le capitaine Cornet pour quantité de détails. Comment ne pas avoir un mouvement d'humeur contre notre locomotion retardataire? Partir vite, brûler des étapes! Trouverons-nous encore sans cela de la besogne à faire!

18 août. — Nous voici en route *pedibus cum jambis* sur le sentier qui mène à la première étape, Botinga. La piste est bonne, de l'argile et un peu de sable avec des affleurances de ce grès ferrugineux qu'improprement les profanes appellent *latérite*. On a débroussé à droite et à gauche, mais les tronçons des herbes et des joncs sont tellement acérés que le sentier seul est praticable; on y marche à la file indienne.

J'ai fait passer les porteurs devant. Chacun a, suspendue à l'épaule, une besace contenant des vivres, plus un briquet, du tabac en rouleaux, une pipe en terre avec tuyau en fer et un couteau de jet : c'est une lame de fer de quarante à cinquante centimètres recourbée en crosse à l'extrémité; la partie droite de la lame est garnie de deux branches perpendiculaires. D'après renseignements, l'arme, au combat, est destinée à être envoyée dans les jambes des adversaires.

Quelques-uns vont à tout petits pas, d'autres à grandes enjambées, d'autres trottinent, le postérieur ensellé, les jarrets fléchis. Tous ont le cou rentré dans les épaules, tassées sous le poids de la charge qu'ils maintiennent successivement avec la main droite ou gauche, le bras qui est libre s'agitant en balancier pour aider la marche. De temps à autre, ils échangent leurs charges; il est remarquable qu'ils préfèrent porter trente kilos sous un petit volume que vingt sous une forme allongée; les sacs contenant les lits et les tentes, par exemple, ont le moins de succès. Je les laisse libres d'aller à leur guise, de s'arrêter où et quand ils veulent, au lieu de leur imposer la marche en groupe avec halte au commandement; je me suis toujours bien trouvé de cette méthode et jamais il ne m'a manqué une charge à l'arrivée.

Les boys suivent, portant nos fusils; de Villeneuve et moi en arrière-garde. Il y a eu tornade cette nuit ; de la terre mouillée s'élèvent des relents de moisi ; la chaleur est tellement humide que les hommes sont en nage et nous aussi.

Il existe un changement très frappant dans la végétation arborescente ; les arbres ne dépassent plus une dizaine de mètres, excepté sur les berges des petites rivières que nous franchissons fréquemment, affluents de la Kémo ou de la Tomi. Beaucoup d'espaces broussailleux ou avec de grandes herbes. Des quantités de termitières, isolées ou adossées à des troncs d'arbres, les unes très hautes, deux à trois mètres et de forme conique, d'autres affectant celle de colonnettes ou encore, ce sont les plus nombreuses, ressemblant à un volumineux champignon. Mais on ne voit pas ici les groupements bien curieux que j'ai trouvés dans le pays des N'gamas, au cours d'un voyage que j'y fis en 1904, en allant de Fort-Crampel à Fort-Archambault : des centaines de cônes très élevés, couvrant des étendues d'un kilomètre carré, donnant tout à fait l'impression d'un gigantesque cimetière.

Odieuse, la bestiole architecte de ces édifices ; j'ai dit son goût pour les traverses de chemin de fer et les poteaux télégraphiques ; tout lui est bon ; c'est inouï : déposez une caisse en bois sur le sol d'une case, le lendemain vous la trouverez sans fond ; suspendez un fusil par sa bretelle à un poteau de soutien du toit, peu d'heures après l'arme sera par terre ; laissez des vêtements à sa portée, vous n'en recueillerez plus que des loques. Les voilà, les vraies bêtes féroces des tropiques ! Ce qui permet de se mettre en garde contre ce formidable appétit, c'est qu'aussi prévoyantes que les congénères d'Europe, les fourmis d'ici ne s'attaquent jamais à une proie sans avoir maçonné dessus des galeries où elles emmagasinent le produit du travail de leurs mandibules ; le procédé de sauvegarde qui découle de cette habitude est de placer les caisses sur des bouteilles dont la surface lisse ne leur permet pas de grimper ; des bouteilles encore, enfilées sur des baguettes, servent de porte-manteaux ; on préserve ses papiers sur sa table au moyen des mêmes protecteurs.

Les monticules de formes diverses que je décrivais ne sont que les déblais rejetés pendant les travaux de terrassements des galeries souterraines qui s'étendent à dix et quinze mètres de la périphérie.

Je lisais que, dans un port des Indes, un vaisseau de bois ayant coulé subitement, on s'aperçut un peu tard que les termites en avaient rongé la plus grande partie du fond. A la Rochelle débarqua un jour une de leurs colonies qui avait pris passage en même temps que la cargaison de marchandises sur un paquebot venant d'Afrique. Fort embarrassée une fois à terre, elle s'avisa d'aller se loger à la préfecture même. Elle jeta son dévolu sur les sous-sols qu'elle mina, puis grimpa jusqu'à la salle des Archives. Lorsqu'on s'avisa de la présence des émigrants, il était trop tard ; on ne retrouva que des papiers réduits en débris spongieux; l'archiviste en fit une maladie.

Après nos deux mois de voyages sur l'eau nous manquons totalement d'entraînement. Près de cinq heures pour faire vingt-deux kilomètres ; à l'arrivée, vers midi, les jambes nous rentrent dans le corps, nous sommes cuits, et à plat ventre nous happons avec délices l'eau claire qui coule au pied du poste.

Décrire Botinga n'est point long, et c'est décrire tous les autres petits postes de la ligne : deux cases pour les passagers, une ou deux pour les miliciens-gardes, un hangar-abri à l'usage des porteurs. Ces constructions, en torchis et paille, entourent une cour centrale au milieu de laquelle est le mât de pavillon; autour, des plantations de manioc et d'arbres fruitiers. Tout cela, il faut le dire à la louange des administrateurs, bien entretenu et bien organisé. Des corneilles à ventre blanc et de grands vautours chauves font la corvée de quartier, les unes sautillant, les autres avec des allures hypocrites et se dandinant lourdement : ils visitent tous les coins, où ils font placenette, attablés par couples autour des détritus de toutes sortes ; courez-leur après, ils marchent quelques pas très dignes, avant de prendre leur vol et se redressant comme froissés dans leurs prérogatives de familiers de l'endroit. Aux heures les plus chaudes du jour, tout ce monde puant va digérer sur les branches mortes des arbres de l'esplanade qui prennent l'aspect de grands perchoirs à dindons, animaux dont les vautours au repos ont tout à fait les formes.

19 août. — Le sentier, tordu comme un grand serpent blanchâtre, se faufile en détours innombrables ; il pique à droite, à gauche, caprices bien inutiles le plus souvent et incompréhensibles ; ici il dessine une boucle de cent pas pour éviter une souche ; plus loin, il s'enfuit au fond d'un ravin et escalade sans désemparer l'autre côté. La végétation arborescente alterne avec des prairies humides ou de la brousse sèche, au-dessus de laquelle des débris d'arbres calcinés dressent çà et là leurs bras noirs décharnés, rongés par l'incendie.

Cette question des incendies allumés par les indigènes a été l'objet de nombreuses controverses : on ne peut encore leur reprocher, dans le Gribingui, comme au Sénégal et au Soudan, de détruire les poteaux télégraphiques ; mais il est certain qu'ils appauvrissent un pays, détruisent beaucoup d'essences commerciales, modifient en mal le régime des eaux ; d'autre part, il faut dire, pour la défense de l'indigène, que, très mal armé, il est obligé d'y recourir pour la chasse, pour créer l'emplacement de ses villages et de ses plantations dans un pays à végétation intense ; et puis, les reptiles et les insectes malfaisants y sont en tel nombre que, vraiment, on peut se demander comment les noirs y résisteraient si le feu n'en détruisait d'énormes quantités.

Les arbres en lisière de l'incendie qui n'ont pas été entièrement la proie des flammes et repoussent ensuite, rachitiques, subissent une modification curieuse : ils se font une véritable cuirasse d'une écorce étrangère à leur essence vivant en condition normale ; cette nouvelle enveloppe est bosselée, rugueuse, de teinte rougeâtre. Dans les secteurs incendiés les restes du tronc calciné vivant toujours par les racines plongées dans un sous-sol humide poussent des rejetons qui s'élèvent, sous l'influence de la saison des pluies, jusqu'à deux mètres de haut en une seule saison et forment cette brousse que nous rencontrons à chaque instant et qui disparaîtra bientôt sous la morsure d'autres feux.

Nous avons traversé, au cours de notre étape, trois rivières coulant vers la Tomi dans des sillons profondément entaillés, larges de trois à six mètres, à pente rapide des deux côtés ; les galeries qui bordent ces rivières ont encore la splendeur de celles des bassins du Congo et de l'Oubangui ; on y retrouve des arbres de trente et quarante mètres de hauteur, avec le même enchevêtrement de lianes dont beaucoup donnent du caoutchouc. Ces galeries dépassent rarement deux cents mètres de large ; des palmiers, des plantes grasses, des fougères vivent sous ce couvert imposant où quelques rayons seulement filtrent à travers les blessures du feuillage ; les oiseaux y piaillent à toute gorge, des compagnies bruyantes de singes jouent à l'escarpolette ou, graves, se font mutuellement toilette ; d'autres nous comblent de grimaces ; il y en a de roux et de tout noirs avec un grand manteau de poils blancs ; de gros rats passent leur frimousse à travers les racines. La vie est concentrée là, et ce n'est pas un contraste peu frappant avec le terrain avoisinant ; ce sont les endroits préférés de nos grandes haltes, ceux où nous pouvons jouir d'un peu de fraîcheur pendant que les porteurs se livrent à de complètes et copieuses ablutions. Un ponceau branlant est jeté sur le lit, fait de rotins posés sur un cadre que supportent des pieux fourchus, le tout attaché avec des lianes.

L'absence ou du moins la grande rareté de la grosse faune, ici encore, n'a pas pour cause la fréquentation de la piste ; les premiers explorateurs de ces parages n'y ont jamais signalé l'abondance inouïe d'animaux de toute espèce qui stupéfie à chaque pas le voyageur quittant Fort-Crampel pour remonter le Gribingui et le Chari jusqu'au lac Tchad, en même temps que cesse l'anthropophagie ; encore un détail qui semble bien me donner raison dans l'avis que les Congolais de la forêt équatoriale l'ont pratiquée par nécessité, comme ceux de cette région, du reste. A part l'éléphant, qui reste abondant, en particulier dans certains secteurs comme les M'brous, Krébedjé, Fort-Crampel, et la panthère très redoutée, les indigènes vous disent que la faune quadrupède d'une certaine taille n'est représentée que par le phacochère, ce gros et répugnant sanglier à verrues et deux ou trois variétés d'antilopes dont les spécimens sont peu nombreux. Pourtant, dans cette forêt naine, il y a maintenant de l'espace, des pâturages ; très souvent les graminées nous montrent un vaste tapis régulier et vert comme celui d'une prairie normande ; il faut donc penser que les sombres massifs forestiers équatoriaux, trop proches encore, constituent un épouvantail qui garde éloignés les animaux.

Et toujours, le long de la piste, rien que des débris de cases. Là où M. Gentil, il y a dix ans, trouva une région si peuplée, il n'y a plus âme qui vive ; au rebours de ce qui se produit partout, c'est la route qui a fait fuir l'habitant.

Mieux en forme, nous avons marché ce matin à une allure de chasseurs à pied, si les chasseurs à pied avaient à fournir une étape sous le soleil des tropiques ; partis à six heures, nous étions avant dix heures aux M'brous. Les porteurs sont arrivés à midi seulement et, les charges à peine déposées, ont disparu comme par enchantement, de peur d'être retenus pour une autre corvée. Nous passerons la journée de demain ici pour attendre une nouvelle équipe.

21 août. — Au point du jour, de Villeneuve est venu taper à ma moustiquaire, mais je ne puis me lever... la fièvre. Depuis hier matin, je la sentais venir, éreinté au moindre effort, ne fumant plus, l'appétit parti. Cette nuit, impossible de fermer l'œil.

Ai-je été assez orgueilleux de ma belle santé, confiant dans ma longue résistance ! Deux ans et demi passés sans connaître un accès, rentré en France absolument indemne, croyant presque à l'exagération de tant d'autres moins heureux qui m'ont précédé. Cette fois, un petit avertissement déjà sur le Congo, un autre sur l'Oubangui, sans que j'y attache d'importance; et elles en avaient pourtant ces alertes ; elles me soufflaient : « Attention, ne te crois pas invincible : l'ennemi sape les murailles et pourrait bien surgir dans la place » ; aujourd'hui il y est : 39°, dit mon thermomètre ; l'accès bat la charge dans ma tête et mes reins, fait flamber ma gorge, agite ma poitrine comme un soufflet de forge.

Pourtant les porteurs sont là et c'est article trop précieux pour qu'on le lâche quand on le tient. Villeneuve part donc, emportant la majeure partie de mes charges avec les siennes. Je reste seul, avec l'angoisse de savoir si ça va durer longtemps ou si bientôt je pourrai remettre le cap au nord ; et je commence, avec de hautes doses de quinine et de chloroforme, l'attaque de l'ennemi des globules rouges.

Vers midi je me suis assoupi, quand le sergent sénégalais chef de poste fait irruption dans la case : « Mon lieutenant ! à un quart d'heure de marche d'ici, du côté de la Tomi, un troupeau de huit éléphants ! » La guigne ! même si on m'y portait, je n'aurais pas la force d'épauler ma Winchester.

24 août. — Arrivé aujourd'hui à Krébedjé à quatre heures de l'après-midi, en compagnie du capitaine Cellier. Il m'avait rejoint aux M'brous le 22, lendemain du départ de Villeneuve ; le 23, le mal ayant plié, je me suis remis sur mes jambes ; mais que ces diables d'étapes semblent longues lorsque l'estomac n'est plus garni que de thé ou de bouillon Maggi ! La vilaine sensation que d'ahaner, défaillant et altéré, sur ce ruban d'argile où les jambes pesantes flageolent, vous font buter à chaque souche. J'ai laissé loin derrière pour ces deux étapes depuis les M'brous les estimations les plus pessimistes en nombre de kilomètres. Aussi Krébedjé, où nous accueille Villeneuve, me paraît un Éden ; c'est réellement un des plus jolis postes de la région : créé en mars 1896 par M. Gentil, il reçut et a gardé officiellement l'appellation de Fort-Sibut, du nom d'un médecin de la mission mort en cours de route. Il est aujourd'hui chef-lieu de district, habité par deux administrateurs et un adjoint. Garnissant les faces d'un immense rectangle, des cases en briques cuites, des magasins, des hangars, le tout joliment construit, avec goût et respect des alignements. On y arrive par une belle allée bordée des arbres fruitiers habituels ; dans son prolongement, le camp important des smalah d'une trentaine de miliciens ; tout contre, un jardin d'essai organisé en 1902 par M. Martret, un membre de la mission scientifique Chevalier, mort d'épuisement l'année suivante à peine rentré en France. Il est des martyrs de toutes les sciences : M. Martet a pris place dans le martyrologe de la Botanique. Il réalisa le tour de force de transporter à Krébedjé dans des serres portatives plus de quatre cents espèces de plantes d'un peu tous les pays, entre autres des citronniers et des mandariniers d'Algérie, des bananiers de Chine, des caoutchoutiers du Soudan, des papayers du Mexique, et mit quatre mois, miné par la fièvre, avec l'aide d'une dizaine de manœuvres indigènes, à défricher quinze hectares et à y ensemencer ou y transplanter ses élèves étiolés par un séjour de plus d'une demi-année sous verre.

La plupart ont grandi tant bien que mal et auraient fait mieux peut-être si les herbes n'avaient grandi en même temps qu'eux ; on a eu d'autres chats à fouetter à Krébedjé que d'entretenir un jardin de quinze hectares. Il n'est donc pas possible de tirer des conclusions définitives de l'œuvre courageuse de M. Martret; d'autre part, l'utilité en est contestable; les jardins d'essai ont assurément leur valeur dans un pays où doivent venir des colons; passe d'en créer sur la côte occidentale d'Afrique, où l'on peut en admirer à presque toutes les escales, mais l'installation à Krébedjé en était tout au moins prématurée et le moindre potager y ferait certainement mieux l'affaire de ceux qui y séjournent ou y passent.

L'un des grands côtés du jardin est bordé par le ravin de la Tomi, ruisseau paisible en saison sèche et en ce moment torrent impétueux aux eaux sales ; notre pensée, à sa vue, va instinctivement à la pirogue qui en remonte le courant, portant nos bagages. M. l'administrateur Lamy, commandant du district, nous affirme qu'elle ne peut être ici avant huit jours au plus tôt. Patience est vertu d'Africain ! et nulle part plus que dans ce pays il ne faut s'efforcer de réaliser l'inertie, le mépris du temps innés chez les nègres qui l'habitent.

A peine suis-je venu m'échouer, rompu, dans le pied-à-terre qui m'a été désigné, qu'un grand garçon noir est accouru. C'est un de mes anciens spahis, un Arabe nommé Sadallah. Il m'a raconté que, son engagement terminé, il s'était retiré à Fort-Lamy; un soir qu'il avait bu trop de « mérissé », il s'est disputé avec un camarade et, en jouant du couteau, a frappé un peu fort; l'autre en est mort ; puis, une patrouille de tirailleurs étant survenue, Sadallah lui a distribué force horions; ces méfaits lui ont valu d'être envoyé en pénitence à Krébedjé; c'est un lieu de déportation connu avant lui de personnages de marque : ainsi, à mon passage il y a trois ans, j'y ai trouvé Niébé, fils du fameux sultan Rabah ; à Fort-de-Possel, quelques jours auparavant, j'avais rencontré le sultan Acyl, aujourd'hui rentré en grâce et notre candidat au trône du Ouadaï. Au fait, pour ces villégiatures obligatoires, le pays est parfait; les déportés peuvent y être laissés libres de leurs allures, sans aucun souci pour leurs surveillants; ils n'ignorent pas que toute velléité de fuite, qu'ils ne pourraient tenter qu'en dehors de la ligne des postes, les expose à tomber fatalement dans les mains de gens qui ne laisseraient pas passer l'occasion de goûter à un rôti musulman. Malgré la liberté relative dont ils jouissent, la peine est considérée dure par les musulmans du Tchad : aux soucis résultant de l'exil du pays natal, de l'éloignement de la famille, dont le sentiment est très vif chez eux, s'ajoute l'humiliation de la promiscuité avec des « savages », comme dit Sadallah, qui en a encore pour six mois et compte les jours.

Des puces chiques ! de véritables légions de puces chiques ! elles grouillent dans le sol argileux de nos cellules ; on les voit prendre leurs ébats. Ce matin Tourgou m'en a enlevé six, trois dans chaque pied ; le capitaine Cellier et de Villeneuve ont dépassé la douzaine à eux deux ; notre case est devenue un véritable amphithéâtre de dissection.

M. Lamy est fort affairé ; nous le voyons passer et repasser devant notre home, flanqué de négrillons qui portent des planchettes, un niveau, une chaîne d'arpenteur. Par courrier spécial il vient de recevoir l'ordre de dresser au plus tôt le plan de la gare de Krébedjé et dépendances, de préparer le logement et les vivres d'un millier de travailleurs recrutés dans le territoire du Tchad pour la construction de la voie ferrée, une vraie, tout comme celle des Belges. Encore le dada !... Faut-il donc y croire, que les millions sont venus et que le rail bienheureux va luire enfin ! Quelles perspectives pour notre retour en France dans deux ans : panaches de fumée des locomotives, joyeux coups de sifflet renvoyés par l'écho des gares remplaçant les postes actuels, les kilomètres dévorés par les wagons au lieu d'être mis péniblement bout à bout par nos pauvres jambes, les villages des indigènes souriants et rassurés piquetant la voie de fer (1)?...

Les lieutenants Ducrocq et Langlois nous ont rejoints le 27 ; le même jour, comme il s'est trouvé suffisamment de porteurs au poste, de Villeneuve, arrivé le premier, est, conformément à la règle, parti le premier ; le surplus de ses bagages suivra les nôtres.

Depuis deux jours, tornade sur tornade, liquidant des réserves emmagasinées le diable sait où. En flaques énormes les nappes d'eau inondent le sol, transforment les pistes en torrents, ravinent la cour du poste, puis se ruent vers la Tomi ; la rivière a monté la dernière nuit de 0 m. 70 et envahi le jardin de M. Martret. La pluie et les rafales s'en donnent à cœur joie par les hiatus de notre toit de paille ; l'eau dégouline sur les toiles de tentes que nous avons dû accrocher dans chaque coin pour préserver nos lits ; un petit marécage s'est formé au centre de la chambrée et les puces chiques affolées dansent la sarabande autour.

(1) Aujourd'hui rien n'est changé sur cette piste, et c'est toujours à pied que l'on joint ses deux extrémités.

Aucune nouvelle des bagages en souffrance sur la Tomi. Nous n'espérons certes pas les voir arriver secs; qu'ils arrivent seulement ! Ces jours inoccupés où l'on traîne sa vie, dont les minutes comptent doubles, sont d'une longueur dont le moral se ressent; les bras ballants, on devient mordant et grognon; l'existence est renfermée dans ces mots : les pirogues, les porteurs.

M. Lamy m'a appelé en consultation aux écuries du poste, où son cheval est malade. J'y en ai trouvé trois autres en fort bel état, dont l'un est à Krébedjé depuis deux ans. Chacun de ces messieurs possède le sien; il en est un en sus, que je me rappelle bien, baptisé le Borgne, un petit cheval à tous crins de Fort-Archambault, rogneux, qui ne marque plus d'âge et a perdu un œil à la bataille, d'un coup de sagaie. Il a résisté admirablement au climat depuis quatre années. Encore des exemples de la possibilité d'acclimatation des animaux du Tchad; s'il est mort tant de chevaux, deux à trois cents, sur cette voie d'étape, c'est surtout parce que l'organisation du service qui leur était imposé pour le transport des passagers était tout à fait défectueuse : locaux insuffisants, fatigues trop grandes, manque de soins de leurs cavaliers d'occasion, blessures produites par des harnachements de fortune. Il serait injuste d'incriminer les uns ou les autres; il faut seulement se rappeler que dans aucune autre colonie on n'eut à lutter avec rien contre tant de difficultés.

Il y a cinq jours la fièvre m'a repris; elle cède un peu aujourd'hui seulement. Le capitaine Cellier m'a soigné jour et nuit avec un dévouement dont je lui garde une vive reconnaissance. Et puis, un matin, j'ai vu arriver Sadallah près de mon lit : « Mon lieutenant, je suis allé cette nuit jusqu'à un village au chef duquel j'ai rendu service depuis que je suis à Krébedjé. J'ai pu trouver chez lui quatre œufs que je t'apporte. »

Mon brave Sadallah ! Avec quel plaisir je lui ai serré la main; dans ses yeux se lisait sa joie de me faire ce plaisir. Par Tourgou j'ai su qu'il a couru les pistes du coucher au lever du soleil pour me procurer cette friandise.

3 septembre. — Enfin ! trois pirogues contenant nos bagages à tous sont arrivées de concert, à la nuit tombante; il y a onze jours que nous les attendons et seize qu'elles sont parties de Fort-de-Possel.

Les porteurs sont là depuis vingt-quatre heures ; M. Lamy fixe le départ à demain matin. Malgré mon état de faiblesse, je ne veux pas rester après les camarades. Le capitaine Cellier obtient que le Borgne me sera donné ; je n'avais sans cette aubaine que la ressource du transport dans le hamac baptisé *tippoy*, un filet suspendu à deux bambous, porté à tête d'hommes et dont la maladresse des porteurs fait un instrument de supplice.

4 septembre. — Grand remue-ménage ce matin dès l'aube : les miliciens amènent les porteurs en file, cent dix pour nous quatre, aident les boys à aligner les caisses au dehors, placent chaque homme devant la charge qui lui est destinée. Nos nouveaux porteurs sont de race Mandjia; ils ont le sac habituel à l'épaule, mais, au lieu du couteau de jet, un arc et un carquois ; plutôt petits de taille, très maigres, ils ont tous les narines percées et dans les trous sont implantés des cylindres de corail ou seulement de bois ; quelques-uns ont aux oreilles de longues pendeloques faites de dents d'animaux ; il en est qui laissent pousser leur barbe au menton; comme il tombe un épais brouillard et qu'il fait presque frais, ils ont prélevé sur les feux de la nuit des tisons qu'ils promènent, pour se réchauffer, du bout du nez à l'abdomen.

Le signal donné de l'enlèvement des colis a été suivi d'une bousculade générale : chacun avait guigné le sien à l'avance et s'est précipité dessus, se fichant de la répartition faite : un fourmillement, des remous noirs, un brouhaha rageur, coups de pieds, de poings, cantines en fer dégringolant avec fracas de dessus les têtes sur lesquelles elles étaient déjà posées ; il a fallu qu'une demi-douzaine de miliciens s'en mêlent pour calmer cette fièvre et arriver à ce but qui paraît si simple, donner sa charge à chacun.

La Tomi est large d'une trentaine de mètres en ce moment : on la traverse au moyen d'une pirogue en guise de bac ; le Borgne a passé à la nage ; Sadallah me l'a sellé, puis m'a aidé à me hisser dessus; je prends les devants afin de gagner l'étape avant la grosse chaleur.

Au lieu du sentier habituel, c'est, à partir de Krébedjé, une véritable route large de six mètres que j'ai vu commencer il y a trois ans par l'officier d'administration d'artillerie Dagan, toujours dans l'espoir que le rail ne tarderait pas à y luire.

Il y a un changement sensible dans la topographie du pays, on s'en rend bien compte arrivé sur un piton à une demi-lieue du poste de M'poko : c'est un chaos de croupes s'enchevêtrant à des ondulations ou des mamelons boisés avec des tons jaunes, violacés, feuille morte, parmi lesquels se détachent quelques espèces plus sombres qui rappellent nos touffes de lauriers ou de chênes-verts. Une pluie fine tombe, le ciel est plombé ; la température, étant donnés mes vêtements de toile, semble basse au point que je supporte mon imperméable ; on se croirait en France au commencement de l'automne. Dans le lointain les ondulations se confondent avec un long pli de terrain, c'est la ligne de partage des eaux entre les bassins du Congo et du Chari.

La différence générale de topographie a comme conséquence un changement appréciable dans les abords des thalwegs : les rivières coulent maintenant au fond de ravins de dix et quinze mètres de profondeur : on arrive brusquement sur le bord ; au cours de cette étape, il m'a fallu mettre pied à terre pour descendre sur le derrière en m'aidant de racines et remonter de l'autre côté sur le ventre une vraie montée de chèvres à travers les affleurements de latérite qui sont partout beaucoup plus sensibles ; j'en vois des blocs énormes ou des quantités de fragments, de formes sphériques très régulières, semés là comme des boulets sur un champ de bataille.

11 septembre. — Arrivés à Fort-Crampel, vingt-cinq jours après le départ de Fort-de-Possel. Je ne décris pas les cinq étapes fournies depuis la M'poko ; elles furent semblables aux précédentes, uniformes comme le pays traversé.

Aux Ungourras nous avons laissé Ducrocq et Langlois obligés de rester en arrière faute de porteurs. J'ai repris la piste avec le capitaine Cellier et c'est encore le *shake-hand* de Villeneuve, toujours en pointe, qui nous a souhaité la bienvenue ici.

Combien de temps y resterons-nous ?... Il faut attendre qu'une baleinière vienne de Fort-Archambault, et il n'y en a que six pour assurer le service dans le bief.

Le Gribingui, qui coule à deux cents mètres du poste et forme, après sa réunion avec le Bamingui, le fleuve Chari, est coupé de rapides et innavigable en amont. De Crampel au confluent, baleinières et vapeurs peuvent y naviguer, les unes, toute l'année, les autres, d'août à décembre. La flottille à vapeur du bassin du Chari est représentée par le *Léon Blot*, long de dix-huit mètres, amené par M. Gentil à sa première exploration et son sosie le *Jacques d'Uzès*, transporté pièce à pièce au cours de l'année 1905. En lamentable état et faute de pièces de rechange, ces deux petits bateaux n'assurent leur service que de façon très irrégulière sur le Chari entre Fort-Lamy et Fort-Archambault, qu'ils ne dépassent qu'en cas d'urgence. Le nombre des baleinières étant tout à fait insuffisant et la plupart étant à la limite de leur durée, approvisionnements, passagers et courriers attendent quelquefois ici des semaines entières le boat qui doit les mener jusqu'à Fort-Archambault. Un lieutenant et un sergent d'infanterie coloniale viennent d'y passer vingt-sept jours ; la perspective d'y rester seulement la moitié de ce temps n'a rien qui séduise ; l'aspect de Fort-Crampel n'est pas tentant ; le poste, dirigé par deux administrateurs, est bâti au pied du Bandero, un seul et gigantesque bloc grisâtre, éperon terminal d'une chaîne de collines qui s'éloigne vers l'est, au sommet tout rond, avec des flancs dénudés et luisants ; on dirait un énorme crâne chauve ; tout autour la brousse insoumise. Surchauffé par le soleil pendant le jour, le roc renvoie sa chaleur comme un vrai calorifère, le soir venu. Le séjour a la réputation d'être le plus pénible et le plus malsain de la région ; peut-être doit-il ce mauvais renom à ce qu'il marque à peu près la moitié de la route entre France et Tchad et que les voyageurs y arrivent dans un état de fatigue qui offre un terrain plus propice aux accès pernicieux. Il est certain qu'on y est mort beaucoup ; c'est ce qu'attestent les nombreux tumuli, informes, plus ou moins effrités, tristement semblables, avec quelques galets de latérite posés dessus, misérables monuments du champ de repos tropical qui frappent toujours les premiers la vue à chaque point où les blancs séjournent ou séjournèrent. A leur tête est une croix en fer du « Souvenir français » avec le nom et l'âge de celui qui repose dessous, ou, plus modestes, deux planchettes inhabilement jointes, à l'inscription vite rongée par le soleil et l'eau. Ci-gisent deux administrateurs morts à leur poste ; tout près, un lieutenant et un sergent d'infanterie, un maréchal des logis d'artillerie tués par la bilieuse hématurique en cours de route sur le Gribingui ; plus loin, des collaborateurs de Gentil, puis des tirailleurs, un maréchal des logis de spahis algériens, partis de Biskra avec la mission Foureau-Lamy et tombés là, vidés, à bout de souffle, après ce raid gigantesque de deux années à travers les sables du Sahara et les plateaux du Tchad. Dominant tous ces monticules, d'un peu plus de terre rougeâtre et d'un peu plus de galets, les mausolées de Crampel et de son second Biscarrat, assassinés à une centaine de kilomètres au nord en 1881, sur les ordres du sultan Senoussi, pour s'emparer des trois cents fusils de la mission, fin tragique restée longtemps mystérieuse, mais sur laquelle la patiente enquête du capitaine Julien, résident de France près du sultan à Ndélé en 1901, a fait le jour exact et complet. Senoussi, le plus entreprenant des marchands d'esclaves du centre africain, aux États limitrophes du Ouadaï et du Dar-Four, les deux seuls pays, avec le Maroc, où subsistent des gouvernements esclavagistes, a acheté l'oubli du passé au prix d'une soumission fort peu sincère. A trois cents kilomètres des premiers postes du territoire militaire, Fort-Crampel est à la merci d'un groupe des deux mille fusils à tir rapide du sultan ; les deux mauvaises pièces de canon que possède le poste aideraient sa petite garnison de miliciens à succomber honorablement.

Le Gribingui, qui n'a que vingt-cinq à trente mètres de large aux basses eaux, est en ce moment démesurément grossi ; la crue a atteint six mètres et la rivière remplit le ravin sur une largeur de plus de cinquante.

Le 15 à midi, pendant notre déjeuner, arrive une baleinière portant le sergent Doucet, du bataillon du Tchad, rapatrié. C'est une vraie chance; le Bandero nous rôtit depuis quatre jours seulement. Le sergent confirme ce que nous a dit le capitaine Cornet de la situation militaire là-bas, et avec d'autres détails : des engagements un peu partout au Kanem, du côté du Ouadaï ; il ne nous en restera plus ! L'équipe du boat ayant soufflé jusqu'à la fin de l'après-midi, aussitôt après nous la réquisitionnons pour cette assommante manipulation des caisses à placer de façon qu'une fois embarqués nous ayons sous la main l'indispensable sans être obligés de bousculer à tout bout de champ le chargement.

La baleinière est du même gabarit que celles de Bangui ; tant pis ! il faudra bien que nous nous y casions tous trois. C'est d'autant plus délicat que les bateliers ne sont plus du type squelettique yakoma, mais des Kabas de Fort-Archambault, des colosses d'un gabarit superbe, gros, gras, larges, épais, à la bonne face épanouie et avec des torses et des biceps à remplir les cartons des futurs Delacroix qui passeront par Fort-Archambault. J'ai une taille au-dessus de la moyenne et, pour parler à la plupart de ces gaillards, je suis obligé de lever le nez ; tout à l'heure, trois d'entre eux qui font partie de la famille de Tourgou, m'ayant été présentés par lui, j'ai eu la curiosité de les mesurer : j'ai noté un mètre quatre-vingt-neuf pour la taille du papa, un mètre quatre-vingt-dix sept pour celle d'un sien cousin ; le petit frère n'atteint encore qu'un mètre quatre-vingt-six. Pour tout vêtement ils n'ont que le tablier de peau décrit par Maistre, attaché aux reins par une ceinture. Mais ce tablier, au contraire de tous les tabliers du monde, est appliqué sur le postérieur ; au pays Kaba le souci de la décence est avant tout par derrière. Néanmoins, comme les principes existent aussi côté face et pour les sauvegarder... (vous me voyez bien embarrassé de poser cette feuille de vigne)... le Kaba, après avoir ouvert les jambes, pousse en arrière les choses de devant, les assujettit au moyen du tablier dont il ramène sur le milieu de l'abdomen une étroite languette qu'il fixe au ceinturon, puis referme les cuisses ; le voilà habillé, hermétiquement boutonné, sans que paraisse la moindre gêne dans ses évolutions, sans que les plus énergiques amènent le moindre accident de toilette.

DE FORT-CRAMPEL A FORT-ARCHAMBAULT

16 septembre. — En route, sur l'eau encore, mais de l'eau qui pousse cette fois. Le plat-bord ne dépasse pas le niveau de plus d'une largeur de main ; il faut surveiller tous ses mouvements ; nous nous sommes affranchis du poids du chimbek en le remplaçant par une toile de tente fixée sur quatre perches ; mais quelle diminution minime en comparaison de l'apport d'un troisième passager blanc et de notre équipe géante, bien qu'elle soit moins nombreuse d'un tiers que celle de l'Oubangui ! Un laptot sénégalais la commande et les *kabé, kabé* (en dialecte kaba : allez, allez) ont remplacé les *kaï* yakoma. Le courant vigoureux et la promesse faite aux Kabas d'une bonne récompense si le neuvième jour nous accostons Fort-Archambault, font que nous allons bonne allure sous une pluie fine, queue d'une tornade de cette nuit.

Fréquemment les berges sont sous l'eau ; quelquefois même la rivière inonde un faux lit de quatre cents à six cents mètres. Nous défilons alors entre deux lignes d'arbres immergés ; souvent des troncs tombés en travers barrent complètement la rivière au ras de l'eau ; on se demande comment la baleinière arrive à passer tout juste dessus ou dessous.

Puis des affleurements rocheux se montrent formant un soubassement à la futaie ; de grands arbres ont une telle quantité de racines à nu qu'ils sont, pour ainsi dire, suspendus, cramponnés à l'escarpement, victimes certaines d'une prochaine saison d'hivernage, donnant l'impression d'une chute là sur notre passage ; quelques racines horizontales énormes les maintiennent encore droits, projetant presque jusqu'à l'autre rive leurs longues branches touffues sur lesquelles s'enlacent des lianes dont les rameaux pendent jusqu'au niveau de l'eau ; des quantités de ruisseaux et de ruisselets descendent des pentes des rives en multiples cascatelles. Sur les arbres les plus élevés se voient des nids d'une charmante architecture, faits de brindilles, en boule, ou de forme ovoïde, ou encore ressemblant à une cornue au goulot très courbe ; l'entrée, un trou très petit, est sur le côté ou au-dessous, mais ce qui les particularise surtout, c'est qu'ils sont suspendus aux branches par des filaments de quinze à vingt centimètres de long ; certains arbres en portent cinquante, cent, balancés par la moindre brise, inattaquables aux reptiles ou autres animaux, fixés de façon tellement solide qu'ils bravent les rafales des plus violentes tornades, d'autant plus à craindre pour eux cependant qu'ils ne sont jamais placés à l'intérieur du feuillage, ni même au sommet, mais toujours à l'extrémité du branchage, nouvel indice de l'admirable instinct naturel de leurs architectes pour préserver leurs petits.

Comme toujours au bord de l'eau, des vols solitaires ou par troupes d'oiseaux au plumage bleu, écarlate, vert, rouge cendré, orange : cardinaux, geais, merles métalliques, martins-pêcheurs donnant tous les chatoiements de couleurs d'un soleil couchant, se poursuivant, se querellant, jacassant. D'autres, silencieux, guettent leur proie : cigognes blanches et noires, cormorans agitant avec inquiétude leur long cou à notre approche, ibis noirs et verts qui s'enfuient toujours devant en poussant leur couan-couan pleurard ; de temps en temps un caïman surpris dans son sommeil sur une souche se laisse bruyamment tomber à l'eau. Des quantités de singes : Villeneuve a tiré et blessé un gros cynocéphale, grand comme un enfant de dix ans ; il est venu tomber au ras de la baleinière et s'y est accroché d'une de ses larges mains velues, hurlant en montrant ses crocs de dogue et essayant de bondir jusqu'à nous ; il a fallu sortir les revolvers pour l'achever.

Aujourd'hui nous sont apparues pour la première fois les tsé-tsé ; elles sont très analogues à notre gros taon, avec cette différence que les ailes sont plus longues et repliées en cisaille. Leur attaque est subite ; un vol s'abat soudain ; voraces, silencieuses, agiles au point qu'il est difficile au patient d'user de représailles, elles ne laissent aucun repos. Nous nous enveloppons dans nos caoutchoucs sans pouvoir éviter toutes les piqûres, très douloureuses sur le moment. Les infortunés pagayeurs poussent des exclamations de souffrance en s'administrant par tout le corps des claques énergiques. Sur les dos noirs les plus voisins de moi je regarde l'ennemi opérer : quand elle se pose, la mouche le fait avec tant de légèreté qu'on ne la sent pas ; quelques secondes elle reste immobile, méfiante, l'aiguillon en arrêt ; puis, rassurée, elle écarte les pattes de façon que son ventre touche la peau et vivement implante sa trompe sans causer au début la moindre douleur, car la prévoyante nature lui fait sécréter, tout comme au moustique, un liquide qui insensibilise momentanément la piqûre ; elle suce ainsi tout à loisir ; ce n'est que lorsqu'elle est déjà repue que la victime ressent la douleur et souvent, lorsqu'elle

VUE DU GRIBINGUI.
(Photo lieutenant LUCIEN.)

Les pagayeurs à l'avant de la baleinière, parmi les branches de bois mort réservé au bivouac du soir.

porte la main à l'endroit piqué, elle rencontre encore la mouche grisée qui s'envole lourdement en faisant entendre des *tz... tz...* satisfaits.

L'invasion dure un quart d'heure, un peu plus, puis plus rien pour un certain temps, quelquefois pour toute la journée ; le supplice recommencera à différentes reprises le lendemain. On se rappelle ce que j'ai dit de la localisation de la tsé-tsé ; c'est indubitable, et la cause en est probablement qu'elle affectionne certaines plantes, ne vit qu'auprès d'elles ; il doit en être de même d'ailleurs pour les moustiques ; certainement ils prospèrent en général là où il y a de l'eau, mais quel est le voyageur africain qui n'a pas fait cette constatation pourtant : un soir, il bivouaque dans un endroit marécageux où il a redouté d'avance les insectes ; il se trouve que, la nuit venue, il y en a un, deux, quelquefois même pas du tout ; en revanche, à un autre campement sur de grandes étendues argileuses ou sablonneuses complètement sèches, il sera dévoré ?

Les berges sont maintenant plus hautes et plus dégagées ; des clairières passent, disparaissent ; des ruisseaux stagnants, foyers de fièvre, bien jolis pourtant dans leur écrin vert ; de petites criques, des lits de cailloux qui miroitent ; tout cela rappelant avec une singulière intensité de vision l'aspect des rivières de douce France et leurs ombrages hospitaliers des jours d'été ; on y cherche presque le bon pêcheur à la ligne qui contemple son bouchon en laissant l'eau couler et le temps s'enfuir ; ou le troupeau qui vient se désaltérer ; il semble qu'on va entendre le caquet du groupe de laveuses, les claquements énergiques de leurs battoirs, le gai tumulte des vannes du moulin ; un singe avec sa tête rageuse ou les écailles scintillantes d'un caïman qui plonge vous rappellent à la réalité. Pas un village sur les bords ; il y a longtemps qu'il n'en a existé. M. Gentil en signale déjà l'absence en 1897 ; la malheureuse population qui garnissait la rive droite, affolée, décimée par les razzias de Senoussi, de Rabah et autres a cherché un refuge bien loin même de la rive gauche.

De nouveau le Gribingui va fréquemment broussailler loin de son lit habituel ; nos campements sont par suite très difficiles à trouver le soir. Ainsi, hier, après avoir guetté pendant plus d'une heure le bon endroit au passage, il a fallu nous résoudre à nous arrêter, la nuit tombée, dans un petit recoin vaseux où l'on enfonçait jusqu'à la cheville et où nos trois tentes se touchaient, tendues incomplètement même, faute de place. Les noirs ont dû s'entasser à nos portes et y installer leurs feux de bois humide ; une brisette tiède rabattait sur nous la fumée et jusqu'à ce matin nous avons passé à l'état de jambons.

Les levers se ressentent de la situation ; l'aube venue n'amène pas ce frisson de la nature aux premiers instants du réveil; elle reste aussi raide, aussi engourdie que nous. Une épaisse brume flotte sur l'eau sale qui, toute la nuit, a rendu à l'atmosphère en buées chaudes et malsaines les ardeurs de la journée. La voûte des arbres ne permet au jour de s'y faire que tardivement; la rosée découle de partout, l'humidité pénètre et mord. Tout est visqueux, gluant; les cuirs moisissent; malgré toutes les précautions, les armes s'enduisent d'une couche de rouille ; nos vêtements suintent. Les Kabas, qui couchent littéralement amoncelés dans les cendres des foyers, ne sont pas jolis à voir : le vernis naturel qui fait luire d'habitude leur épiderme s'est changé en une teinte gris sale d'un piteux effet; en outre, le tablier est devenu le réceptacle de brindilles avec des débris de la pâtée de la veille.

L'embarquement dans le boat surchargé demande de grandes précautions : tous trois, nous gagnons d'abord nos pliants, puis la bordée des pagayeurs d'un côté fait contre-poids pendant que les autres se placent.

Nous avons croisé, à quelques instants d'intervalle, deux baleinières venant de Fort-Archambault : l'une portait l'adjudant sénégalais Yoro-Si, l'autre le capitaine Plomion, commandant la 3e compagnie du bataillon du Tchad et un ouvrier sellier européen de l'escadron de spahis, ces derniers rentrant en France; cela m'a fait plaisir de revoir une veste rouge et d'apprendre avec certitude les emplacements actuels des diverses fractions de l'escadron ; me voici à peu près fixé sur la portion du territoire où je vais être dirigé à mon arrivée à Fort-Lamy; le capitaine Plomion nous a fait le récit des affaires contre les Ouadaïens qu'il a commandées, ayant sous ses ordres les lieutenants Lebon et de Jonquières; nous avons donné de notre côté les dernières nouvelles du pays — les moindres ont alors leur valeur ; — on s'est quitté après une heure de causerie en se couvrant mutuellement de souhaits.

A trois heures nous atteignons les deux seuils rocheux du Gribingui séparés seulement de deux cents mètres; les barrières de rochers sont au ras de l'eau qui mugit par-dessus; dans chacune un étroit passage de quatre à cinq mètres; en bordure des obstacles, des bouillonnements, des courants étranglés qui révèlent d'autres rocs invisibles à peu de profondeur. Ils nous sont apparus après un coude, sans que nous nous soyons doutés de leur approche. Le laptot crie : « As pas peur, moi connais bien : *Kabé Kabas !* » Le boat est adroitement dirigé, bien au milieu du chenal; sortant de leur réserve habituelle, tordant leurs reins en torsions frénétiques, les pagaies battant l'eau avec fureur, nos bateliers hurlent, — est-ce grisés par la vitesse ou pour cacher leur appréhension ? — Le galop de l'embarcation s'allonge ; soulevée dans un véritable rush qui la maintient rigoureusement droite, elle file comme un boulet à travers une large mousse écumeuse. Palpitant l'instant d'après : nous-mêmes nous

LES GROS CAILLOUX ÉMERGEANTS, PRÊTS A HAPPER AU PASSAGE...
(Cliché du *Bulletin du Comité de l'Afrique française.*)

voici debout, le col tendu, tout vibrants ; la première volute soulève le boat ; les gros cailloux émergeants, prêts à happer au passage, filent menaçants à droite et à gauche ; nous bondissons maintenant à travers le vallon liquide qui sépare du deuxième barrage ; puis une cabrade encore, un plongeon dans la seconde volute où l'eau fait rage, et c'est fini, l'esquif est en eau détendue, jaunâtre, où des libellules frémissent dans le soleil.

Jamais je n'ai marché ce train en baleinière, mais aussi quels muscles que ceux de nos Kabas ! des muscles d'ébène d'une anatomie privilégiée, saillants à faire pâlir ceux de nos lutteurs de foire.

Pas de chansons alertes, ni de tam-tam, ni de mélopées ; ils sont assis sur les caisses ou le long du plat-bord coupant, jambe de-ci, jambe de-là, sur une fesse, dans des positions invraisemblables. Les dos noirs ruisselants saluent en cadence, s'abaissant en même temps que sous l'effort d'un seul et brusque mouvement de l'humérus roidi, les pagaies au court manche, à la palette étroite terminée en ovale, frappent l'eau allègrement et toutes ensemble, la déchirant, faisant voler en hélices de grands éclaboussements. Pas d'arrêt de tout le jour ; alternativement les hommes soufflent un instant vers midi pour croquer quelques arachides ou avaler un peu de mil bouilli déposé dans une calebasse devant eux et ensuite s'introduire dans la bouche une grosse chique de tabac jointe à un morceau de sel indigène. Et de fouetter le Gribingui de plus belle ; *Kabé Kabas !*

Le soleil est très bas déjà quand nous entrons dans le Chari, formé par la réunion au Gribingui du Ba-Mingui ou Bahr-el-Abiod ; le confluent des deux rivières donne au fleuve une largeur de deux cents mètres. Immédiatement les berges changent de mine, hautes, escarpées avec une épaisse bande boisée.

Je ne suis jamais passé à ce point sans y trouver un troupeau d'hippopotames ; il y a là une « fosse » profonde dans le lit de la rivière et probablement sur les bords des pâturages qu'ils affectionnent : cette fois, nous voyons d'abord quatre gros museaux luisants, surmontés de petites oreilles dressées avec inquiétude dans notre direction, puis six, puis neuf, douze ; au dos de leurs mères sont agrippés deux nourrissons à la peau luisante comme celle de jeunes gorets ; de temps en temps des têtes disparaissent ; leur réapparition est annoncée par un jet d'eau suivi d'un ébrouement analogue à celui du cheval. Prudemment le laptot a obliqué vers la rive et nous nous sommes abstenus de tirer, quoique nous en ayons grande envie ; qu'un animal blessé vienne nous chercher noise, ce sera pour lui un jeu de faire faire la culbute d'un revers d'échine à nos deux milles tonnes, et alors adieu les bagages, sans compter les désagréments possibles d'un bain en pareille compagnie.

Très fréquemment les baleinières sont trouées sinon chavirées par un hippopotame ; une morsure des énormes dents fait dans un bordé, même d'acier, plusieurs trous du diamètre d'une bouteille. Ces amphibies ont dû pulluler dans le fleuve pour qu'il en subsiste une aussi grande quantité, alors que depuis plusieurs années les troupeaux sont décimés par les Européens qui passent, et cela sans aucun profit, car l'animal mort coule immédiatement, son cadavre est entraîné par le courant et ne reparaît que longtemps après, lorsque se dégagent les gaz provenant de la fermentation du contenu de l'estomac.

A six heures nous stoppons au poste de l'Iréna ; l'accostage trop rude est sur le point de tourner au tragique : des pagayeurs perdent l'équilibre, détruisant celui, très instable, de la baleinière ; elle gîte, elle s'emplit, elle va couler à pic... heureusement tous ont la présence d'esprit de piquer leur tête, pas assez vite pourtant pour que nous n'embarquions une pleine barrique ; l'incident se traduit par un bain de jambes complet pour nous et quelques caisses inondées une fois de plus. Être mouillé soi-même d'en haut ou d'en bas n'est rien, mais le souci des bagages devient une véritable et pénible obsession.

L'Iréna, avec sa garde de deux tirailleurs dépendant du poste de Fort-Archambault, marque l'entrée dans le territoire militaire du Tchad : une station de cinq à six paillotes dans une clairière, un îlot dans la brousse. Telle quelle, on l'accueille avec joie, cette hostellerie de passage où l'on est sûr de trouver enfin des vivres frais. A peine gravis les escaliers dans la berge argileuse, nous sommes sous le charme : un troupeau d'une quinzaine de cabris folâtre, des cabris blancs qui sautent tout d'une pièce comme projetés par un ressort ; des poulets quelque peu étiques, des poulets cependant, picorent çà et là. Mais voilà bien une autre merveille ! dans le fond d'une calebasse, fichés dans une couche de sable, un tirailleur apporte sept œufs ; et comme de grands enfants gourmands nous voici suivant avec anxiété l'épreuve à laquelle le consciencieux Tourgou veut les soumettre avant de les livrer à la poêle, une épreuve bien connue de tous les broussards africains et que je recommande aux cordons bleus : les œufs sont déposés dans l'eau ; parfaits ceux qui demeurent au fond ; ont-ils plusieurs jours ? l'embryon de poulet ayant consommé déjà pour son existence une partie du blanc, le petit espace vide les fait soulever par l'un des bouts ; s'ils prennent une inclinaison de quarante-cinq degrés, ils sont encore mangeables, mais durs ; s'ils se tiennent droits, ils ne le sont plus ; enfin si le fœtus est arrivé presque au moment de rompre la coque, celle-ci surnage. Il y en a bien trois de la troisième catégorie et un de la quatrième, mais en omelette... nous n'en sommes pas à sacrifier des œufs médiocres.

Et nos braves nautoniers ! Ils n'ont certes pas volé un acompte sur la récompense promise à Archambault ; nous la leur offrons sous forme de cinq cabris, un pour deux estomacs, sans préjudice de deux quartiers d'antilope, de kilos de farine de maïs, de mil, d'arachides. C'est si réjouissant de la chair fraîche, après deux mois de régime de conserves, qu'on hume avec plaisir l'odeur de graillon qui vient peu après de leur côté : en un clin d'œil les cinq cabris ont été dépecés, les membres hachés ; les morceaux enfilés à des baguettes plantées en terre forment une étroite ceinture à deux grands feux ; sur un même support voisinent gigots et rognons, côtelettes et débris de foie; un homme présente successivement à la flamme les diverses faces de cet étal en variant savamment l'inclinaison des baguettes; sur les tisons mêmes, plus rebelles à la cuisson, ont été déposés les estomacs, les têtes encore garnies de leurs yeux vitreux; deux Kabas semblent avoir une prédilection spéciale pour les tripes; ils les vident en les serrant entre deux doigts d'une main et les tirant de l'autre dans toute leur longueur et, sans autre préparation, les étalent en longs chapelets sur des fourches au-dessus de la flamme; la pâtée de farine fume dans trois récipients pansus.

Et puis bientôt, à table ! Si le dîner n'est pas tout à fait à point, il est suffisamment chaud. Chacun empoigne sa baguette et déchire des lambeaux de-ci, de-là; ça demande quelquefois un gros effort dans un morceau pas cuit; un jus sanguinolent coule des lèvres; un à un les os tombent à terre, rongés, sucés de leur moelle, dépouillés de la moindre fibre; les ceintures de baguettes successivement se dégarnissent; festin muet et anhydre, pas un mot, pas une goutte d'eau, on a bien le temps d'y songer !

Après les ripailles de nos Yakomas à Djoumbi, j'ai cru avoir la mesure de la capacité humaine; ah bien oui! à onze heures du soir, de dessous ma moustiquaire d'où le sommeil qui était venu tout d'abord s'en est allé, contrarié par les moustiques et les pleurs des cabris orphelins à côté, je constate que les appétits sont loin d'être calmés; à la mi-nuit nos Kabas mangeaient toujours; quand le capitaine Cellier a sifflé le « Bouclez tout », à l'aube, ils grignotaient encore.

Nous voguons sur le Chari, d'un train plus lent maintenant, la largeur du fleuve ayant beaucoup réduit l'intensité du courant. De même que Fort-de-Possel, au sortir des derniers rameaux de la forêt tropicale, marque un changement considérable dans la topographie, la végétation arborescente, le régime des eaux, les conditions climatologiques, en quelques heures sur le Chari les contrastes surgissent, aussi brusques: déjà le grand fleuve du centre africain s'étale en expansions irrégulières de six cents, huit cents, mille mètres; en bon fleuve soudanais il coule paresseusement, sans une ride, dans un lit obstrué à chaque instant par de longs bancs de sable étalant leur dos nu au soleil ou couvert en partie d'herbes et de touffes de joncs; l'eau, de gris sale, est passée au bleu presque clair. Les rives sont généralement élevées, taillées à pic dans du sable mêlé d'argile, strié de filons ferrugineux, infiniment découpées par des culs-de-sac, des ampoules à demi pleines d'humus purulent où prospèrent les nénuphars, fourmillent les mouches *fourous* et les tsé-tsé, des marigots peuplés de légions de poissons, de coquillages et d'huîtres, très abondantes, des *bahars* au confluent vaseux après lequel les lacets s'enfoncent loin dans l'intérieur.

A chaque instant la berge s'aplatit, s'éteint dans une grève sablonneuse, permettant un coup d'œil dans l'intérieur : on perçoit alors, sur une étendue plate uniformément, de grandes clairières où brillent actuellement des flaques d'eau, où s'éparpillent quelques bosquets ; puis des endroits plus fourrés couverts d'une brousse malingre, acacias, jujubiers, rien que des essences épineuses ne dépassant pas quatre mètres de hauteur, un peu dominées, de loin en loin seulement, par quelque gros tamarinier, un bouquet de palmiers hyphènes ou le tronc du ronier évasé par le haut en gigantesque porte-bouquet ; puis des papyrus, des touffes de roseaux encore, de grandes taches d'herbe verte, des mamelons sablonneux grillés par le soleil, jamais atteints par les crues et où s'élèvent en toute sécurité les termitières de tous les types et de toutes les tailles.

L'abondance de la faune est inouïe ; on ne peut se défendre, lorsqu'on en parle, de la crainte d'être taxé d'exagération : canards, oies, sarcelles, pataugent par centaines dans les marigots ; à notre approche, tout s'envole d'un même jet, piquant droit au zénith, avec des cris aigus, discordants, un grand bruit d'ailes, puis crochets sur crochets ramènent la masse, d'un vol plané, à la même flaque, où elle s'abat en piaillant et faisant jaillir des gerbes liquides ; de gros pélicans se laissent philosophiquement aller au fil de l'eau ; sur les grèves, des ibis sacrés, des flamants en groupes raidis sur leurs longues pattes ; des grues couronnées, par couples, lancent leurs deux notes grêles, toujours les mêmes, dont la résonance les a fait baptiser par les Européens « oiseaux-trompettes » ; des marabouts, solitaires et renfrognés, se promènent gravement, à pas comptés ; des aigrettes au plumage immaculé multiplient leurs crochets autour de l'embarcation, en poussant leur appel plaintif.

Sur les rives les pintades foisonnent ; nous croisons des troupeaux d'antilopes de toutes grandeurs, à peine émues de notre voisinage : elles dressent la tête, nous regardent un instant et se remettent à paître ; si on le tire, le troupeau bondit quelques mètres, effaré par la détonation, puis fait un demi-tour brusque et s'immobilise, les yeux rivés sur nous ; et cette immobilité désarme ; tirer encore serait un meurtre.

Au flanc des grands bancs de sable, ce sable si fin, impalpable et doré, qui ressemble si peu à celui des côtes de France, des hippopotames reposent leur masse luisante, à demi plongée dans le fleuve, à proximité de caïmans petits, moyens, énormes, dormant vautrés dans le sable brûlant ; tout à l'heure j'en ai, de loin, montré un à

Villeneuve, monstrueux, faisant une longue et épaisse tache verdâtre sur le ton jaune : « Un tronc d'arbre... », m'a-t-il dit, incrédule. Quelques secondes après, le tronc d'arbre, réveillé, a gagné l'eau à la hâte, laissant derrière lui un profond sillon.

Et sur cette nature fantasmagorique, tellement qu'elle apparaît à l'Européen comme quelque paysage des temps préhistoriques, du ciel bleu complètement dégagé maintenant des nuages de la zone équatoriale, le soleil ruisselle ; le sable, l'eau rutilent, nous aveuglant de leur réverbération ; autour de nous, l'air surchauffé s'élève en petites masses miroitantes qui brouillent tous les contours ; l'incendie en haut et la fournaise en bas.

Quel pauvre pinceau que le mien pour brosser ce tableau, fleuve Chari ! Quelle évocation insuffisante de tes fabuleuses splendeurs, de tes visions lumineuses, telles que j'en arrive à me demander si les autres, au bord des plus beaux golfes d'azur du pays européen, ne me paraîtront pas falotes et mesquines désormais. Je sens du moins que ce me sera plus tard une grande joie, sans prix, de toute ma vie, que de me souvenir de toi. Quel enthousiasme de néo-Africain me vint en 1904, lorsque je perçus pour la première fois tes eaux ! Aujourd'hui encore, après les pays déprimants qui t'ont précédé, débarrassés que nous sommes du suaire étouffant des forêts de ces derniers jours, ta vue nous remplit d'aise.

22 septembre. — Nous accostons au débarcadère de Fort-Archambault à deux heures et demie ; notre vigoureuse équipe a dépassé nos espérances ; nous avons battu un record, nous dit le lieutenant Toureng, qui nous reçoit : six jours à une moyenne quotidienne de dix heures de marche pour venir de Crampel, la distance étant estimée quatre cents kilomètres. Hurrah pour les Kabas !

Aujourd'hui chef-lieu d'un district du territoire militaire du Tchad, Fort-Archambault a été créé hâtivement en 1899 par l'officier dont le nom est revenu plusieurs fois sous ma plume, le commandant, alors capitaine Julien, dans le but de préserver la mission Gentil d'un retour offensif de Rabah après le combat de Kouno. Archambault était un lieutenant de la compagnie mort dans l'Oubangui, encore une victime de la bilieuse hématurique.

Le poste, tout contre le bord d'une falaise à pic de sept à huit mètres, est le premier sur notre route qui ait son appareil militaire et sa garnison de réguliers : il faudra probablement en changer bientôt l'emplacement, l'eau des crues et des tornades, les fendillements de la chaleur, faisant écrouler chaque année des pans considérables de la berge, ce qui rétrécit de plus en plus la cour devant les cases.

Il a la réputation justifiée d'être le plus séduisant du territoire militaire : toutes les constructions sont en briques cuites ; en dehors de la capitale de Fort-Lamy, ce luxe est inconnu ailleurs au Tchad. Les circonstances dans lesquelles il fut construit se révèlent dans son étroitesse, un rectangle de cent mètres sur soixante en moyenne ; des fossés profonds avec parapets, un bastion armé d'un canon de quatre-vingts, en font un réduit facilement défendable ; au dehors, le camp du gros de la compagnie, des cases pour les Européens de passage, des hangars pour des chevaux et des bovidés ; partout l'ordre rigoureux et la tenue dans un tas de riens qui dénoncent le militaire. Ce qui ne contribue pas peu à égayer Fort-Archambault, c'est qu'il y a plusieurs villages dans ses alentours immédiats et sur les deux rives du Chari, avec des cases hémisphériques en troupeaux, entourées de plantations ; un spectacle dont nous n'avons pas été gâtés depuis Brazzaville.

J'ai couché, suivant mon habitude, sous la vérandah de mon logis, ne pouvant supporter la température de serre chaude qui règne à l'intérieur même la nuit, et dans ce confortable home tant appréciable après les bivouacs fangeux de la semaine, j'ai dormi du sommeil que donne, à défaut de bon estomac, une conscience tranquille, si bien que la sonnerie « Soldat, lève-toi » sur l'esplanade n'a pu me tirer de mon dernier somme ; mais, pour moins sonore, mon réveil n'a pas manqué de cachet militaire : « Feu à volonté... à quatre cents mètres... commencez le feu », un réveil qui fait du bien, qui vous crie : « Vous êtes chez vous » ; et, sortant vite de ma moustiquaire, j'ai l'œil réjoui de deux sections commandées par un sergent européen manœuvrant avec l'entrain et la correction qu'apportent aux exercices militaires nos tirailleurs sénégalais. Puis, après avoir goûté aux délices d'une tasse de lait fraîchement tiré, je suis allé relancer mon camarade Toureng, pour qu'il me fasse faire le tour du propriétaire.

Nous avons commencé par les animaux, avant qu'ils partent pour le pâturage : j'ai dit plus haut que dans la région de Fort-Archambault existent seulement quelques troupeaux de cabris et quelques chevaux ; le gros bétail a toujours été l'apanage des musulmans conquérants ; avec tant d'autres, les malheureuses populations fétichistes d'Archambault furent, si longtemps avant notre venue, la proie des trafiquants d'esclaves, traquées constamment, obligées de fuir à chaque instant leurs villages, que le sentiment de propriété ne pouvait exister chez elles ; les bovidés que nous avons sous les yeux sont donc encore article d'importation envoyé de la partie musulmane du territoire en quantité suffisante pour les besoins des Européens stationnaires et passagers. Toureng, qui possède la grosse qualité chez un officier colonial de porter un très vif intérêt, en dehors de ses fonctions militaires, aux questions économiques, me dit qu'il va demander des essais d'implantation de bovidés dans le cercle qu'il commande, tout au moins, pour les débuts, dans un petit rayon autour du poste ; il connaît suffisamment les endroits indemnes de la tsé-tsé, les populations s'intéresseront certainement aux animaux qu'on leur donnerait en toute propriété ; au lieu de n'être qu'une première étape vers les régions Gribingui-Oubangui, Fort-Archambault deviendrait ainsi une base déjà beaucoup plus rapprochée de leur ravitaillement ; les Kabas et Saras sont très mercantiles ; aujourd'hui déjà, mis en confiance, la sûreté du pays étant suffisante, ils partent souvent vers Fort-Crampel vendre leurs chevaux, des cabris, des produits de leurs cultures ; le jour où ils seront possesseurs de bétail, ils entreprendront d'autant plus volontiers ces voyages qu'ils leur seront d'un plus grand profit ; peut-être, beaucoup plus que les importations par gros paquets, ces petites ventes, ces échanges d'indigènes à indigènes, assureront-ils les premiers pas de cette question si importante et si intéressante d'importation dans les pays plus méridionaux.

Nous avons vu, sous un des hangars-écuries, un cheval en piteux état ; il a certainement été piqué par la tsé-tsé ; j'ai noté si souvent les signes de l'infection et ils sont du reste tellement caractéristiques qu'on ne peut s'y tromper : les premiers symptômes sont marqués par des gonflements partiels des membres et du ventre. L'œdème est variable d'un jour à l'autre ; la fièvre apparaît aussitôt et ne laisse à l'animal aucun répit ; il y a écoulement par les naseaux d'un liquide analogue à celui que l'on voit chez les chevaux atteints de la morve ; puis, — c'est là le signe caractéristique, — le rein se paralyse, l'arrière-train ne suit plus, l'amaigrissement est notable, le cheval semble hébété et bientôt tombe de tout son long sur le sol ; dans le corps rigide la tête seule garde assez de mobilité pour se soulever de temps à autre. L'évolution de la maladie est en général de huit jours ; si l'animal ne meurt pas à ce terme, peu de temps après on pourra le remettre en service ; mais le cas est rare.

Cette affection est évidemment la même que celle appelée *nagana* ou « maladie de la mouche », par l'Anglais David Bruce, qui en découvrit le parasite au Zululand, affection dont parlent aussi les explorateurs Foâ et Livingstone. Les symptômes qu'ils indiquent sont identiques à ceux que je viens de décrire ; d'après Bruce, le *nagana* ne sévirait que chez les mammifères et serait invariablement fatal chez le cheval, l'âne et le chien, mais un léger pourcentage de bovidés guérirait. Foâ et Livingstone ne s'accordent ni entre eux, ni avec Bruce sur l'immunité de certains animaux. Je n'ai pas eu beaucoup d'occasions au Tchad d'étendre les observations que j'ai faites sur le cheval, mais les indigènes m'ont dit souvent que le mouton, la chèvre, l'âne, se montrent aussi rebelles au virus que le cheval, le chien et les bovidés y sont sensibles ; et, toujours d'après leurs renseignements, cette sensibilité, la mortalité, s'accroissent avec le nombre de piqûres, ce qui est tout à fait d'accord avec ce que nous apprend la science, que l'un des facteurs les plus actifs de la virulence est le nombre de microbes inoculés ; l'intensité des symptômes augmente dans les mêmes circonstances. Foà, qui a étudié tout particulièrement les méfaits de la tsé-tsé dans son voyage du Cap au lac Nyassa, est très affirmatif sur ce point : « Je puis dire, en ayant fait plusieurs fois « l'expérience, qu'aucun animal ne survit à un nombre de piqûres « suffisamment grand ; si, dans certains cas, quelques piqûres seule- « ment peuvent amener la mort du bœuf le plus robuste au bout de « plusieurs mois, cinquante piqûres le tueront certainement en une « semaine, cent en quelques jours. »

Mais, où les théories de Foà, comme celles de Livingstone d'ailleurs, me paraissent suspectes, c'est lorsqu'ils prétendent que l'abondance de la mouche correspond à celle de la faune locale dont elle vivrait surtout, l'innocuité de sa piqûre chez ces animaux provenant de ce qu'elle leur a, dès leur jeunesse, inoculé son venin : l'existence de la tsé-tsé serait liée à celle du gros gibier, au point que s'il disparaît dans un endroit, elle en émigre ; elle affectionnerait particulièrement le buffle et les grandes antilopes ; on est certain, disent-ils, de trouver ces animaux partout où on rencontre la tsé-tsé, tandis que dans certains districts de petit gibier on ne la voit pas.

Ces observations ne concordent pas du tout avec les constatations qu'il est loisible de faire dans un voyage de Brazzaville au Tchad : dans la grande forêt équatoriale où les animaux sont rares, de même que sur les rives de l'Oubangui et dans la zone entre Fort-de-Possel et Fort-Crampel, la tsé-tsé est commune ; dans le territoire militaire du Tchad je ne connais qu'une région où les observations de Foà et de Livingstone pourraient trouver quelque fondement, c'est la région du Kanem limitrophe des rives orientales du lac, composée de mamelons sablonneux et pelés coupés par quelques oasis : le gibier y est beaucoup plus rare et la mouche inconnue, mais ne peut-on attribuer son absence à la rareté de la végétation, puisqu'on sait de façon certaine qu'elle ne vit à l'aise que sous les ombrages ? et, en outre, faisant suite au Kanem, à l'est, se trouve une des régions les plus giboyeuses du territoire, le Bahar-el-Ghazal, où elle est aussi inconnue qu'au Kanem et où les tribus Krédas élèvent d'immenses troupeaux de bétail. Dans une étude sur la maladie du sommeil dans la région nigérienne, du Dr Chagnolleau, médecin des troupes coloniales, se trouvent des observations équivalentes aux miennes : « Seuls les taons abondent, écrit le docteur, et les animaux en sont

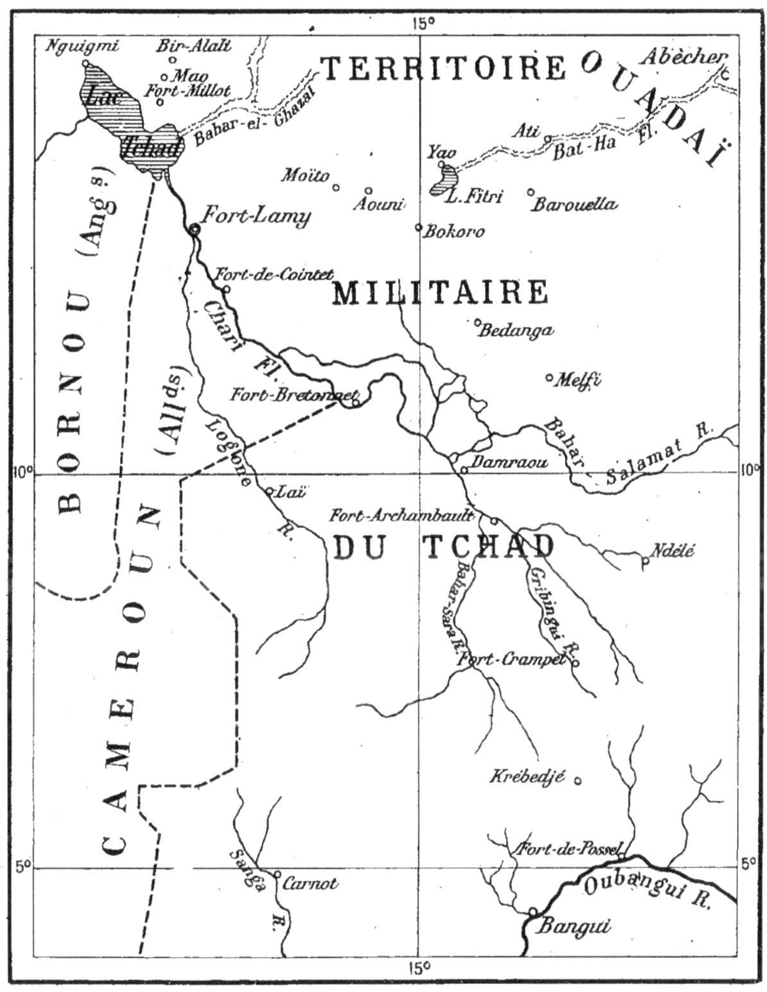

POSTES DU TERRITOIRE MILITAIRE DU TCHAD.

« accablés, mais je note que, malgré l'absence de la tsé-tsé, il y a de « grands animaux dans toute la brousse environnante. »

Sur l'innocuité de la piqûre pour les animaux sauvages il n'y a aucun doute à avoir ; il est certain que si le virus leur était mortel, le Tchad ne serait pas le jardin zoologique qui stupéfie tous ceux qui y passent.

En définitive, on voit que les ravages de la tsé-tsé parmi les animaux ne nous ont pas appris beaucoup plus sur elle que la mortalité humaine ; il a été impossible jusqu'ici de déterminer exactement ses mœurs, d'établir pourquoi elle vit plutôt dans un endroit que dans un autre, pour quelles raisons son virus est plus mortel dans un cas que dans l'autre ; il faut qu'elle se reproduise avec autant d'activité que sa congénère domestique, car les violents incendies de brousse doivent, à chaque instant, en détruire des légions. C'est un terrible ennemi, contre les attaques duquel on reste désarmé ; toute incursion dans un de ses domaines avec des chevaux peut avoir des conséquences graves. Des obligations de marches rapides m'ont obligé à y passer : je ne faisais alors mes étapes que de nuit, les mouches piquant surtout la journée ; pendant le bivouac journalier les spahis entouraient les chevaux d'une ceinture de feux ; armés de branchages, les hommes se relayaient par groupes prêts à chasser les mouches qui franchiraient le cercle de feu et de fumée ; les abreuvoirs se faisaient au piquet; si un village se trouvait à l'extrémité de l'étape, les animaux étaient enfermés dans les cases ; malgré toutes les précautions, jamais mon peloton n'est sorti indemne d'un coin à tsés-tsés ; j'évitais un désastre, mais j'ai vu jusqu'au quart de mon effectif manifester les symptômes plus ou moins violents de l'empoisonnement. Un jour j'utilisai pour un joli cheval m'appartenant, dans un secteur réputé particulièrement dangereux où il fallait passer, un procédé recommandé des Arabes : il consiste à frotter entièrement le corps de l'animal de beurre rance mélangé de poudre d'écorce de l'arbuste appelé *caïl-cédra* ; le procédé est basé sur la remarque faite du dégoût de l'insecte pour les excréments, les odeurs mauvaises en général ; le fait est signalé par Foà, qui raconte qu'en Afrique australe, pour préserver les bœufs d'attelage de son convoi, il les enduisait d'assa fœtida, de térébenthine ou de pétrole; il ajoute que le moyen ne lui donna pas toute satisfaction ; pour ce qui est de mon cheval, un mois après il présentait les symptômes du *nagana* et mourait.

Une dernière constatation, pour en finir avec le *nagana*, c'est qu'il existe alors que la maladie du sommeil est inconnue ; c'est le cas de tout le territoire du Tchad.

Tout en bavardant sur les méfaits de la tsé-tsé, nous sommes arrivés au marché qui se tient sous un vaste hangar. La première chose qui frappe, c'est une diversité de types extraordinaire, conséquence de l'œuvre de Rabah, de ce pirate noir qui fut malgré tout un homme : parti de l'Orient, des pays à l'est du Dar-Four, il rassemblait de gré ou de force sous ses bannières partout où il passait, des gens dont il faisait des soldats ou des esclaves ; les mères, les épouses, suivaient. Dix ans ce lion conduisit à la curée son troupeau de loups, razziant tout, faisant sauter les têtes des vieillards, violant les femmes, capturant les enfants, matières d'échange contre munitions et armes avec les marchands de Tripoli. Le Chari a vu la fin de cette rouge épopée aux combats de Kouno et de Koussouri, et on trouve maintenant, dans tous nos centres importants du territoire militaire, des mélanges hétéroclites, comme celui que je vois aujourd'hui, de gens qui ont planté leurs cases là où les a surpris la chute

FEMMES SARAS SARCLANT UN CHAMP.
(Photo. BRUEL. Cliché du *Comité de l'Afrique française.*)

de leur sultan ; les Saras, les Kabas, les Niellyms des environs de Fort-Archambault coudoient des Krech, des Bandas, des Djellabas du Nil, des Fellatas, des Arabes de dix familles différentes.

Des marchands Bornouans, les colporteurs, les juifs de l'Afrique centrale, tiennent la plus large place du marché ; leur qualité de sujets anglais ou allemands leur assure le monopole de la vente des soieries, des toiles, des parfums enfermés dans des bouteilles minuscules, des ceintures bariolées, des mouchoirs coloriés, de tout un bric-à-brac à deux sous ; leurs étalages sont le rendez-vous de la haute société féminine : épouses d'Européens, de tirailleurs, de boys. On palpe, on tâte, on déploie, on hume les effluves des parfums à travers les interstices du bouchon.

Plus loin ce sont les vendeuses : Kabas et Saras à la croupe ensellée, aussi grandes et épaisses que leurs mâles ; une languette d'étoffe seulement, du nombril au bas des reins, ou rien du tout souvent ; Bornouanes rieuses montrant deux rangs de perles magnifiques dans l'écrin rouge et noir de leur bouche épanouie, la chevelure compliquée très bouffante sur les tempes, coquettement drapées de pagnes multicolores qui laissent nue l'une des épaules rondes et parfaites; Arabes plus maigres et plus plates, la plupart fort jolies : une grande finesse d'attaches, l'air digne, presque dédaigneux, beaucoup de race, avec le type judaïque très prononcé ; Fellatas aux seins de Cléopâtre qui pointent en débordant au-dessus du pagne bleu, la peau très claire, sveltes, les cheveux très fins retombant sur le cou, l'air caressant, intelligent, onctueuses, félines, les étoiles du Centre africain. Il y a de tout dans les calebasses ou les paniers devant elles : mil, maïs, ail, piments, herbes pour le couscous, noix de kola, oignons, coton, savon indigène en boules, arachides, haricots, manioc, gomme, puis à côté, des nattes, des marmites en terre, du poisson sec... les mouches s'en donnent à cœur joie.

Offres d'un côté, demandes de l'autre, débats, disputes, injures en deux ou trois dialectes différents, c'est un tintamarre à se boucher les oreilles ; les gros paiements se font en thalers et la monnaie divisionnaire est représentée par des petits colliers de perles bleues, ou bien il est procédé par voie d'échanges. Le thaler est cette pièce à l'effigie de Marie-Thérèse d'Autriche, un peu plus grande que notre pièce de cinq francs. Comment a-t-elle pénétré dans le centre de l'Afrique, où elle est la seule monnaie courante, et depuis quelle époque? Jamais personne n'a pu me le dire. Sa valeur représentative a été réduite à trois francs. L'usure la déprécie d'autant que la gravure s'efface davantage ; elle ne vaut plus rien lorsqu'elle a perdu son *sourra*, en arabe son nombril, étymologie aussi obscure que l'origine même de la pièce, car le *sourra* désigne la petite fleurette fixée comme agrafe dans les draperies sur l'épaule de Marie-Thérèse.

Dans un certain rayon autour d'Archambault les villages, peuplés de Kabas, de Saras, de Niellims, sont réunis par petits groupes noyés dans les récoltes; l'ensemble couvre un kilomètre carré ou davantage; la raison de cette disposition a été le souci de se préserver, avant notre occupation, des razzias des marchands d'esclaves. Les bandes venues du Ouadaï, du Baguirmi ou de N'délé ne pouvaient cerner de pareilles étendues ; aussitôt avertis de leur approche, les indigènes trouvaient une issue pour filer dans la brousse voisine. Ou bien, la sécurité plus près du poste a amené le groupement général, sans ordre ni symétrie ; mais alors se manifeste le souci du « chacun chez soi » ; chaque case est entourée d'une double enceinte de paillassons semblables à ceux de nos jardiniers, hauts de plus de deux mètres ; les cases en paille, hémisphériques, sont fort bien faites ; elles atteignent trois mètres de hauteur et autant de diamètre.

La latitude de Fort-Archambault marque à peu près la fin de la production du caoutchouc et de l'ivoire qui sont les premières sources de richesse des parties méridionales de la colonie. Le gérant de la petite annexe récemment installée par la société Ouahmé-Nana, que nous avons déjà vue à Fort-Crampel, me dit que depuis huit mois il n'a pu s'en procurer qu'une tonne. Les conditions climatologiques sont la première raison de la pénurie du précieux produit : inondé en grande partie pendant six mois de l'année, le pays est, le reste du temps, condamné à la sécheresse absolue, impitoyable ; en outre, le terrain étant peu fertile, les villages se déplacent souvent ; lorsqu'ils arrivent au nouvel emplacement de leur choix, ils font place nette

GROUPE DE KABAS. — Taille moyenne 1 m. 85.
(Photo. BRUEL. Cliché du *Comité de l'Afrique française.*)

par le feu qui lèche des surfaces considérables et réduit les lianes à des buissons touffus.

L'éléphant est aussi plus rare, le poids et la qualité de ses pointes inférieurs ; la dernière année, la production de tout le cercle de Fort-Archambault n'a été que de quinze cents kilos d'ivoire.

J'ai passé la plus grande partie de la matinée à causer avec Toureng de ces questions économiques, sociales, administratives que je viens d'ébaucher et qui constituent l'un des côtés les plus intéressants de l'existence de l'officier colonial ; j'ai vu éclore celles-ci au début de l'occupation du Tchad et c'est avec un bien grand intérêt que je suis leur évolution.

En Afrique centrale particulièrement, incombent à mes camarades de l'infanterie coloniale, dans les pays de nouvelle conquête, à la fois les fonctions d'administrateur territorial et celles de chef militaire. La conquête et la pacification d'un pays africain ne sont pas choses faites lorsque plusieurs mois de colonnes, d'opérations militaires, en réduisant ses gens armés, lui ont imposé la soumission : après s'être courbées, le premier effroi calmé, les têtes peu à peu se relèvent, les ferments de révolte germent, les rancunes accumulées éclatent, d'où la nécessité, pendant un temps plus ou moins long après la période purement héroïque, de maintenir des troupes organisées, un « territoire militaire », pour se prémunir contre les revirements toujours à craindre dans des pays contenus par des poignées d'hommes, et jusqu'à ce que la soumission soit assez complète pour qu'on puisse passer la main aux administrateurs civils avec des troupes spéciales de simple police, les milices.

C'est le point où nous en sommes au Tchad, et c'est pendant cette période transitoire de petite colonisation avant la grande que s'ouvre pour l'officier colonial un nouveau rôle fort délicat, qui exige de lui une grande somme d'application et d'efforts, une activité incessante physique et morale pour préparer sans secousse et sans crise le passage du régime militaire au régime civil ; il a détruit, il lui faut reconstituer ; il a fait la conquête, il la développe et il l'assure ; il combine les deux actions de la force et de la politique ; il doit être successivement topographe, recenseur, collecteur d'impôts, surveillant de travaux ; il lui faut reconnaître les ressources du sol, assurer sa remise en exploitation, la reconstitution de la population, étudier et satisfaire les besoins sociaux des peuplades soumises, rendre la justice.

Mes attributions de cavalier mis à la disposition du commandant du territoire militaire du Tchad ne comportaient pas ce genre de fonctions ; sur ma demande, elles m'ont été confiées et furent pour moi d'un grand intérêt, la source de nombreuses satisfactions. Je vois poindre la critique qui m'a été faite souvent déjà : « C'est là un double rôle qui ne paraît guère convenir à un officier... Et le métier militaire, qu'en faites-vous ?... »

Je répondrai : « Trouvez-vous que la qualité première d'un officier consiste dans l'aptitude parfaite à commander dans la lettre expresse des règlements militaires l'unité qui lui est confiée ? Il a, aux colonies africaines, un outil merveilleux pour s'entretenir : l'unité composée de soldats sénégalais, soldats de métier, soldats de cœur ; le rôle de l'officier peut et doit rester sur le même plan que celui d'administrateur ; pourquoi les fonctions administratives impliqueraient-elles l'abandon du terrain de manœuvres ?... Vous admettez bien, en outre, la haute valeur de ces qualités : l'esprit de décision, l'activité, le sang-froid, la promptitude de coup d'œil, l'endurance, l'initiative, le jugement de bon sens ? Quelle meilleure école pour les acquérir ou les perfectionner, que cette existence du chef territorial, aux prises constamment avec les difficultés suscitées par les hommes et les éléments, les périls, les privations, la responsabilité dans les postes de territoires d'occupation toujours très restreinte, éloignés les uns des autres de cent, deux cents kilomètres souvent, où l'on demeure plusieurs mois sans voir physionomie d'Européen. Quel moyen de tremper un caractère, d'entretenir l'activité, quelle plus noble tâche pour l'homme d'action ! C'est cette école qui fait un *chef* du plus petit sous-officier ; c'est bien ce qu'en espéraient les glorieux créateurs du rôle de l'administrateur militaire, les Bugeaud, les Lamoricière, les du Barail ; à cette besogne on peut, pour employer l'expression de l'admirable chef colonial qu'est le général Lyautey, se « décaporaliser » un peu, se « démilitariser » certes non.

Le système de notre occupation militaire au territoire du Tchad, — au Tchad, comme nous l'appelons en abréviation, — repose, pour sa reconstitution et sa mise en valeur, sur les bases données par le général Gallieni et que la pratique a déjà sanctionnées ; ses trois organes sont, du petit au grand : le secteur, le cercle, le territoire.

Le secteur correspond à l'étendue de pays que peut tenir un peloton ; un lieutenant en est généralement le chef.

Le cercle est la réunion de plusieurs secteurs, en général trois ou quatre, sous le commandement d'un capitaine ou d'un lieutenant disposant d'une compagnie ; il en existe cinq au Tchad : les cercles de Fort-Archambault, de Melfi, de Fort-Lamy, du Kanem, de Bokoro.

Le territoire, sous les ordres d'un colonel, est la clef de voûte, l'organe qui concentre l'action politique, économique et militaire, fond l'action particulière des secteurs dans l'action d'ensemble, coordonne leurs efforts ; c'est en somme une autre lieutenance du gouvernement général de Brazzaville ; le siège en est Fort-Lamy, en face de l'embouchure du Logone, sur le Chari.

Nous assurons l'occupation de ce Territoire militaire, d'une superficie égale à celle de la France, avec un bataillon à quatre compagnies, un escadron de cavalerie et une batterie d'artillerie, soit un millier de soldats indigènes et quatre pièces de 80 de montagne. Il est devenu de tradition en France de vouloir céler au pays, par des notes sériées et mitigées, la vérité sur les événements coloniaux ; on pense ainsi diminuer l'importance des faits et rassurer l'opinion ; et c'est d'après la même tradition que nous opérons au moyen de « petits paquets » qui créent un danger permanent pour les faibles effectifs auxquels on confie la mission de jouer le toujours gros jeu de précurseurs.

25 septembre. — Le capitaine Cellier et de Villeneuve sont partis ce matin pour Fort-Lamy ; le boat qui les a emportés était trop petit pour nous contenir tous les trois et je suis resté, ayant eu, hier encore, une alerte malgré la double dose de quinine que j'ingurgite chaque jour, de quoi me rompre le tympan ; je profiterai d'une autre baleinière attendue incessamment. Je leur ai dit au revoir, mais à quand ? Où nous retrouverons-nous, nous reverrons-nous seulement ?

Aucunes nouvelles du commandant Julien ni des camarades restés en arrière.

DE FORT-ARCHAMBAULT A AOUNI

---

28 septembre. — Après cette halte de cinq jours, la seule fortunée depuis Bangui, à mon tour j'ai quitté Toureng. Seul sous le chimbek, j'ai les coudes à l'aise. Repos, laitage, vivres frais, ont fait leur œuvre ; me voici d'aplomb encore ; ce matin mon bout de glace, avec une barbe hirsute et de grandes zébrures de soleil, ne m'a plus montré que le léger cercle de bistre autour des yeux accusant les révolutions de la bile trop longtemps amassée ; la fièvre n'aura fait, je l'espère, que souffler sur moi comme la tornade sur la brousse.

Le boat suit d'une rive à l'autre, au hasard de la profondeur, les sinuosités du bief, dont les expansions successives varient de huit cents à douze cents mètres, communiquant par des défilés étroits ; l'ensemble du fleuve, vu d'un ballon, donnerait sans doute l'impression d'une succession d'œufs gigantesques de diverses grosseurs joints bout à bout.

Mon équipage est un mélange d'Arabes et de Baguirmiens, grands, osseux, le type affiné sous la teinte noir de jais ; deux ou trois tatouages en long et parallèles sur le front et les joues ; chez la plupart la tête est rasée complètement, à l'exception de la touffe qu'Allah impose à tout bon croyant pour l'enlever plus facilement dans son paradis, l'heure venue ; chez d'autres il ne subsiste que quelques figures fantaisistes inspirées des caprices de l'artiste capillaire : c'est ainsi qu'une boîte cranienne est cerclée tout au sommet, tandis qu'une autre est couronnée en son milieu ; sur des pariétaux ont été tracés de petits parallélogrammes, ou bien du front à la nuque se dessinent des languettes en méandres triangulaires ou quadrangulaires, ou seulement une étroite crête. Il ne reste plus, en somme, au-dessus des épaules, qu'une boule qui semble avoir été passée au noir de fumée. Et pareilles modes se sont implantées dans un pays où la calvitie est à peu près inconnue !

Tout ce monde est d'humeur charmante ; on bavarde, on crie ; on pouffe en se contant des grivoiseries, ce qui me procure le plaisir de constater que je n'ai pas oublié mon arabe ; mais on ne pagaie guère ; je suis obligé de me gendarmer constamment. La lenteur du courant aidant, — la grande faiblesse de pente du Chari est un fait remarquable dont baromètres et hypsomètres font foi, — nous voguons au petit train de trois à quatre kilomètres à l'heure.

L'éloignement des berges rend beaucoup plus rares les attaques de la tsé-tsé ; mais ce qui trouble bien ma quiétude, c'est le fumet dont la moindre brisette emplit mon réduit; comme la place ne manque pas, les hommes ont installé à l'arrière une caisse remplie de sable

UN POISSON DU CHARI.
(Cliché de la *Dépêche Coloniale*.)

sur laquelle sont deux foyers : dans une marmite mijote du poisson desséché, dans l'autre, des débris de caïman très avancé. Séduit par l'exemple, Tourgou en a fait autant à l'avant où sa casserole, pareillement garnie, voisine avec la mienne; de quelque côté que souffle le zéphir, j'hume ainsi, bon gré mal gré, des relents faisandés.

Je voudrais bien avoir un poisson frais à mettre dans la poêle; mais j'ai eu beau confier à un homme le soin de deux lignes armées d'hameçons de choix, rien ne mord ; les eaux du fleuve sont pourtant aussi peuplées que ses berges, mais le poisson doit être rébarbatif à l'engin ; sans doute, les indigènes l'ont observé, car je me vois toujours refuser mes plus belles collections d'hameçons comme objets d'échange ; en outre, ils n'ont que dédain pour ce fer qui ne leur fournit qu'une capture à la fois, alors que dans leurs « barrages », sans grande peine, ils en ont à foison. Nous passons à chaque instant près de l'un de ces pièges ; ils induisent fort en tentation mes pagayeurs et je dois intervenir pour en empêcher le pillage. Le système de construction varie avec la largeur des bras du fleuve et l'intensité du courant ; la forme la plus fréquente est celle d'un énorme colimaçon fait de tiges enfoncées dans la vase, entrelacées à d'autres transversales ; dans les méandres sont placées des nasses à la convexité tournée vers l'intérieur ; une fois entré, le visiteur ne sait plus sortir.

Les savants qui s'occupent de poissons d'eau douce et qui, pour venir à bout de les classer, ont divisé le monde en trois zones, tropicale, septentrionale, méridionale, vous disent qu'aucune ne leur est un champ d'observations plus cher que la première, quant à la variété et à l'abondance de ses hôtes. La gent poisson, comme toutes les autres animales, est dans celle-ci en complète floraison, en plein épanouissement ; les collections qu'on en a faites dans le Chari sont déjà assez nombreuses pour qu'on puisse en outre affirmer aujourd'hui que cette faune est identique à celle de tous les autres fleuves tropicaux, Nil, Sénégal, Niger, Ogoué, Congo ; les savants l'expliquent en alléguant que ces divers bassins se pénètrent réciproquement, n'étant séparés que par des lignes très faibles de partage des eaux ; il paraît même que le lac Tchad et ses tributaires ont joué en cela un rôle prépondérant ; ils devraient être considérés comme les principaux agents de ces unions, et ce serait grâce à eux que les espèces voisinent et cousinent encore.

A propos de cet article pêche au Chari, je signale un procédé aussi prompt qu'ingénieux, que j'ai vu employer à Fort de-Cointet par un sergent commandant le poste. J'ai un faible pour le poisson et lui manifestais, à mon arrivée, tout le plaisir que j'aurais à manger une friture : « Mais, rien de plus facile, me dit-il, vous en aurez une dans un instant. »

Je ne le vis pas sans surprise décrocher son fusil Lebel et ceindre sa ceinture de cartouches ; un boy alla se poster au bord de l'eau et se mit à appâter avec des boulettes de farine de mil ; nous étions à quelques mètres au-dessus de lui sur la falaise ; quand le poisson fut, en très peu d'instants, accouru en quantité suffisante, évoluant bien en vue dans l'eau claire, mon sergent visa dans le tas : deux ou trois spécimens, étourdis de la commotion produite par le choc de la balle dans l'eau, pirouettaient aussitôt, puis flottaient immobiles, le ventre blanc scintillant en l'air ; le boy sautait à l'eau, les empoignait avant qu'ils fussent revenus à eux; en un quart d'heure il y avait de quoi fournir une friture à tous les habitants du poste.

A cinq heures, le soleil commençant à défaillir, je me suis fait descendre à terre et ai suivi la berge, après avoir recommandé au laptot de garder toujours la baleinière en vue. Je n'ai pas marché longtemps avant de trouver une harde d'antilopes; gêné par les reflets de la lumière sur mon guidon, j'ai d'ailleurs raté celle que je visais; en pareil cas, le mieux est de faire le mort soi-même; le gibier bondit quelques mètres des quatre pieds, quatre ressorts, puis s'arrête net

UN BARRAGE DE PÊCHE.

pour se rendre compte de l'endroit d'où est parti le bruit; rassuré, il repart à petits pas, les minuscules queues blanches frétillant sur les croupes brunes, s'arrêtant pour brouter de-ci, de-là; il n'y a qu'à le suivre en prenant quelques précautions et à le tirer de nouveau plus loin. J'ai tué deux pièces que j'ai livrées aux noirs, sous condition que les réserves de poisson et de caïman seront immédiatement jetées à l'eau, ce qui ne se fait pas sans regrets; ils préfèrent beaucoup aux vivres frais ceux qui chatouillent l'odorat avant de flatter le palais, deux satisfactions au lieu d'une; cette fois, la quantité a eu raison des hésitations.

Au moment où j'allais remonter dans la baleinière, à cinquante pas s'élance une bande d'une vingtaine de ces magnifiques bubales que leurs proportions ont fait baptiser « antilope cheval »; il y a deux ans, au Dagana, j'ai mesuré un mètre cinquante au garrot de l'un d'eux ; l'encolure basse, d'un galop allongé, ceux-ci ont passé avec grand vacarme dans un carré de joncs ; le temps de mettre la crosse à l'épaule, j'ai tiré au jugé ; un mâle s'est abattu, mais un coup de reins l'a remis sur pattes ; il est reparti de plus belle ; si on ne touche pas de pareils animaux à la tête ou au défaut de l'épaule, ils vont crever loin ; c'est de la pâture pour le lion ou la panthère. Sur les deux bêtes tuées tout à l'heure je puis constater pour la première fois l'effet de mes cartouches Winchester demi-blindées ; la calotte de la balle en s'écrasant a fait à l'épaule des blessures effroyables, à y loger le poing.

Maintenant que les bancs de sable sont fréquents, je ne veux plus d'autre campement ; les hommes font à la rive leur provision de bois pour la nuit et nous allons nous établir au milieu du fleuve. Ce sable impalpable offre le meilleur et le plus propre des bivouacs ; on n'y a pas à craindre les reptiles ; s'il pleut, il boit l'eau ; on est ainsi débarrassé du voisinage de flaques désagréables qui envahissent quelquefois la tente par-dessous. Je ne fais même plus dresser ma petite table et mange étendu sur une natte comme sur le divan le plus moelleux. A quelques pas les pagayeurs ont allumé leurs feux ; sur quatre pieux fourchus ils établissent avec des baguettes une plate-forme à claire-voie sur laquelle les quartiers d'antilope vont boucaner jusqu'au matin.

La nuit n'a pas amené la fraîcheur ; comme l'état du ciel est en outre rassurant, je décide de dormir à l'air libre ce soir ; mais, pour prétendre dans ces conditions à un sommeil tranquille, le luxe de précautions n'est jamais trop grand ; quand je suis prêt à m'étendre sur mes couvertures, Tourgou empoigne une serviette et à bout de bras cingle l'air pour éloigner l'ennemi familier ; vivement je soulève de la moustiquaire juste ce qu'il faut pour passer la tête, les épaules ; la jambe gauche suit, puis un rétablissement sur les reins fait loger le reste : — « J'y suis, ferme ! » Tout en continuant à fouetter d'une main avec sa serviette, le boy reborde de l'autre. Quelques affamés plus malins trouvent malgré tout moyen de passer et il me faut faire le service en campagne sous mon enveloppe de gaze avant de fermer l'œil.

Le concert a été le même que toujours sur ces rives que l'attrait de l'eau fait plus peuplées encore de nuit que de jour ; chaque soir accourent y boire, rampants ou monstrueux, les hôtes de la brousse. Des hippopotames sont venus flairer tout près du campement ; étonnés et gênés de présences intruses à côté d'un de leurs pâturages, ils ont fait entendre des grognements mécontents, des hennissements tout comme ceux du cheval qui réclame sa ration de grain; des éléphants lourdauds prenaient au bord des ébats tapageurs, lançant par intervalles leur appel claironnant; d'une tangente rapide, une compagnie d'oies, dérangée par quelque animal dans son coin de repos, est passée au-dessus des feux jetant des *couan-couan* affolés ; à l'extrémité du banc de sable un courlis pleurait ses *tieûr-li, tieûr-li*, tout semblable à ceux des grèves de mon pays breton auquel il reporta mon souvenir. A peine sur la rive, à cent pas de mon lit, je venais d'entendre le bêlement d'une antilope, immédiatement suivi de l'aboiement d'une panthère, — un drame sans nul doute, — que, dominant tout, a éclaté le cri de l'animal-roi ; à trois autres points différents, d'autres lui ont répondu.

Ah ! ce n'était pas ces miaulements de captifs que l'on entend sortir des ménageries ou des jardins zoologiques, enroués par l'anémie, paralysés par une longue période de silence, mais le rauquement du sultan des bêtes chez lui, dans son royaume, un timbre d'une puissance sans égale, un grondement qui réveille les plus faibles échos nocturnes, se répercute en roulades graves à l'infini et vous fait vibrer de tout votre être. On dit que le serpent fascine les oiseaux et rongeurs dont il veut faire sa proie, que le perdreau s'immobilise sous l'œil du chien en arrêt; le gosier du lion a dû recevoir de la nature un pouvoir aussi effrayant dans le même but, car ces rauquements, disent les indigènes, sont ceux qu'il pousse lorsqu'il est en chasse.

Qui n'a jamais ressenti ces magiques émotions ne peut se figurer celles qui m'ont endormi hier soir encore sous les étoiles et que ce matin, sous mon chimbek, alors que j'y resonge, que je les rumine, mon crayon se trouve si maladroit à rendre. Jamais plus qu'au cours de vingt nuit pareilles sur le Chari, je ne me suis senti l'« intrus » sur la terre tropicale.

Une tornade s'est effondrée ensuite avec les fureurs et le tragique vacarme habituels qui toujours impressionnent, quelque fréquemment qu'on les entende Sous l'abri précaire et instable que les hommes s'étaient hâtés de dresser, mes nerfs ont pris leur grande part de l'électricité qui saturait l'air autour d'eux, et jusqu'au matin je n'ai pu reposer un instant.

Tout à l'heure, je fumais, assis sur une pile de caisses à l'avant ; c'est une place que j'affectionne ; on y respire à l'aise jusqu'à ce que le soleil oblige à battre en retraite.

A proximité d'un banc de sable sur lequel un caïman fait un somme, je fais signe à Tourgou de me passer ma carabine. A peine la détonation a retenti, que, sur la rive droite longée par le boat, se fait entendre un roulement de tonnerre. Je n'ai pas eu le temps de me rendre compte de l'origine du bruit que des poitrines des hommes ont jailli les cris : *El fil ! El fil !* (les éléphants). Déjà la baleinière est accostée ; je saute à terre, suivi de la plupart des noirs.

Nous voilà partis, à travers l'allée largement tracée par les mastodontes dans un fourré marécageux entre des joncs de deux mètres ; sur leur passage, tout a été couché, écrasé, réduit en miettes ; d'énormes paquets de fiente ; dans les parties bourbeuses, les pieds ont fait des puits de cinquante centimètres de profondeur. Pendant plus d'un quart d'heure nous détalons dans la trouée, bondissant par-dessus les excavations, trébuchant sur des chausse-trapes sournoises, puis soudain, au débouché dans une clairière, je découvre une masse sombre se détachant à peine sur un bosquet d'acacias : il y a là une quarantaine d'animaux, dont cinq ou six tout jeunes ; les trompes sont braquées dans notre direction, s'agitant précipitamment de bas en haut, les larges oreilles battent à coups lents, un ronflement profond sort des poitrines, indice d'inquiétude.

Un éléphant se distingue, beaucoup plus élevé et plus massif avec de belles défenses, qui doit être le doyen du troupeau ; il se présente de flanc à cent mètres environ ; m'efforçant de dominer la tension de mes nerfs causée par la vitesse de la course, je vise au-dessous de l'oreille, au moment où elle se lève, découvrant la tête, et presse la détente. . l'animal est certainement touché, il barrit en se secouant et passant la trompe à l'endroit visé : j'ai le temps de lui envoyer une deuxième, puis une troisième balle, avant que le troupeau se rue de nouveau à travers un fourré d'arbustes, les femelles précipitant la marche de leurs petits à coups de trompe sur la croupe, les minces queues, avec leur bouquet de poils à l'extrémité, agitées frénétiquement. Le sol retentit sourdement, on perçoit le craquement des branches et des arbustes qui cèdent sous l'élan de la masse formidable.

Je reprends la voie ; les pachydermes ont fui plus loin cette fois ; trois quarts d'heure se passent avant que j'arrive sur les bords d'un marigot peu profond : mon blessé est là, s'aspergeant la tête d'où coulent des filets de sang ; une dizaine de ses congénères sont groupés autour de lui ; le reste a disparu. Ce n'est que frappé par quatre balles qu'il tombe sur les genoux ; les autres pataugent, barrissant, ronflant ; un instant, trois ou quatre esquissent un mouvement de notre côté. Vont-ils charger ? Je n'y songe que la durée d'un éclair, l'excitation de la chasse domine tout ; je prends comme but un autre animal que me désignent ses défenses ; ma Winchester crache encore six balles ; à la sixième il se couche à son tour lourdement dans la vase.

Mes deux victimes sont certainement blessées à mort; je n'ai visé qu'à la tête; reste à les achever. Je porte la main à ma cartouchière pour recharger... plus une cartouche ! Parti précipitamment de la baleinière, je n'ai pas songé à remplacer les munitions tirées hier sur les antilopes; je reste désarmé à deux lieues du point de départ. Avoir tiré treize balles blindées avec une carabine de précision pour blesser deux éléphants ! Je sais bien qu'ils ont la vie dure, mais je suis tout de même un peu confus. Du moins j'ai l'espoir que les pointes d'ivoire me resteront comme souvenir de cette chasse fertile en leçons. Fort-Archambault est à toute petite distance, je vais profiter du passage au premier village pour dépêcher un courrier en pirogue à Toureng; un gibier comme celui-ci se retrouve (1).

Il est dix heures ; les deux blessés continuent à s'agiter, mais plus mollement, dans le bourbier ; le premier tiré est même tombé sur le flanc; les survivants ne les lâchent pas, vont de l'un à l'autre en poussant leur coup de trompette ; après un dernier coup d'œil à ce bat-l'eau sensationnel, il faut bien que j'opère ma retraite, rôti, maugréant et assoiffé, sous le soleil qui tire sur moi sans compter tous les rayons de son carquois. Les pagayeurs qui m'avaient suivi se sont empressés de détaler dès que le gibier a fait mine de charger ; je ne les ai revus qu'à deux kilomètres de là. En arrivant à la baleinière, j'ai trouvé les autres achevant de déjeuner avec le caïman, cause initiale de cette partie de chasse.

A deux heures nous sommes à hauteur des monts de Niellim ; sur la rive gauche : trois groupes à peu près parallèles, de cent cinquante mètres d'altitude au-dessus du fleuve, s'étendant sur une longueur d'une dizaine de kilomètres et qui obligent le Chari à faire un coude prononcé ; chacun est formé d'un amoncellement de blocs à formes arrondies, souvent branlants ; on dirait les ruines de quelque édifice gigantesque éboulé sous l'effort des épaules d'un Samson ; de maigres arbustes végètent, de loin en loin, dans les crevasses où la pluie amassa un peu d'humus ; dans certaines parties plus plates sont de grands paniers pansus, greniers à mil des villages Niellim, trois ou quatre, dont les cases s'éparpillent au pied. Ce panorama m'apparaît déformé et tremblant dans un immense mirage qui ne laisse au vrai jour que les sommets de la chaîne avec des proportions exagérées, comme toujours en pareil cas ; assez fréquemment j'avais constaté ce phénomène au Kanem, sur les bords du lac Tchad ; c'est la première fois que je le vois sur le Chari.

M. Foureau le signale à son passage dans les mêmes parages : le

(1) Grâce à l'amabilité de Toureng, les pointes me parvinrent quelques mois après, au poste de Barouella.

mirage est extrêmement intense; il cesse aussitôt que le rayon visuel, au lieu de passer sur la surface argilo-sablonneuse, se dirige sur l'eau du fleuve, de température moindre que celle du sol surchauffé ; l'effet est vraiment très bizarre. Mon ami le capitaine Freydenberg, qui a recueilli sur le Tchad tant de renseignements intéressants groupés dans sa thèse de docteur ès sciences, cite une variété du phénomène dont il a été le témoin, en pirogue sur les eaux du lac Tchad, au milieu d'un groupe d'îles : à partir d'une certaine distance (sept à huit cents mètres), le sol des îles n'était plus visible et l'on n'apercevait que les points les plus hauts, par exemple

VILLAGE SUR LA BERGE DU CHARI ; GRENIERS A MIL EN ARGILE.
(Photo. BRUEL Cliché du *Comité de l'Afrique française.*)

les cases ; la nappe d'eau située entre l'observateur et l'île semblait s'étaler sans solution de continuité, lui donnant l'impression de cases sur pilotis, alors que la masse sablonneuse sur laquelle elles reposaient avait une élévation de deux mètres au-dessus du niveau de l'eau ; le capitaine Freydenberg, qui a eu le commandement militaire et administratif de la majorité des îles du lac, ajoute qu'il a fait d'autres constatations analogues, surtout pendant la saison chaude, à partir de huit heures du matin, quand les parties les plus basses de l'atmosphère sont saturées d'humidité; dans ces conditions, la déformation des objets est considérable, les images bougent au point qu'il lui est arrivé de prendre un groupe de huttes en paille pour un troupeau de bœufs en marche.

Cette région de Niellim est celle où le Chari atteint sa plus grande largeur, huit à dix kilomètres aux hautes eaux. Nulle part il ne se montre mieux avec son cachet de fleuve soudanais : des rives plus basses maintenant, pauvres en arbres, se fondant insensiblement avec l'eau sans un moutonnement, sans une frange d'écume et dont les grands échassiers, immobiles sur leurs longues pattes raidies, indiquent seuls la limite; des plaines nues et humides, des grèves sablonneuses, des forêts de roseaux donnant l'illusion d'une mer d'herbe immense s'étalant jusqu'à l'horizon, le courant presque nul, le lit encombré de bancs sablonneux ou vaseux. On voit des portions totalement ou partiellement abandonnées par le fleuve, des dérivations étendues complètement à sec; ces derniers caractères, communs d'ailleurs à tout le Chari, ne sauraient étonner dans un pays soumis à de si importantes différences de saisons, où en outre la perte infligée aux cours d'eau par les sables et l'évaporation est énorme; une des conséquences en est un changement frappant, bi-annuel, des sites; tel d'entre eux vous aura frappé aux basses eaux qui vous devient inconnu aux eaux hautes. Les fleuves comme celui-ci n'ont pas, en effet, pour subsister, les apports périodiques des masses d'eau et de neige enfermées dans les cuvettes de nos montagnes européennes; ils ne vivent que des pluies de quelques mois; si elles sont peu nombreuses pendant plusieurs années, le cours de petits affluents s'ampute en maints endroits; des caps avancent, des baies reculent, ou bien des alluvions endiguent des diverticules dont le vent et le soleil ont vite fait d'absorber le contenu liquide. Au contraire, plusieurs saisons d'hivernage donnent-elles des pluies abondantes, l'eau revient à la charge et reprend possession de ses domaines.

Le bivouac établi à l'extrémité de la chaîne la plus septentrionale des monts Niellim, j'ai profité de la dernière heure du jour pour accomplir, encore une fois, le pèlerinage des monticules rocheux qui virent l'héroïque défense de Bretonnet et de ses compagnons le 17 juillet 1899, lutte homérique pendant six heures, dans ces retranchements naturels, de cinq Européens et quarante-quatre soldats sénégalais avec trois pièces de canon contre deux mille fusils de Rabah. La colonne Bretonnet n'était que l'avant-garde de la mission Gentil. Prévenu le 3 août de l'attaque imminente, Gentil n'arriva que pour recueillir un survivant, le seul, le sergent Samba-Sall, fait prisonnier après avoir eu le bras fracassé, fuyant dans la brousse malgré ses souffrances, et qui put dire comme glorieusement les autres avaient succombé. On ne peut se défendre d'un sentiment de tristesse dans la contemplation de ces témoins de l'agonie de cette poignée de braves. Il y a trois ans, sur un vaste espace, des crânes, des ossements, attestaient de la magnifique énergie de leur défense; Rabah écumant de rage perdit là huit cents de ses meilleurs soldats ; aujourd'hui il reste à peine trace de l'hécatombe ; l'eau, le soleil, ont peu à peu effrité ces restes ; le sable, accouru sur les ailes du vent, les a ensevelis. Deux planches en croix indiquent au passant européen où il peut rendre hommage à ses morts ; sur une plaquette de fer-blanc, débris d'une caisse à farine qui y fut apposé, ces mots ont été tracés avec la pointe d'un clou :

Lieutenant de vaisseau Bretonnet.
Lieutenant Durand-Autier.
Lieutenant Braun.
Maréchal des logis Martin.

Trois mois plus tard, la défaite de Kouno était la première vengeance

UNE PETITE DIVAGATION DU CHARI.
(Photo. Bruel. Cliché du *Comité de l'Afrique française*.)

tirée de ce massacre ; mais Rabah ripostait par la pendaison de Behagle, un nom héroïque à ajouter aux autres. Dans un but purement commercial, de Behagle s'était proposé de parcourir l'Afrique, du Congo à la Méditerranée et, contre tous les avis, était parti en flèche, seul blanc, pour pénétrer dans les États du sultan noir. Retenu prisonnier à Dikoa, dans le Bornou allemand actuel, averti de l'arrêt qui le condamne à mort, son attitude calme et dédaigneuse en impose jusqu'à ses gardiens ; des esclaves envahissent sa case ; ligoté, il est porté sur leurs épaules au lieu du supplice, la place du marché de Dikoa, où la potence a été dressée et, au moment d'être attaché au gibet, se retournant fièrement vers les bourreaux : « Regardez, s'écrie-t-il, comment un Français sait mourir, et rappelez-vous que bientôt il en viendra d'autres pour me venger. »

Simple et tranquille intrépidité, si digne de toute notre admiration ! Tous ceux qui ont vécu dans un pays musulman en voie de conquête, surtout lorsque cette conquête s'opère, comme au Chari-Tchad, avec des troupes de races africaines uniquement et, comme ce fut toujours au centre-africain, avec quelques centaines de mercenaires et une poignée d'Européens, savent quelle gravité particulière revêtent l'échec du plus petit détachement, la mort seulement du blanc qui le commande, par suite de l'effet moral considérable produit sur les indigènes : il y a atteinte portée — quelque peu que ce soit, cela est toujours grave — au prestige, qui fait la force principale des Européens dans ces contrées ; la confiance, l'ardeur, le mordant de l'ennemi, s'exaltent à un très haut degré, ses haines même en sont attisées. Étant données les circonstances particulières dans lesquelles se trouvaient les territoires du Chari-Tchad en 1899, pays nouveaux où, fait sans précédent dans nos annales coloniales, si riches en beaux gestes pourtant, les trois missions parties de l'Algérie, du Sénégal et du Congo, sans presque de nouvelles l'une de l'autre, essayaient péniblement de se donner la main pour s'attaquer à l'un des plus redoutables adversaires noirs avec lesquels nous ayons eu à nous mesurer en Afrique, le massacre du détachement Bretonnet, sa mort et celle de ses compagnons, l'exécution de Behagle, pouvaient avoir des conséquences néfastes très grandes. Il n'en fut rien. Bien au contraire, si héroïques furent ces morts, si haut parlait la valeur de ces vaillants que chez Rabah et ses gens, bons juges en matière de courage, elles ne firent naître qu'un sentiment, l'appréhension du résultat des luttes à venir. Leur impression ! elle me fut traduite par un de mes spahis ; ancien cavalier d'une des « bannières » de Rabah, il obtint, comme beaucoup d'autres, après la fin de son sultan, de contracter un engagement dans nos troupes ; il avait été témoin de la pendaison de Behagle à Dikoa : « Sidi-Moussa, me disait-il (c'est le nom qu'ont donné à Behagle les indigènes du Bas-Chari), était le premier blanc que la plupart de nous voyaient ; bien peu avaient eu occasion d'en connaître à Trabletz (Tripoli). Quand nous vîmes combien il était mort fièrement, quand nous sûmes comment Bretonnet s'était battu à Niellim, en nous tuant tant de nos frères, nous fûmes bien certains que vous et vos Sénégalais étiez des hommes, et nous nous dîmes que nous allions avoir bien de la peine à lutter contre vous. »

Ce n'était pas là une vaine flatterie de mon spahi ; ces sentiments influèrent certainement sur les combats de Kouno et de Koussouri dans lesquels allait sombrer la fortune de Rabah ; l'écho s'en retrouve aujourd'hui encore au Chari et empêche d'être lugubres ces deux pages de l'épopée de notre conquête.

30 septembre. — Ce matin une nouvelle provision de viande fraîche nous est venue dans des circonstances bizarres : entendant les pagayeurs pousser des cris, je sors du chimbek; à deux cents mètres en aval, à peu de distance du bord de l'eau, une antilope se débat, bêlant lamentablement; en torsions désespérées l'arrière-train s'agite autour d'un des membres antérieurs tendu en avant, comme rivé au fond ; peu à peu la malheureuse bête est attirée vers le milieu du fleuve. Tout de suite je me rends compte du drame : un caïman l'a surprise à l'abreuvoir et happée; nous arrivons, à grands coups de pagaies, au moment où la tête et les longues cornes vont disparaître à leur tour ; un coup de fusil tiré au jugé a fait lâcher prise à l'agresseur et on a hissé à bord l'antilope asphyxiée.

Les sauriens pullulent dans le bief ; ils se laissent glisser avec le courant ou le traversent d'une rive à l'autre ; une faible portion du dos, avec les deux globules ronds et très saillants des yeux, émergent seuls alors de l'eau miroitante ; à notre approche, ils disparaissent en se laissant couler doucement. D'autres se chauffent au soleil sur le sable et fuient vers l'élément liquide avec une rapidité surprenante, leurs vilaines grosses pattes écartées.

A dix heures, aperçu dans le lointain le panache de fumée du *Léon Blot* le cap sur Fort-Archambault ; j'aurais bien voulu l'accoster ; il y a presque certainement des Européens rapatriés à bord, mais il longe la rive droite à trois kilomètres au moins de nous, trop loin pour que nous puissions le joindre à travers le dédale des bancs de sable.

A une heure de l'après-midi, la baleinière accoste le poste de Damraou ; l'adjudant qui en est le chef me remet un pli du colonel commandant le territoire ; il contient l'ordre suivant : « Le lieu-« tenant de cavalerie Deschamps, arrivant de France, débarquera à « Damraou ; par la ligne des postes Melfi, Bédanga, Bokoro, il se « rendra à Aouni (Fitri) pour y prendre le commandement de « l'escadron de spahis. »

Cet ordre est le bienvenu. Non seulement je suis heureux d'être appelé au commandement de l'escadron, mais d'aller le retrouver en passant par une portion du territoire qui m'est tout à fait inconnue ; car j'ai toujours été en service, à mon précédent séjour, dans les régions voisines du lac Tchad et avais suivi, pour y arriver, le fleuve jusqu'à Fort-Lamy. L'adjudant le Bayon m'a appris que la raison de l'affectation qui m'est donnée est le rapatriement, pour cause de maladie, du capitaine Devedeix, à la tête de l'escadron de spahis depuis deux ans; il était sur le *Léon Blot* croisé ce matin.

Je me suis tout de suite préoccupé de mon nouvel itinéraire, afin d'en régler les étapes. Ce n'est pas des plus aisés : le Bayon vient de prendre le commandement du secteur ; il n'en existe pas de carte, pas le plus petit levé. L'arrivée d'un courrier équestre de Melfi nous tire d'affaire ; il me guidera en y retournant. C'est un Arabe du nom d'Abdherraman, très mince, d'un noir d'encre, mais le type invraisemblablement sémite, le nez surtout; une barbiche drue qui pointe au menton termine la longue figure aux fossettes vigoureuses, accentue la finesse de la bouche qui montre, lorsqu'elle parle, des dents magnifiques. Des yeux aux longs cils où passent des lueurs aussi vite allumées qu'éteintes, le sourire énigmatique, l'air roublard, achèvent chez lui le type parfait du croisé de sang nègre avec le sémite. Sur sa poitrine est le scapulaire musulman, l'enveloppe quadrangulaire en cuir contenant des versets du Coran ou du sable de la Mecque; dans sa main le chapelet aux grains séparés par les petits tubes.

Je procède à un interrogatoire du genre de ceux qui ont, si souvent déjà, mis à l'épreuve ma patience : « Je vais à Melfi ; combien de jours de marche ? Comment s'appellent les villages d'ici là ? Si nous partons demain au point du jour, où sera le soleil lorsque nous arriverons au premier ?... au second ?... etc. »

Bribe à bribe il faut arracher les indications. Accroupi face à moi, après avoir, du plat de la main, aplani une large surface de sable, Abdherraman y trace les grandes directions de la piste, les sinuosités des marigots ou rivières qu'elle traverse, implante, pour marquer l'emplacement des villages, l'extrémité d'un doigt couvert de grosses bagues en argent provenant de la fonte de thalers ; d'un mouvement compassé il lève son long bras maigre vers différents points du zénith ; entre deux renseignements, un jet de salive part d'entre ses dents, à la manière des voyous de faubourgs, mais, poliment, il le recouvre aussitôt d'une pincée de sable.

Une heure de colloque m'a édifié : je suis à cinq journées de Melfi ; il y a de Melfi à Bedanga trois étapes, cinq entre Bedanga et Bokoro, qui est lui-même à cinquante kilomètres d'Aouni; avec les arrêts dans les postes j'en ai pour quinze jours. Nous sommes à la fin de l'hivernage, ce qui fait que les pistes sont souvent inondées, mais de nombreux villages permettent de compter sur un gîte facile presque chaque jour. Le Bayon me fournira un cheval et trente porteurs.

Cette nouvelle mise en train de départ, pendant qu'on met à terre mes colis, m'a mené à la fin de l'après-midi et j'ai à peine le temps d'accomplir la promenade hygiénique autant qu'instructive à laquelle je manque le moins souvent possible autour des postes. Dans un petit rayon autour de Damraou et sur les bords du fleuve existent deux villages, l'un de Sarraouas, l'autre de Boas, toujours des fétichistes. Les logis sont identiques, en troupeaux, réunis en groupes d'importances diverses tassés au pied d'ombrages de crépuscule. Si le type des habitants diffère quelque peu de celui des voisins d'Archambault, l'habit est sensiblement le même ; le tablier de peau fait toujours les frais de l'accoutrement masculin ; une petite variante seulement, il est porté en caleçon de bain ; les plus habillées de ces dames sont ceintes d'une cordelette portant deux bouquets de feuilles, un devant, un derrière, protecteurs des principes. Mon passage dans les ruelles du village Sarraoua effarouche des jeunesses qui se précipitent à l'abri des paillassons : j'ai juste le temps de percevoir l'envolement des bouquets côté pile ; les petites sottes ! méfiantes sans raison bien sûr. Dans la grande rue je coudoie des gens plus sociables, des vieilles dont le squelette semble se mouvoir dans les plis d'un sac en peau parcheminée, le brûle-gueule noirci au coin de la bouche ; une matrone enceinte de six mois se hâte à grands coups de ventre, un autre moutard en croupe ; deux ménagères avec des ventres comme ça encore (toutes ces épouses adorent la famille) pétrissent énergiquement du maïs au même mortier et les mouvements alternatifs des longs et lourds pilons font saillir, à chaque redressement des reins, tout le jeu serré de leurs muscles de vigoureuses femelles en même temps que de leurs poitrines jaillissent des *han-han* essoufflés.

Devant Damraou le lit du Chari est de huit cents mètres environ ; ses eaux circulent dans des canaux de cent cinquante à deux cents mètres de large formés par les bancs de sable. La rive opposée est allemande depuis Damtar, à une dizaine de kilomètres au sud ; la frontière est tracée là par le dixième parallèle, qui forme avec le cours du Chari l'angle que M. Gentil a baptisé « le bec de canard ». C'était autrefois un gros centre de population que les Allemands nous ont réclamé et que nous leur avons cédé (question de point géographique plus ou moins rectifié) ; il paraît que nous étions plus sympathiques aux indigènes, car, du coup, ils ont tous passé de notre côté (1). La vue s'étend très au loin sur la rive gauche ; on aperçoit des marais desséchés, tout nus, puis des prairies, et derrière, soulignant les premiers plans d'un gros trait noir, la ligne d'arbres.

Le Bayon m'avait bien prévenu de dîner avant le coucher du soleil si je voulais manger tranquille ; les symphonies habituelles se sont fait entendre même avant le dessert ; à peine l'astre tombé derrière l'horizon et avalé mon dernier morceau d'un filet de l'antilope

(1) De nouveaux arrangements avec l'Allemagne viennent de couper l'extrémité du bec de canard et de nous la donner.

pêchée ce matin, des bourdonnements accompagnés de démangeaisons ont frôlé mes oreilles. Pendant quelque temps, enveloppé d'une couverture, j'ai tenu bon, mais il n'y a bientôt plus moyen de résister ; un nuage m'environne, harcelant, implacable. Pendant que Tourgou bat la chamade avec ma veste, je me faufile aussi vite que possible sous mon voile de tulle, emportant mon attirail de fumeur.

Mon lit a été dressé tout contre le bord de la falaise ; la nuit est superbe ; les eaux du Chari miroitent sous l'éclat de tous les flambeaux allumés là haut. Il y a grande fête chez les poissons ; ce doit être l'époque du frai, tous frétillent ; j'entends les plus gros bondir et retomber avec grand bruit ; une légère brise s'est levée et ma moustiquaire bat à petits coups comme un éventail. Il ferait si bon dehors sans ces pestes d'insectes ! Des lucioles zèbrent la pénombre de leur fanal brillant ; les mêmes sons bizarres s'élèvent qu'on n'entend jamais lorsque le soleil vainqueur repousse jusqu'aux plus petits insectes au fond de leurs refuges.

Étendu sur ma couverture, les yeux aux étoiles, confidentes, veilleuses discrètes de ces nuits-là, j'attends que le sommeil condescende à me prendre tout à fait. Soudain, sur la berge allemande un rugissement caverneux retentit, fait de deux expirations, une longue et une brève, qui se répètent trois fois, suivies d'une série d'autres, courtes, saccadées d'abord, puis traînardes ; du côté de Damtar, un autre rugissement semblable répond ; un autre encore un peu plus dans l'intérieur des prairies ; puis, de notre côté, et beaucoup plus près, un animal, deux, trois, manifestent tour à tour leur présence.

— Les entendez-vous ? me demande le Bayon, couché à peu de distance.

— Si je les entends ! Quel creux !

— Il paraît, me dit l'adjudant, que c'est à peu près tous les soirs la même sérénade, depuis quinze jours qu'il est à Damraou ; c'est la première fois, pour ma part, que j'entends autant d'échantillons de cette musique ensemble. Ça a duré une demi-heure sans aucun arrêt.

Je me suis assoupi, quand, tout à coup, je vibre de la tête aux pieds : un rugissement encore, formidable celui-ci ; je saute hors de ma moustiquaire et sur ma carabine ; l'animal est-il dans le poste ? Je cours du côté du camp des tirailleurs où se font entendre des appels et des cris de femmes... Fausse alerte, le lion est bien venu jusqu'à l'enceinte, rôder autour du parc où se trouvent des cabris, mais il s'en est allé. Nous entendons deux fois encore son rauquement à peu de distance, puis plus rien.

2 octobre. — En route au tout petit jour. Je laisse à Tourgou la direction de la caravane de porteurs et file en avant avec Abdherraman, à cheval lui aussi et portant ma carabine accrochée au pommeau de sa selle.

Pas beau le pays : plat, avec quelques ondulations seulement et toujours la même brousse d'arbres de trois à quatre mètres, au tronc en tortil et sur la plupart desquels chaque feuille boude de son côté. Les mares d'hivernage qui abondent nous obligent à de continuels lacets.

Les pluies ont fait pousser démesurément les grandes herbes; une heure avant d'arriver au village de Gol, s'étale devant moi sur un plateau immense avec une légère pente qui permet à la vue de s'étendre jusqu'aux dernières limites de l'horizon, une véritable mer d'herbes jaunies déjà, bien que l'hivernage finisse à peine, l'aspect d'une plaine de Beauce avant la moisson ; mais dans celle-ci les tiges ont une hauteur double et ne seront fauchées que par le feu ; les têtes de rares boqueteaux la piquettent çà et là ou les noirs moignons lamentables d'arbres calcinés. La marche est très pénible dans cette muraille, à travers laquelle il faut passer les coudes écartés ; à cheval elle me domine encore, emprisonnant une chaleur humide qui entretient une continuelle transpiration. Mon cheval n'avance plus qu'avec hésitation, les naseaux à terre, soufflant avec inquiétude, marquant de brusques arrêts, glissant dans les excavations et butant à des souches invisibles. Par instants Abdherraman ayant pris de la distance, je suis obligé de le héler, ou bien c'est la tache blanche de sa calotte un instant aperçue ou seulement le frémissement des tiges qui m'indique la direction.

Dans les parties des dépressions marécageuses où la vase s'est desséchée, pétrifiée, elle conserve, moulée en creux, les empreintes de pieds d'oiseaux, du sabot des girafes, des rhinocéros ou des griffes de fauves ; des compagnies de pintades y picorent, quelquefois plusieurs centaines, et, si notre approche les effarouche, fuient en piétant avec une vitesse extraordinaire.

Halte-repas au petit village de Gol, après trois heures de marche seulement. Je n'ai eu qu'à me féliciter d'avoir ainsi écourté l'étape ; les porteurs sont arrivés deux heures et demie après moi, éreintés ; il y a de quoi. Il faut les maintenir en forme ; je remets mes guêtres et pars en chasse avec quatre indigènes ; après une heure, deux antilopes et deux phacochères au tableau, près de deux cents kilos de viande.

Mes gens gavés, on repart coucher à un village un peu plus loin. Même disposition que ceux de Fort-Archambault et pour la même raison, de petits ermitages perdus dans la forêt de tiges de mil qui encadrent la marche pendant des kilomètres et sur lesquels volent sans cesse, affamées, des légions de passereaux. Un peu avant d'arriver au gîte et comme je descendais le flanc d'une longue dépression herbeuse, une harde de cinq girafes a défilé à cinquante mètres : aucun affolement, elles n'ont probablement jamais été chassées, les chevaux étant très rares dans ce secteur ; du moins mon accoutrement européen doit-il être le premier qui se présente à leur vue ; en ligne le troupeau ébahi s'est arrêté, me regardant de tous ses yeux. Les jolis animaux ! le corps rigide, les naseaux, les petites oreilles seuls frémissants, si beaux dans le rayonnement qui fait luire leur pelage bigarré que j'en oublie la carabine à portée de ma main. Et je songe qu'il ne se passera pas beaucoup d'années avant que ce Tchad, dernier fief de la terre noire à peu près vierge encore de l'étreinte blanche, ce jardin zoologique qui ravit aujourd'hui, soit vide à son tour de ses bêtes, immolées au sentiment qui lance, avec combien peu de mérite certes, la balle sur ces malheureuses cibles dont chacune permet d'allonger les colonnes des carnets de chasse des plus maladroits.

Enfin, après un vigoureux ébrouement général, le troupeau a pris un *canter* d'un amble majestueux ; le long cou presque droit sur l'épaule, la queue en tire-bouchon, les grosses pattes de derrière se projetant en même temps en avant et de côté, très écartées, enveloppant pour ainsi dire les pattes antérieures, l'avant-main plongeant à chaque battue, allure bizarre, qui donne assez l'impression des oscillations répétées du tangage d'un gros bateau.

Aujourd'hui, étape aquatique pendant la plus grande partie de la journée. La piste coupait à trois reprises les lacets du Bahar-el-Garat (1), et chaque fois, pendant quatre à cinq cents mètres, il a fallu passer avec de l'eau jusqu'aux hanches.

Abdherraman, nos deux selles amarrées sur les épaules, guide les chevaux ; je suis, tenant haut ma cartouchière et ma carabine, puis les porteurs en procession, les deux mains crispées aux bords de la charge, tâtant du pied le fonds gluant avant de risquer un pas. Un cri soudain ; je me retourne ; l'un d'eux a buté et piqué sa tête : la charge a fait comme lui ; j'en regarde le numéro une fois qu'elle est repêchée, ce n'est qu'une mallette de linge. Mais le bahar est décidément méchant ; une minute après, à la queue de la colonne, voilà qu'une caisse en bois prend encore un bain ; aux vociférations de Tourgou, je vois que cette fois c'est plus grave ; et en effet, il s'agit d'une

(1) *Bahar* signifie en arabe étendue d'eau, fleuve.

provision de farine achetée au magasin de Fort-Archambault : il va falloir me remettre au biscuit.

Ces déambulations dans la vase nous retardent considérablement ; aujourd'hui, en quatre heures et demie de marche, — on ne peut demander davantage aux hommes dans de pareilles conditions, — je suis sûr que nous n'avons pas abattu plus de dix kilomètres. Les jambes sortent de ce bourbier couvertes d'un enduit visqueux, tenace et mal odorant.

Ces Bahars ou Bat-Ha (1) sont des dépressions très sinueuses qui se remplissent plus ou moins d'eau à la saison des pluies ; ils couvrent tout le pays à l'est du Chari. Le capitaine Freydenberg, qui en a étudié les caractères, considère ceux du nord comme des divagations de bras qui se sont formés dans un ancien delta du Chari et sont alimentés par lui ; ceux de la région où je passe, comme des collecteurs des eaux des massifs rocheux qui bordent la ligne Melfi-Bedanga. Il paraît certain que, reliés les uns aux autres, ils mettaient autrefois en communication constante le Chari et la région du Fitri. Mais, ici encore, tout comme sur le fleuve, la nature agit au gré de ses caprices : pendant plusieurs années de sécheresse, le soleil, le vent, le sable, accomplissent leur œuvre ; au contraire, si l'hivernage donne des pluies abondantes au cours de saisons consécutives, les eaux se minent de nouveau un chemin, et alors il suffit de la coïncidence d'une importante crue du fleuve pour qu'un trait d'union liquide existe quelque temps entre la lagune et lui.

Sur les bords des bahars sont de très beaux arbres, surtout des tamariniers, des hadjelids et des mimosas ; dans les parties non garnies par l'eau, la proximité de la nappe souterraine a fait pousser une végétation herbacée et des roseaux en touffes dépassant deux mètres de hauteur Les mares d'hivernage sont une autre caractéristique du pays : isolées ou en chapelet, elles subsistent jusqu'aux mois de décembre ou janvier ; après la disparition de l'eau, le fond argileux se fendille sous l'ardeur du soleil ; elles présentent alors tout à fait l'aspect d'une cuvette dont un choc a brisé la partie centrale.

Dans les prairies en bordure des bahars la quantité d'antilopes de toute taille est fabuleuse : ce matin un troupeau d'une cinquantaine de bubales, gros comme des mulets, barrait le sentier. J'ai tiré à cent cinquante mètres et abattu l'un d'eux, puis un autre ; le troupeau ahuri n'a pas bougé un membre. La piste de Damraou à Melfi est très peu fréquentée par les Européens ; c'était évidemment la première fois que ces animaux entendaient une détonation d'arme à feu. J'aurais pu, dans les mêmes conditions et si j'avais écouté

(1) *Bat-Ha*, altération du mot arabe *Batihat*, qui veut dire : lit de torrent.

mes gens, jeter bas un tiers de ces pauvres. Ce n'est plus un gibier, ce n'est plus de la chasse, c'est le massacre des innocents et, je le jure, par Allah, pas un autre souci ne m'a fait m'en prendre à ceux-ci que celui d'approvisionner le garde-manger.

En somme, la zone que je traverse depuis quarante-huit heures est presque complètement sous l'eau. Je dois me trouver aujourd'hui à une trentaine de kilomètres sud-sud-ouest de Melfi, simple estime basée sur le levé d'itinéraires que j'exécute chaque jour *grosso modo*.

Nous avons si bien zigzagué d'un bahar à un marigot et d'une mare à une autre que, ce soir, Abdherraman n'y était plus du tout. A cinq heures et demie du soir il me disait : *Hillé grib*, « le village est tout près » ; à six heures, en hochant la tête : *Hillé baïd chouia*, « le village est encore un peu loin » ; à la brune, il a fallu qu'il m'avouât, tout marri, qu'il ne savait pas où nous étions. J'allais donner l'ordre de camper, quand un homme a aperçu plusieurs lueurs vers l'est ; à cette époque il n'y a pas de feux de brousse ; nous nous sommes donc mis en quête des gens qui avaient allumé ceux-ci.

Une heure de marche dans l'obscurité et la boue toujours, qui tient comme de la glu, nous mène contre le bord d'un grand plateau sablonneux où campent des groupes d Arabes du Salamat mêlés à des Peulh, des pasteurs vivant au jour le jour, ne tenant au sol que là où il leur donne des pâturages et de l'eau.

Sur l'herbe rare d'une éminence sans un arbre, vaguement éclairés par deux cents, trois cents maigres bûchers dont la fumée monte droit au ciel comme celle d'un feu de sacrifice, sont piquetés au hasard autant d'abris faits d'une carcasse de bois repliés en arceaux et sur lesquels de grandes nattes ont été jetées, puis fixées avec des fibres de palmier ; dans le dédale des ruelles passent et repassent des silhouettes d'Arabes décharnées, longues à n'en plus finir, mais élégantes, superbement drapées dans leurs guenilles, les ombres moins allongées et plus replètes des Peulh. Des formes féminines sont accroupies près de grandes marmites ; des corps étendus côte à côte sur des nattes, entièrement enveloppés y compris la tête, reposent déjà, taches d'ombres près de chaque feu. Des centaines de chiens hurlent ; il n'est pas de famille qui n'en possède deux ou trois pour garder ses ovins des rôdeurs de nuit, bêtes ou humains ; ils hurlent, hurlent sans cesse, en montrant les dents, furibonds, faméliques, la queue basse, les poils jaunes hérissés en paquets de dards, les *kelb* honnis des musulmans, ne vivant que de vols et de charognes ; et, comme le souvenir me vient de nuits de supplice, sans un instant de sommeil, au milieu de ces démons, je donne l'ordre à Tourgou d'aller planter notre bivouac suffisamment loin du campement.

Le bétail, des centaines de bœufs, plusieurs milliers de moutons et cabris est enfermé dans des *zeribas* (enceintes épineuses) : ovins blancs ou noirs de types multiples, résultats de croisements désordonnés, à la toison pileuse et inutilisée ; — ils s'abstiennent intelligemment, au Centre africain, de revêtir un manteau crépu et laineux ; — bovidés de deux espèces, le zébu analogue à celui du Niger et le bœuf du Tchad bien reconnaissable, lui, à ses formes volumineuses, son garrot dépourvu de bosse, sa robe blanche le plus souvent et surtout ses cornes immenses en croissant ; des chevaux hennissent et piaffent à l'approche des nôtres ; des bourricots braient lamentablement.

Des brassées de broussailles ont élevé la flamme des bûchers les plus proches ; un groupe s'avance avec des saluts sans fin dans cette langue religieuse du Koran qui semble toute faite de bénédictions : « *Afia, afia, Allah isselmek,* la paix, la paix, Dieu te protège. » Une procession masculine suit, chacun portant à pleines mains les grosses calebasses contenant les gâteaux de mil et le lait aigre, un régal, ce dernier, pour les estomacs de mes porteurs païens.

J'apprécie tout autant la calebasse de lait frais, mousseux, dont on me fait hommage à moi-même, tellement que là se borne mon dîner ; après un savonnage au clair de la lune, des cheveux au bout des pieds, à peu près nettoyé, je me couche pour dormir, à peine allongé, du sommeil de plomb.

Mon itinéraire traverse maintenant ce que les géologues venus au Tchad ont appelé sa province pétrographique, semée de groupements de roches d'une centaine de mètres d'altitude ; les villages sont bâtis au pied, les cases serrées les unes contre les autres.

Avant notre occupation du territoire, les indigènes en construisaient d'autres sur le massif rocheux ; la récolte de grain y était amassée ; des fissures, formant citernes naturelles, leur assuraient la provision d'eau. Une bande ouadaïenne était-elle signalée, tous allaient chercher refuge dans ce réduit d'où ils défiaient les attaques ; au besoin même, ils élisaient asile dans des grottes ou plutôt des cheminées formées par les amoncellements de blocs. Quelques récalcitrants trouvent, aujourd'hui encore, le moyen bon pour différer le paiement de l'impôt.

Pendant la dernière étape avant Melfi, nous suivons un plateau

argilo-sablonneux sans solution de continuité, sur lequel campent de nombreux groupes d'Arabes ou de Fellatas.

Je n'avais vu jusqu'ici que de petits groupements granitiques ou des pitons isolés ; à Melfi, les formations prennent beaucoup d'ampleur, deviennent plus élevées et arrivent à constituer des massifs de trois à quatre cents mètres d'altitude au-dessus de la plaine environnante. Ma caravane a dû franchir, non sans difficultés, un col semé de cailloux roulants pour arriver au centre de l'amphithéâtre où est bâti le poste. Le site a vraiment du charme : dans une direction sud-ouest nord-est s'allonge sur plusieurs kilomètres la chaîne que nous venons de franchir ; ses ramifications enceignent le poste vers le sud. Le capitaine Mongin, qui commande à Melfi la troisième compagnie du bataillon, me dit que l'un des pitons voisins a été mesuré cinq cent dix mètres, d'autres quatre cent quatre-vingts, quatre cent cinquante ; on a l'avantage appréciable de pouvoir se promener, dans certaines parties du camp, sans casque sur la tête, à partir de quatre heures du soir. Plus au sud-est, d'autres monts, ceux de Boli ; vers l'est, encore une ligne montagneuse.

De Melfi à Bédanga, les massifs granitiques sont à peu près continus ; l'altitude est de cent cinquante à deux cents mètres. Ils consistent en amoncellements de blocs sphériques ou de dalles lisses, ou bien sont formés de deux ou plusieurs cônes réunis par leurs bases ; le pied des roches est noyé dans des formations de latérite ; quelques maigres arbustes dans les excavations où un peu d'humus s'est amassé ; tout le terrain environnant est argilo-sablonneux. A partir de Melfi, et pendant une quinzaine de kilomètres, le sentier serpente dans un vrai défilé bordé de roches des deux côtés.

Sur les sommets de la plupart de ces massifs sont des restes de villages-refuges, installés comme je l'ai dit, et au pied de nombreuses agglomérations de la tribu des Sokoros.

Ce sont encore des fétichistes ; de leur longue existence de bêtes traquées, il leur est resté un fonds de timidité, de torpeur. Pourtant, si l'Islam ne les a pas touchés à fond, le voisinage s'en fait sentir chez eux : tous parlent l'arabe et tous sont vêtus ; plusieurs même ont l'habillement arabe complet. pantalon large, chemise ample et chéchia.

Pendant l'étape de ce soir, tornade ; c'est la première depuis Damraou ; elle est, probablement aussi, l'une des dernières ; la saison des pluies touche à sa fin. Même à cette latitude, les tornades conservent tous les caractères de celles des pays équatoriaux ; mais, ce que l'on ne voit pas à l'équateur, elles produisent un abaissement brusque de la température ; dès leur début, dans des postes du Kanem particulièrement, j'ai constaté des différences de sept, huit et même neuf degrés en l'espace d'un quart d'heure. Il faut attribuer ce phénomène à la sécheresse très grande du terrain ; il y a évaporation rapide de l'eau tombée et abaissement subséquent de température.

L'abondance des pluies a été beaucoup moindre dans le secteur que je traverse ; les mares d'hivernage sont remplies à peine à moitié de la cuvette ; on rencontre moins de hardes d'antilopes, mais, en revanche, la girafe est abondante ; de Melfi à Bedanga j'en ai aperçu trois troupeaux, chacun de cinq à huit têtes.

Bedanga est bâti contre une ligne rocheuse longue de deux kilomètres. Le poste est commandé par mon camarade Fauque de Jonquières, de l'infanterie coloniale ; je me suis accordé près de lui une journée de repos, goûtant les douceurs d'une délicieuse hospitalité qui m'a fait lui demander s'il n'est pas d'origine écossaise. Il attend son rapatriement et a bien voulu me céder un fusil de chasse pour remplacer celui que j'ai laissé dans les eaux de l'Oubangui.

Un peloton de l'escadron est détaché à Abouraï, et c'est avec une escorte de spahis, envoyée de là, que je me suis remis en route. Abouraï est le premier village musulman que je rencontre sur cet itinéraire, borne frontière entre les pays d'Islam et les régions païennes. Tout de suite, que de changements ! quels contrastes ! Pas dans l'aspect du village ; depuis Fort-Archambault jusqu'à l'extrémité septentrionale du Tchad, où le Sahara prolonge sa dernière poussière, les agglomérations restent identiques : des paillotes piquées çà et là, hémisphériques, d'une seule pièce, ou au toit mobile posé sur un certain nombre de pieux fichés perpendiculairement en terre, sur une circonférence de trois mètres de diamètre et à un mètre cinquante de hauteur ; mais Mahomet est passé par là et les gens portent l'empreinte très profonde de son cachet : l'accueil n'est plus expansif, bruyant, brutal, mais froid et digne ; les formules de politesse : *Afia, selamlek* (la paix, salut à toi), revêtent un cérémonial tout particulier ; les plus pauvres ont, dans leurs guenilles, un port aussi rigide que celui des chefs ; la race parle ; tout décèle l'affinement.

Le vêtement des hommes se compose du pantalon très bouffant et de la grande chemise à manches courtes et à col évasé ; la tête est recouverte de la chéchia blanche ou bleue, ou du petit bonnet grec de teinte claire; aux pieds, des babouches en peau de filali ; les riches portent des bottes de même cuir. Les seules armes que nous permettions sont les sagaies aux fers de plusieurs grandeurs, en forme de feuille de laurier, les épées droites de style moyenâgeux et les couteaux à deux tranchants.

Les femmes sont drapées dans plusieurs étoffes et presque toutes sont jolies ; fini des horreurs des pays fétichistes !... Elles portent des anneaux de cuivre et d'argent aux oreilles, aux poignets et aux chevilles, des bagues aux mains ; le nombre des bijoux est en rapport avec la munificence de leurs époux successifs. Les cheveux, fins et à nattes multiples, tombent dans le cou ; sur le devant est attachée une plaque en cornaline ou en métal ; les lèvres et les gencives sont tatouées en bleu avec la cendre d'une écorce spéciale dont on les frotte après les avoir piquées avec des épines ; l'usage du koheul et du henné est général. Comme toutes leurs pareilles musulmanes, les femmes du Tchad raffolent des parfums violents ; pour remplacer les essences vendues fort cher par les colporteurs Bornouans, elles emploient les fumigations : elles placent sur des tisons des morceaux de bois de santal et s'accroupissent dessus, de façon que les étoffes qui les habillent, savamment disposées, fassent cheminée au travers de laquelle la fumée odorante circule, imprégnant toutes les parties de leur personne, pour ressortir ensuite par un petit orifice laissé dans le voisinage du cou ; longtemps après l'opération, elles conservent une odeur âcre, aromatique, pas désagréable du tout, même à un odorat européen.

C'est surtout à l'approche de la nuit que le village musulman revêt son cachet particulier : les troupeaux rentrent du pâturage; le long de leurs flancs s'agitent des garçonnets armés de longues baguettes ; il y a des centaines d'animaux : troupe houleuse des petits bovidés jaunes et noirs, aux fronts crépus ; flot des moutons et cabris qui roule onctueux et pressé, ses têtes mal équarries pointant au-dessus des dos bombés. A l'approche du village et sans intervention des conducteurs, des groupes d'animaux se séparent et prennent, entre les cases, la ruelle qui conduit à leur parc épineux ; les veaux et les agnelets, sevrés pendant le jour, bondissent en bêlant et mugissant au-devant des mères qui, un instant, s'arrêtent pour leur permettre la tétée, pendant que moutons et cabris, boucs barbus à masque de Satan, se précipitent en les bousculant au passage. Les propriétaires accourent pour enfermer leur bien ; quelques récalcitrants se sauvent à travers le village, poursuivis par les enfants ; les chiens étiques hurlent ; des poules s'envolent effarouchées ; des chevaux hennissent ; des ânes braient ; des autruches, mécontentes de ce vacarme, gloussent en haussant le plus qu'elles peuvent leur long cou, puis partent en une course affolée, les ailes étendues. Des cavaliers rentrent de course dans la brousse. Une file de femmes remonte à pas lents le sentier qui conduit aux puits, souvent creusés à de longues distances, portant l'eau dans le récipient en terre posé sur l'épaule, la tête inclinée, le bras recourbé le tenant à l'anse avec des gestes arrondis à ravir un sculpteur ; et, dans cette pose, un peu des vêtements s'écarte, découvrant des formes d'un délicieux modelé, comme moulées par un Phidias.

Puis, dominant tout, de l'étroit espace qui tient lieu de mosquée, entouré de branchages, couvert de sable fin soigneusement entretenu, la voix du marabout s'élève, forte et claire, appelant à la prière : *Allah akhbar ! Allah akhbar !...*

Et, à ces deux mots saints, les enfants se taisent, les femmes rentrent dans les cases, les paupières baissées, prier, suivant l'usage loin des regards indiscrets, les hommes se prosternent vers l'Orient mains jointes sur la poitrine, pendant que derrière eux le soleil sombre dans l'Occident empourpré.

On est bien peu documenté sur les migrations et immigrations centre-africaines ; à peine existent quelques données sur les exodes qui vont du Nil au Soudan, violents et persistants jusqu'au XVe siècle, mais sans grandes connaissances des raisons qui les enfantèrent. De façon à peu près certaine on peut établir que le Maghreb (l'Afrique du Nord) a fourni un bien petit contingent au peuplement du centre-africain ; il avait à forcer un passage trop difficile, le Sahara ; la seule tribu arabe de teinte uniformément blanche que j'aie connue au Tchad, nomadisant dans le nord-est du lac, les Ouled-Sliman, sont venus de la Tripolitaine. L'opinion a été émise que les Pharaons, qui portèrent si loin en Asie les bornes de leur empire, ont dû, à certaines époques, dominer toute l'Afrique sub-saharienne ; quinze cents ans avant notre ère, ils étaient à l'apogée de leur puissance, et, même en ne leur supposant pas de règne antérieur, ils auraient eu bien amplement le temps d'étendre, sinon leur domination effective, tout au moins une influence réelle sur ces pays. Il est certain du moins que le gros courant d'immigration en Afrique centrale est venu de l'est, de la vallée du Nil ; on retrouve sa principale route longeant le sud du désert de Libye et passant par Agadès, au nord du Tchad, pour aboutir au Niger ; il suivit cette bordure désertique probablement pour passer plus facilement à travers des populations peu denses aux abords des sables sahariens ; puis ses voies deviennent plus méridionales, descendent jusqu'au dixième degré, peut-être à cause des difficultés de ravitaillement. Du VIIe siècle semble dater l'arrivée au Niger des Sonroïs, pour ne citer que la tribu qui peut appuyer son origine égyptienne des arguments les plus décisifs : type, dialecte, architecture, traditions orales ; mais c'est du IXe au XIe siècle que les vagues de l'est sont accourues les plus nombreuses ; précisément à cette époque l'Égypte subit des secousses propres à expliquer de nombreux exodes ; la tranquillité dont elle jouissait depuis la conquête romaine est détruite du fait des fondations de l'empire arabe jetées par les premiers khalifes ; du nord au sud les riches plaines nilotiques voient peu à peu surgir les envahisseurs et fuir leurs habitants vers l'ouest, en quête d'une nouvelle patrie. L'Arabe conquérant suit bientôt lui-même, vers le XVe siècle, disent Barth et Nachtigal, à la même époque par conséquent où le Maroc envahit le Soudan, sept ou huit siècles après les apports égyptiens. Il faut encore faire appel à la raison de la barrière saharienne pour expliquer que le Niger soit resté vierge si longtemps de toutes influences du nord, de l'Algérie ou du Maroc, alors qu'une distance près de quatre fois moindre que celle du Nil l'en sépare ; nul doute aussi qu'on ne doive voir dans la prépondérance des pays du nord vers le Niger à cette époque la cause de l'arrêt de l'immigration arabe au Tchad.

Le Tchad a donc été la dernière station de ces fortes et traditionnelles poussées ; il fut toujours le carrefour où se heurtaient les vagues successives, d'où une ethnographie des plus confuses encore. Il est difficile, d'autre part, d'admettre que ces immenses territoires islamisés n'aient jamais été peuplés que par des immigrants ; il doit y avoir une ou des races autochtones. Laquelle ou lesquelles ? Sont-ce les Boulalas ou les Baguirmiens, deux des tribus les plus importantes, ou ces Kotokos, pêcheurs du Logone et du Chari auprès de Fort-Lamy, sur le compte desquels courent tant de légendes, qu'on représente comme les descendants de géants qu'on enterrait debout, dont les restes des villages, enceints d'énormes murs d'argile, garnis de fossés, les cases du même bâti, seules de ce genre au Tchad, attestent, à n'en pas douter, une civilisation plus ancienne ? Que sont ces pasteurs, errants ici comme dans toute la bande soudanienne, appelés Fellata ou Fellani dans l'est, Foulbé dans l'ouest du Chari, Peulh, Poullos ou Foullah au Sénégal, au teint cuivré, au profil si harmonieux, avec des cheveux lisses et des formes si élégantes ? que les ethnographes ont fait venir d'un peu partout, depuis l'Éthiopie jusqu'à l'Adrar sénégalais, qu'ils ont assimilés aux Berbères ou aux Nubiens de l'histoire antique ! toutes suppositions bien gratuites ; nous ne sommes pas près d'avoir la clef de ces énigmes. Certes on distingue au Tchad plusieurs types ethniques, mais le seul vraiment défini est le dernier venu, le type arabe, avec une gradation de teintes qui va du blanc au noir en passant par le jaune et le café au lait. La polygamie lui a permis d'infiltrer progressivement ses voisins, et puis ses croisements ont été d'autant plus nombreux qu'ils étaient plus recherchés, car les Arabes sont considérés comme la race supérieure, la race des conquérants, des nobles, celle qui fournit les chérifs et les marabouts, la religion et le dialecte en usage partout. Dans ces croisements c'est le type de la race supérieure qui a toujours prévalu ; le profil surtout reste caractéristique ; les signes de métissage, quand ils existent, consistent, en dehors du teint, dans l'aplatissement plus ou moins grand de la face, des lèvres un peu plus épaisses et lippues. Le dialecte courant est un dérivé de l'arabe oriental, mais de tournure bien plus euphonique.

21 octobre. — J'ai vu en passant le peloton de spahis d'Abouraï et pu constater sa bonne tenue, toute à l'honneur du lieutenant Lebon, qui ne l'a quitté que pour aller remplacer, il y a peu de temps, le capitaine Devedeix à la tête de la portion centrale de l'escadron à Aouni ; il est en ce moment sous les ordres du maréchal des logis Armand.

Pressé d'arriver au but, je suis reparti le soir même dans la direction de Bokoro. Une des conséquences de mon entrée en pays de musulmans pasteurs est que mes bagages sont maintenant transportés à dos de bœufs ; le chameau ne vit pas encore à cette latitude ; il y tombe trop d'eau ; partant il y existe trop de mouches et de moustiques, deux de ses mortels ennemis.

Sur les flancs des zébus, contre un double paillasson en guise de bât, deux charges se font équilibre, arrimées au moyen de cordes en fibres de palmier. Le pilote de l'animal se juche entre les deux, les jambes pendant de chaque côté de la bosse, et gouverne au moyen d'une corde passée dans les naseaux. Ce n'est pas encore le moyen de transport rêvé : les villages réquisitionnés ont amené, cela va sans dire, les plus mauvaises parmi leurs bêtes ; elles sont fatiguées, maigres ; des blessures ensanglantent les garrots et les côtes. Au moment de démarrer, quatre bœufs sur seize qui composent mon convoi ont fait la mauvaise tête ; après force mugissements et galipettes, conducteurs et caisses projetés comme balles par-dessus les cornes se sont étalés avec cris et fracas dans la cour du poste ; d'une caisse éventrée le contenu liquide suinte ou dégouline : confitures, champagne, vins toniques, toutes petites douceurs réservées pour le cas de convalescence et qui depuis Brazzaville ont été de ma part l'objet d'une sollicitude toute particulière ; le dégât est irrémédiable.

Trois quarts d'heure perdus pour rattraper les récalcitrants, partis d'un galop furieux à travers les cases, les recharger et les décider à s'ébranler d'un pas tranquille et lent. A cheval j'ai pris les devants ; j'étais à neuf heures du soir au point d'eau choisi pour le bivouac ; mon convoi-tortue ne m'y a rejoint qu'à minuit.

22 octobre. — Repris, après quatre heures de demi-sommeil, la piste de Bokoro, où j'entre à huit heures et demie. Le capitaine Jerusalemy y commande la portion centrale de la première compa-

... LES DÉCIDER A S'ÉBRANLER, D'UN PAS TRANQUILLE ET LENT.

gnie du bataillon qui a un détachement important au nord-est avec le lieutenant Legrand, à Yao, dans le secteur du Fitri ; j'ai plaisir également à faire connaissance avec le bon docteur Bouillez, si aimable et si dévoué. On me donne les nouvelles fraîches de France ; elles n'ont que deux mois de date ; venues par la voie télégraphique du Soudan jusqu'à Zinder, elles ont été ensuite apportées jusqu'ici en trois semaines par courriers à cheval.

La situation politique actuelle du Tchad m'est dépeinte par le capitaine Jerusalemy de façon à me donner bon espoir d'avoir à faire œuvre militaire intéressante J'ai eu occasion de le dire, notre territoire militaire du Tchad est borné au nord par la zone saharienne sub-tripolitaine ; tous les habitants nomades de cette région, de même que la majorité des commerçants tripolitains, sont à la complète dévotion du mahdi Sidi-Mohamed-Senoussi ; on sait ce qu'est un mahdi : l'envoyé de Dieu qui doit compléter l'œuvre de Mahomet ; il en pousse un chaque année en pays musulman ; le siège de celui-ci est à l'oasis de Koufra.

Puissance commerciale autant que religieuse, le senoussisme s'était taillé avant notre venue, dans les régions fétichistes, un vaste empire riche en marchandises d'exportation, plumes d'autruche, ivoire, mais surtout esclaves, femmes et enfants, eunuques, échangés contre des étoffes, du sucre, du thé, des armes, des tapis, du sel, etc... Sur la voie imposée par le mahdi aux caravanes, Ben-Ghazi-Koufra, partaient chaque année vers les bords de la Méditerranée dix à douze mille captifs. Le déchet était de quarante à cinquante pour cent ; malgré tout, bon commerce pour les deux parties : une captive jeune, de physique agréable, sans tache, se paie au Tchad un fusil à répétition avec cinquante cartouches, ou cinquante kilos de sel, ou quatre chameaux, ou deux chamelles ou vingt boîtes de sucre et de thé ; elle se revend à Tripoli un millier de francs. Les vieilles sont loin d'avoir cette valeur. Jusqu'à dix ans le garçonnet vaut la moitié du prix de la jeune captive ; un âge plus élevé le déprécie, parce qu'il commence à avoir les jambes assez vigoureuses pour ne songer qu'à prendre la clef de la brousse, ou plus justement des dunes de sable au cours des pérégrinations de la caravane, qui sont de trois à quatre mois jusqu'à Tripoli.

Parmi les articles d'échange des Tripolitains, les fusils et les munitions font prime ; pas d'engagement avec nos ennemis du Nord ou de l'Est après lequel on n'en recueille de marques de toutes les puissances européennes ; la France tient le record avec le fusil Gras : vendu cent sous chez nous, vingt-cinq à trente francs à Tripoli, il se paie en argent au Tchad cinquante à soixante thalers (cent cinquante à cent quatre-vingts francs).

A l'est du territoire militaire se trouve le Ouadaï, un des derniers pays ayant gardé allure moyenâgeuse, avec ses seigneurs, ses serfs rivés à la glèbe, ses ferments de révolte, ses dures répressions, sa justice expéditive et le pillage du faible érigé en règle naturelle ; dominé par un sultan au pouvoir absolu, Doudemourrah (le lion furieux). Son principal instrument de règne est une armée de dix mille soldats, dont les deux tiers possédant des fusils à tir rapide, le reste des armes à pierre ou à piston. Cette armée est sous les ordres de grands dignitaires appelés *aguids*, chargés du commandement des différentes provinces. Abécher, la capitale, dont le sultan a fait un camp retranché où il emmagasine son butin et d'où rayonnent ses bandes, joue en outre le même rôle que Zinder, Saint-Louis ou Tombouctou ; c'est un centre d'échanges, une tête de pont des pays noirs sur la mer saharienne.

Par la simple occupation des greniers à chair humaine qu'étaient les contrées de Tchad. nous nous sommes donc mis en état d'hostilité avec ces deux puissances, Ouadaï et Senoussisme. La conquête faite, les troupes de Rabah détruites, il a fallu garder le pays ainsi que je l'ai dit, avec un millier d'hommes ; malgré ce petit nombre, senoussistes et gens d'Abécher ayant apprécié la valeur des vainqueurs de Rabah, ont hésité longtemps à venir les heurter de front ; mais pendant cinq ans nous avons dû nous maintenir par ordre sur les positions conquises ; il était inévitable que notre inaction forcée dans les postes fût regardée par eux comme un signe de faiblesse ; depuis mon départ du Tchad. il y a dix-huit mois, on enregistre rezzous sur rezzous, toujours de plus en plus audacieux, du côté du Kanem au nord, sur toute notre frontière de l'Est jusqu'aux portes de Fort-Archambault ; il n'est pas possible que nous nous bornions toujours à parer ainsi les coups sans y répondre, ou, notre prestige détruit, tous ces gens organisant une coalition, nous allons nous trouver en très mauvaise posture avec nos pauvres effectifs disséminés sur d'énormes espaces.

Tel est l'état de choses ; puisse-t-il faire sortir bientôt les sabres des fourreaux et parler les bonnes carabines !

24 octobre. — Après avoir marché pendant les derniers kilomètres d'une étape nocturne à travers des monticules sablonneux où les chevaux enfoncent jusqu'aux boulets, j'arrive en vue d'Aouni, un peu avant que le soleil jaillisse de l'horizon. Je suis au but. Quatre mois exactement que j'ai quitté Bordeaux, le minimum de temps nécessaire pour couvrir cet itinéraire bizarre qui, après m'avoir promené dans l'hémisphère austral, m'a ensuite rapproché un peu plus chaque jour, à vol d'oiseau, du pays natal.

L'entrée dans ces confins désertiques, trois quarts d'heure avant Aouni, a été brusque. Cette particularité m'avait déjà surpris à diverses reprises à l'ouest, du côté du Kanem ; aucune transition ou presque entre eux et les savanes suivies depuis Fort-Crampel ; l'argile a fait subitement place au sable, le plateau à peu près absolu aux éminences et aux dunes, la futaie épineuse aux touffes rachitiques de mimosas, de gommiers, aux buissons de palmiers nains d'un vert pâle et poussiéreux, de teinte anémique. C'est bien une frontière du royaume du sable, ce royaume qui, sans doute, disait un de mes camarades sahariens, n'attire que parce que la nature y a fait le vide ; elle est bien fille du désert, en lutte incessante contre le vent qui secoue et le sable qui fouette, cette végétation terne avec ses arbustes nains mal venus, bossus, aux branchilles nues et grêles, aux feuilles émaciées, aux tiges criblées de gerçures et de nodosités ; c'est le site saharien âpre et misérable, mais empreint du cachet spécial que lui donnent sa sauvagerie même, la pureté d'un ciel qui tient

CHAMEAUX A L'ABREUVOIR.
(Cliché de la *Dépêche Coloniale.*)

plus de trente lieues de longueur, ses colorations, son air et sa lumière ; combien différent il apparaît de l'équateur aux paysages sylvestres sans horizons, aux lignes massives, aux silhouettes lourdes, à l'atmosphère de cave qui oppresse et comprime, combien préférable !

Les premiers rayons teignent l'Orient d'un rayonnement d'or, de lueurs exquises d'un éclat et d'une pureté ignorés de nos cieux pommelés, de nos climats embrumés ; dans l'air diaphane, les accidents du sol, les contours des plus petits objets, les lumières et les ombres, tout revêt des formes tranchées, se dessine avec une netteté absolue, comme les pièces d'un gigantesque plan en relief.

Sur la crête d'une des éminences sablonneuses une masse grisâtre se précise, le camp ; déjà on y reprend les occupations journalières : une serpentine se profile, ondulant sur les pentes vers le nord, la longue file équestre des spahis ; dans ma direction, en route pour le pâturage, vient le troupeau des chameaux de charge, louvoyants et haut perchés, si serrés que les longs cols s'enchevêtrent, les têtes débonnaires se balançant au sommet ; les grosses pattes paresseuses sont lancées automatiquement, les épaisses bosses jaunes tanguent régulièrement ; aux cris des convoyeurs répond un grognement continu ; tout autour des chamelons font des cabrioles, comiques avec leur cou dénudé et leur épaisse toison moutonnée ; un peu plus loin, bœufs et moutons s'éparpillent déjà, se disputant les feuilles des mimosées.

Dans une légère dépression ce sont les puits, entourés, à cette heure matinale, par un groupe bariolé de femmes de spahis avec leurs marmots ; sur le sentier qui met une déchirure dans les herbes jaunes d'autres s'avancent de leur marche déhanchée, le cou cerclé de perles raidi sous le poids des calebasses et des jarres en terre ; à mon passage les *Afia* des femmes arabes se croisent avec les *Anis-ségué* (bonjour) des Sénégalaises.

Un temps de galop dans le sable que le pied nu de mon cheval écrase sans bruit ; je franchis l'entrée du camp au-dessus de laquelle bat le drapeau portant dans le blanc de l'étamine le croissant et l'étoile, et je serre la main de Lebon. Il y a vingt mois je lui souhaitais la bienvenue à Fort-Millot, à son arrivée de France.

AOUNI. — BAROUELLA. — ATI

Lettre à mon ami le capitaine Z...

Aouni, le 2 novembre 1907.

CHER AMI,

Après les nombreuses vicissitudes d'un voyage de quatre mois en saison des pluies et le contre-coup obligé des accès de fièvre, je suis, depuis une dizaine de jours, en possession de mon poste, à Aouni, dans le secteur du Fitri, à quelque trois cents kilomètres sud-est du lac Tchad. Me voici chez moi ! Le capitaine Devedeix, qui était à la tête de l'escadron, l'a quitté, rentrant en France, le 15 du mois dernier ; il a été suivi peu après du vétérinaire Moutard. J'ai pris le commandement des mains du lieutenant Lebon. Notre pauvre escadron ! je n'aurai pas longtemps l'honneur d'être son chef ; en effet, j'ai trouvé à Aouni confirmation de ce dont on m'avait dit deux mots à mon passage au ministère à Paris : l'escadron de spahis et la batterie d'artillerie du Tchad ont vécu. Lebon m'a montré la dépêche officielle prescrivant d'avoir à s'occuper de suite des opérations de liquidation ; les termes de la dépêche ministérielle sont « que les crédits de l'artillerie et de la cavalerie ont été enlevés, ces deux unités ne servant à rien ».

Je n'ai pas besoin de protester près de vous qui savez quel a été leur rôle, leur beau rôle depuis 1900. Je sais d'autre part que grande a été la stupéfaction du colonel Largeau en apprenant qu'un trait de plume a décidé de cette exécution sommaire sans qu'on lui fasse l'honneur de lui demander son avis. Tout au moins eût-on pu être plus aimable à notre égard : invoquer pour notre mise de côté la création de nouvelles unités méharistes, bien nécessaires certes ; ou le besoin d'économies, la solde de nos hommes étant sensiblement supérieure ; non, « vous êtes des inutiles, allez-vous-en ! » Le coup est parti de Brazzaville, la condamnation a été prononcée avec sérénité par quelqu'un qui ne connut le Tchad que de sa belle case, à trois mille kilomètres de nous.

La répercussion de la nouvelle sur les hommes a été des plus vives. Ils ne comprennent pas, ces mercenaires engagés au Sénégal à des conditions qu'ils croyaient immuables. Chaque jour ce sont des interrogations comme celles-ci : « Pourquoi y a obliger nous partir ?... » — « Nous avoir pas fait mal service ; pourquoi renvoyer nous ?... »

Que leur répondre autre, sinon que « le chef des Français a décidé et qu'il n'y a qu'à obéir .. »

Et quand on leur ajoute : « Tu pourras rester au Tchad en continuant le service dans les tirailleurs... », ils secouent énergiquement la tête ; vous savez s'ils tiennent au panache, à leur veste rouge, à la culotte bleue, au casque blanc. Comment ne pas les en aimer davantage !

D'autres enfin, qui me connaissent depuis plusieurs années, viennent me dire : « Si nous savoir toi y a commander nous, nous rester au service, même tirailleurs. » Mais, de cela je ne puis leur répondre, hélas ! sais-je moi-même quel va être mon commandement de demain ? Pauvres et braves garçons ! le Tchad va perdre cent trente de ses meilleurs soldats ; on les regrettera certainement. Les deux tiers sont d'origine sénégalaise, Bambaras, Ouolofs ou Toucouleurs ; le prix de leur voyage, à huit jours près aussi lointain que celui de France, grevant fort le budget colonial, il avait été décidé, aussitôt après la conquête, que dans tous les corps on pouvait accepter dans la proportion d'un tiers des engagements volontaires d'anciens soldats de Rabah ou d'indigènes du pays ; on n'a eu qu'à se louer de la mesure ; les deux recrutements ont donné d'excellents soldats et, quoique faisant bande à part, les vaincus vivant côte à côte au camp de leurs vainqueurs, ont su demeurer avec eux dans les meilleurs termes.

Ce camp d'Aouni que je commande couvre un rectangle de cent cinquante et cent mètres enceint d'une grosse *zeriba* de un mètre de hauteur. La moitié de l'enceinte côté sud est réservée aux paillotes des Européens, aux bureaux des comptables, aux abris contenant les réserves d'habillement et de harnachement. La partie nord est occupée par les cases rondes et à toits en coupole des spahis, une soixantaine, bordant à se toucher les grands côtés ; au centre les hangars-abris des chevaux. A part les réduits servant de magasin, prison, cuisine et poudrière, qui ont des murs en pisé ou en briques d'argile, le reste est bâti avec du bois et de la paille ; vieilles d'un an seulement, toutes ces paillotes ont déjà des airs ébouriffés ; la moindre imprudence peut, en quelques secondes, allumer une fournaise où se débattraient hommes et chevaux ; j'en frémis souvent. Vous avez certainement vu brûler des villages indigènes pareillement établis : la flamme léchant tout avec une rapidité inouïe ; des cases aux matériaux archi-desséchés prenant feu par rayonnement à cinquante pas de celles qui brûlent, allumant ainsi de nouveaux foyers. Ce *rancho* d'Aouni n'a été considéré que comme l'abri de fortune provisoire d'une unité essentiellement mobile. Pour parer autant que possible au péril, les cuisines où les femmes élaborent les pâtées de mil et les couscous sont placées en dehors suffisamment loin et du côté opposé au vent régnant, le vent du nord-est, mais à cette époque où les nuits deviennent fraîches, menaces ou punitions ne peuvent arriver à supprimer la manie du petit feu au milieu du logis ; comme tous les noirs, même couverts de nos étoffes européennes, mes spahis sont les plus frileux des humains. A cent cinquante mètres de l'enceinte encore, un village d'une quarantaine de cases, habitées par les boys-fourrageurs, chargés de la dure mission d'aller, à quatre et cinq kilomètres souvent, faucher au couteau la ration de fourrage journalière ; puis par les chameliers, les gardes du troupeau des bovidés et moutons, les familles de plusieurs spahis.

Camp et dépendances ont été édifiés sur l'un des côtés d'un immense cirque entouré d'amoncellements rocheux complètement dénudés ; du sable partout, sauf à l'ouest, où une lagune à l'argile desséchée, craquelée, dessinant d'innombrables mosaïques, s'étend à la dernière limite de l'horizon jusqu'à un massif granitique qui marque l'emplacement de Moïto, où cantonne la batterie d'artillerie.

Le camp d'Aouni ne loge que la portion centrale de l'escadron formée de deux pelotons ; le troisième est à Abouraï, à une centaine de kilomètres au sud ; le quatrième est détaché à cent cinquante kilomètres, à Fort-Millot, dans le Kanem, avec le lieutenant Godard.

J'ai passé une revue minutieuse des cases-magasins. Les réserves de harnachements y sont plus sérieuses que je ne les avais jamais connues : il y a même en surnombre plusieurs de ces petites selles Lefèvre, de gabarit analogue à celui de la selle du modèle 1884, mais plus légères, qui furent adoptées dès le début et ont rendu de si bons services ; l'escadron n'en a été complètement pourvu qu'à la fin de 1905 ; jusque-là plus d'un tiers des spahis montaient en selles arabes du pays, mal équilibrées, beaucoup moins pratiques que la selle algérienne, causant de nombreuses blessures que nous soignions en recourant aux antiseptiques de nos pharmacies personnelles, faute de médicaments vétérinaires.

L'armement laisse beaucoup à désirer : les carabines surtout ont eu à souffrir du climat ; un grand nombre de lames de sabres ne tiennent plus à leurs gardes.

Peu de choses du côté habillement ; il est bien arrivé une commande de la maison Altairac d'Alger il y a un mois ; mais sur huit caisses, quatre étaient complètement perdues par l'eau qui les a envahies, et trois autres à peu près inutilisables pour la même raison ; en résumé, sur un envoi d'une valeur de plus de trois mille francs, le Congo... ou le Chari, ont épargné dix culottes et une soixantaine de chéchias ; c'est navrant. Bénis soient les Anglais qui importent tout près de nous, au Bornou, leurs guinées de toutes couleurs ; nos soldats, sans eux, marcheraient nus.

Vous parlerai-je du magasin à vivres européens ? J'ai eu occasion de vous dire la bizarrerie de notre ravitaillement sous ce rapport : quand une caisse de vinaigre arrive, l'huile est restée en route ; on reçoit du café ou du thé, mais on n'a pas de sucre, et réciproquement ; trois tonnelets de farine sur quatre sont rendus inutilisables par l'humidité ou les légions de charançons. Il existe en ce moment la provision de poivre nécessaire à la consommation d'une demi-année, alors que depuis quarante jours le sel manque et qu'il faut se contenter du produit indigène extrait de certaines plantes.

Quoi qu'il en soit, cher ami, j'ai plaisir à sentir que les trente mois antérieurement passés dans ce Tchad si prenant n'ont rien détruit de mes ardeurs de néophyte, il y a près de quatre ans déjà ! Mais à quoi vais-je les dépenser cette fois ? Que j'ai hâte de voir ma voie tracée ! Si la santé tient, je compte demander à prolonger ce séjour d'une troisième année. Il n'est pas possible que je n'aie, en ce laps de temps, occasion de faire œuvre intéressante au Ouadaï.

Je vous adresse mes meilleurs sentiments dévoués en réclamant vite de vos bonnes nouvelles.

J'ai été frappé de la moindre valeur d'une grande quantité de chevaux achetés depuis quelques mois et que l'on a eu même une certaine peine à se procurer, me dit Lebon

Les chevaux que nous possédons dans les régions à l'est du Chari et du lac Tchad méritent toute notre sollicitude ; je ne parle que de ceux-là, n'ayant fait qu'apercevoir des spécimens d'autres types vivant dans l'ouest du territoire militaire : ceux du pays Laka, du Toubouri, de l'Adamaoua ; ils sont de types fort différents, d'après ce que j'en ai vu et lu.

Pour ce qui est des animaux vivant à l'est de la ligne Chari-Tchad, on peut établir dès l'abord qu'il n'est pas plus possible de leur fixer une autochtonie qu'aux hommes ; je me suis expliqué un peu plus haut, on se le rappelle, au sujet de ces derniers ; dans la race chevaline on trouve deux types accusés : l'arabe et le barbe, avec des dégénérescences : développement moindre, empâtement, lymphatisme, ayant pour causes, au cours de longues périodes et après des phases successives, les lois inflexibles du changement d'habitat, l'indifférence des indigènes pour la sélection des produits, et des défauts de conformation imputables à l'insuffisance de soins, aux méthodes défectueuses d'élevage et de dressage, je devrais dire d'emploi, coutumières aux indigènes : accouplements souvent sans méthode, animaux montés trop jeunes, nourriture quelquefois insuffisante, modes d'entraves et d'attache défectueux, pieds mal ou jamais parés, etc., etc.

Si l'on se reporte à ce que j'ai dit des immigrations au centre africain, il est bien probable que l'arabe a dû exister avant le barbe ; dans les croisements avec les barbes, ou une ou des races autochtones ? — je laisse le point d'interrogation, -- tout comme chez les hommes c'est le type arabe qui a encore généralement prévalu, donnant à la plupart des produits une réelle distinction et un cachet d'élégance qui me frappèrent beaucoup à mon arrivée en 1904, alors que je venais de quitter les barbes du 5e chasseurs d'Afrique ; la comparaison fut toute en faveur des chevaux du Chari.

Depuis six à sept ans nous avons tué beaucoup de chevaux au Tchad et nous avons continué à puiser dans les survivants, prenant toujours parmi les plus jolis spécimens; malheureusement les soucis d'une première occupation militaire n'ont pas laissé place aux questions de réglementation de la production, de création et d'entretien de centres hippiques, jumenteries, dépôts d'étalons, d'un service permanent exclusivement affecté à la question chevaline, toutes mesures qui s'imposent de suite pour empêcher une déchéance certaine et bien regrettable.

Non seulement cette question de maintien ou même de relèvement de sa race chevaline est, pour le territoire du Tchad, de valeur intrinsèque, mais ce qu'on vient de lire sur le Congo, l'Oubangui et le Gribingui les font connaître suffisamment pour qu'on se rende compte des merveilleux débouchés qu'ils doivent être, pour les chevaux comme pour les autres produits d'élevage du Tchad, et dans un avenir pas lointain, j'ai dit ma persuasion à ce sujet.

5 novembre. — Lebon, fatigué, a passé toute la semaine avec moi. Il s'est mis aujourd'hui en route pour la France, mais ne reverra ni le Chari ni le Congo ; il a en effet obtenu de rentrer par la voie Zinder-Soudan-Sénégal, en passant par le Kanem et la pointe nord du lac Tchad ; c'est un voyage d'une durée aussi longue que l'autre, mais qui a l'avantage de faire connaître des pays nouveaux et d'éviter beaucoup de mortelles journées de baleinière, l'itinéraire aquatique étant réduit de moitié.

A quatre heures, j'ai fait monter à cheval les deux pelotons et pendant plusieurs kilomètres nous avons accompagné leur ancien chef. Lebon m'a prié de brusquer les adieux ; il les a adressés aux hommes rangés en bataille, puis a serré la main aux gradés. Je le sentais ému ; avec eux tous il a marché au feu, a connu la peine et l'honneur ; et puis, c'est indéniable, tout pays a des vertus qui font qu'on s'y attache ; les longs mois d'existence vagabonde et d'aventures créent entre la terre la moins hospitalière et l'homme qu'elle a porté tant de liens insoupçonnés jusqu'au moment de la séparation où il lui faut reconnaître tout surpris, à ce tournant d'existence, combien profondes sont les racines qu'il a poussées, combien dures à extirper.

Un bout de sentier encore, j'ai marché avec le partant ; puis une dernière étreinte, le souhait mutuel qui, en Afrique, résume tous les autres : « Bonne santé ! » Vraiment on se sent ici chose si précaire, que tout mot de séparation est poignant, d'un caractère si différent du banal « adieu » de là-bas ; ce sentiment très aigu, nous venons de le lire tous deux au fond de nos yeux.

Je n'ai tourné bride que lorsque, derrière un buisson d'acacias, se sont effacées sa veste rouge et celles de ses spahis d'escorte ; puis à travers l'argile craquelée de la lagune, au pas de mon cheval, je suis rentré au camp longtemps après que le soleil eut disparu, en quelques secondes, dans le couchant.

L'escadron de spahis du Tchad forme corps, c'est-à-dire qu'échoient pour la plupart à son commandant les attributions d'un colonel, voire la responsabilité d'une comptabilité qu'assurent dans ses détails les deux seuls maréchal des logis chef et maréchal des logis fourrier ; ce n'est pas le moins désagréable dans l'uniformité de la vie d'Aouni.

Couché à huit heures du soir, on y est levé avant le soleil ; aussitôt, travail à cheval ou plutôt longue marche destinée à maintenir la musculature des chevaux ; l'instruction des hommes n'est pas un souci ; presque tous sont des vétérans de six, huit, dix ans de service, beaucoup labourés de blessures ; des travaux de réfection dans le camp les occupent vaille que vaille en dehors de l'équitation et des pansages. Ce genre de vie n'est pas celui qui leur plaît, pas plus qu'à moi ; il est particulièrement néfaste aux Européens, très préjudiciable au bon équilibre de toutes les facultés ; la bête humaine inactive s'agite et s'inquiète vite sur le sol soudanais. Un vieil adage colonial dit : « Si tu sens que la machine va moins bien qu'à l'habitude, double la dose de quinine ; s'il survient des enrayages au moral comme au physique, envoie-la rouler longtemps sur les pistes, c'est là que tu la répareras. »

Par bonheur le Ouadaï bouge, bouge sans cesse ; encore un rezzou signalé au sud de Bokoro : un de ces jours, il va bien falloir courir sus à ces chenapans.

10 novembre. — J'arrive de Bokoro, déçu après une grosse joie et un gros espoir. Il y a quatre jours, vers trois heures de l'après-midi, le maréchal des logis chef entre chez moi, accompagné d'un

Arabe porteur d'un pli du capitaine Jerusalemy ; sur ce pli la mention « courrier rapide », c'est-à-dire un courrier qui doit parvenir dans un minimum fixé, dût-on crever le cheval ou les chevaux qui l'apportent.

Le capitaine m'informe que le chef ouadaïen Hissein-ould-Amtalaïd a envahi brusquement le Fitri avec deux cents hommes, saccagé le village de Malabesse, à l'est du poste de Yao et enlevé une centaine de femmes et d'enfants destinés aux marchés d'Abécher et de Tripoli. Le lieutenant Legrand est à sa poursuite, mais on dit qu'un ou deux aguids sont massés plus à l'est avec quatre cents fusils ; l'escadron et la batterie sont appelés en toute hâte à Bokoro, pour y joindre la première compagnie.

Ah ! ce n'a pas été long, notre mobilisation : pendant que le trompette de service sonnait les quatre appels, deux spahis galopaient à la recherche des chameaux au pâturage ; le fourrier courait à la poudrière y distribuer le complément de cartouches, — dans ces cas chaque homme en emporte cent vingt ; — avec des exclamations de joie les spahis sellaient pendant que les femmes emplissaient un coin du bissac d'un en-cas de couscous sec et granuleux et de viande boucanée ; à quatre heures, laissant le camp à une petite garde de dix hommes, et pendant que les derniers sacs de mil étaient fixés sur le dos des chameaux, nous entamions la piste de Bokoro, salués par les *Afia, Barek Allah* (la paix, Dieu vous bénisse !) des femmes.

Retardés dans la marche de nuit par le mauvais état de la piste, que les récentes pluies ont défoncée, encore plus par les branches des épineux, qui à chaque instant envahissent le sentier, nous obligeant à marcher à la queue leu leu pendant des centaines de mètres couchés sur l'encolure, il nous a fallu onze heures pour atteindre le soixante-deuxième kilomètre après Aouni. A mon arrivée à Bokoro, à trois heures du matin, la sentinelle me dit que le capitaine Jerusalemy est parti depuis la veille au soir vers Yao ; après avoir soufflé une demi-heure, nous empaumons sa voie ; arrêt à dix heures du matin au Bahar-Bourda, la chaleur étant tellement forte qu'il serait imprudent de demander un plus gros effort aux chevaux ; reprise de la marche dans l'après-midi, la nuit ; au point du jour, à quelques kilomètres de Yao, une longue ligne de poussière, des reflets d'armes ; c'est la colonne Jerusalemy qui rentre ; une fois de plus, Hissein-ould-Amtalaïd, réputé pour ses coups d'audace, nous a fait la nique ; en vain, avec ses tirailleurs à pied, Legrand a accompli à ses trousses un beau raid de cent kilomètres en vingt-six heures ; poussant son bétail humain, le chef Ouadaïen a disparu dans le Medogo. Il ne nous restait plus qu'à faire demi-tour et à regagner nos pénates, maugréants et le nez long.

UNE CORNE DE BŒUF DU TCHAD.

PORTE DU CAMP D'AOUNI.

L'inaction d'Aouni pèse de tout son poids sur mes épaules. Est-ce inaction qu'il faut dire ? Non, pas précisément ; elle n'est certes pas horizontale, ma vie : le matin, je suis à cheval au lever du soleil et ne rentre qu'entre neuf et dix heures, après des poursuites d'antilopes dans les dunes avec mon ordonnnance, mon brave Demba-Ba, au galop de mon étalon arabe à tous crins, dont les narines roses largement écartées laissent passer de vigoureux ébrouements ; les veines gonflées, avec de petits hennissements de plaisir, il bondit par-dessus les ravins minuscules, chauves presque tous, qui se joignent et s'entrelacent pour former comme des ramures. A dix heures, avec l'aide des sous-officiers, visite et pansement des hommes, des femmes, des marmots malades : excoriations, ulcères, vers de Guinée, tant d'autres cas encore à soigner, le *Formulaire* et le *Guide pratique* en main ; nous sommes bien aidés en ce rôle par l'action étonnante de tous nos médicaments sur les noirs. Puis c'est le tour des chevaux. Déjeuner, repos pendant l'averse de soleil ; chasse encore le soir, lorsque Bourguignon — c'est ainsi que le baptisa un jour un facétieux Africain — incline vers l'Occident. Tout autour du camp, dans la végétation herbacée, parmi les touffes de jujubiers, les buissons de palmiers nains dont les palmes s'entrecroisent comme des épées, se blottissent ou s'égaillent des pintades semblables à celles de nos pays, des perdreaux gris à éperon que leur instinct fait percher, tels des poulets, au coucher du soleil, sur les maigres arbustes où ils rappellent longtemps, de leurs *quieuc, quieuc* perçants, des lapins aux longues oreilles, les mêmes que ceux de l'Afrique du Nord, qui gîtent à l'instar du lièvre, au lieu de terrer ; de grandes outardes, magnifiques oiseaux, méfiants, toujours solitaires, très sauvages ; pour les approcher à cent pas, après les avoir vus se poser, il faut ramper avec des ruses de Peau-Rouge. Antilopes y compris, — il n'en existe que de petites espèces dans les parages d'Aouni, — ce gibier est d'ailleurs toujours sur l'œil ; depuis un an que le camp est installé, les Européens ont beaucoup tiré ; les animaux savent se défendre, et ainsi on retrouve au moins le plaisir de la chasse ; elle est le prétexte de longs *footings* hygiéniques ; j'y encourage les sous-officiers, qui ont tous leur fusil à plombs et disposent en outre des cartouches de carabines des plus vieux stocks. Ce que je déplore avec eux, c'est la régularité absolue du train-train journalier, sans secousses, trop semblable à celui de France, devant l'identique horizon, avec la même aurore et le même crépuscule.

La batterie d'artillerie à Moïto est sous les ordres du lieutenant Blard ; j'ai eu le plaisir de le connaître il y a deux ans : un camarade aimable, à qui j'ai voulu faire tout de suite ma visite de nouvel arrivé ; nous voisinons à cinquante kilomètres seulement.

Un joli poste Moïto, d'un cachet unique dans le territoire militaire : une bonne lieue avant d'y parvenir, on est agréablement surpris à la vue d'une silhouette originale tout à fait insolite, un grand réduit en briques, vrai donjon flanqué de bastions, tout hérissé de meurtrières, imprenable dans un pays comme celui-ci ; à côté, le camp des artilleurs et les habitations des Européens, au nombre de quatre, officier et sous-officiers : elles ont été joliment construites aussi, en briques, recouvertes de toits en chaume, supportés par des charpentes à l'ossature bien finie, constituée suivant les règles ; jambettes, lattes de faitage, tasseaux, chevrons, rien n'y manque ; il a fallu la science et le goût des camarades de l'artillerie pour faire si bien avec les pauvres ressources que fournit la végétation étiolée qui les entoure ; leurs demeures semblent si confortables quand on quitte les paillotes d'Aouni !

Les quatre pièces de 80 de montagne sont véhiculées à dos de chameau ; leur agencement sur des supports aussi anguleux, sans un espace plan, est le fruit de deux années d'expériences ; quatre bâts différents ont été mis successivement à l'essai ; on est parvenu à équilibrer les lourds engins de façon si parfaite qu'ils ont été transportés des centaines de kilomètres, sans cesse tanguants, sans qu'aucune blessure en résulte pour les grosses bosses charnues. Les chameaux sont superbes ; ils ont été achetés cent cinquante à cent soixante thalers (quatre cent cinquante à quatre cent quatre-vingts francs) aux nomades du Nord. Un animal porte la pièce, un autre l'affût et les deux roues arrimées de chaque côté. Les animaux dressés à se coucher rapidement, les artilleurs rompus à la manœuvre, la mise en batterie s'opère en un peu plus d'une minute. Blard est arrivé à faire d'excellents pointeurs non seulement de ses éléments sénégalais, mais même des indigènes anciens Rhabistes. J'ai passé dans ce joli poste deux bonnes journées en sa compagnie et celle de l'adjoint à l'intendance Saleine, venu pour donner bonne direction aux premières opérations de suppression de cette belle batterie, qui va disparaître elle aussi.

Cette nuit, alors que, rentré de Moïto à huit heures du soir, je rêvais sur le cadre de bois recouvert de paille qui constitue mon lit, de combats et de chevauchées au Ouadaï, j'ai été désagréablement tiré de mon sommeil par les cris « Au feu » des deux sentinelles. J'ai bondi hors de ma case avec cette idée : « Tout va flamber ; combien vais-je perdre de chevaux ?... »

Il ne s'agissait heureusement que du village des boys fourrageurs et des convoyeurs. Des tourbillons de fumée noire, épaisse et puante, s'élevaient déjà au-dessus du brasier, avec des poussées de flammes qui zébraient brusquement la nuit, faisant voltiger des tiges de paille incandescentes ; des cris, des pleurs d'enfants, des lamentations de femmes, des crépitements comme ceux d'un feu de peloton ; par instants, les détonations sèches en salves des pieux de soutien qui éclatent. Ç'a été l'affaire d'une demi-heure ; en vain, les premiers spahis accourus ont grimpé comme des singes au sommet des cases encore indemnes, munis de bâtons et de paniers de sable pour éteindre les flammèches dégringolant en pluie ; le feu a tout léché avec d'autant plus de rapidité que le vent soufflait en grosses bouffées, couchant la flamme, attisant la fournaise ; à chaque instant, au sommet d'un toit pointu, un peu de fumée apparaissait, puis une lueur et en quelques secondes une case enflammée par influence ajoutait une torche gigantesque à l'éblouissante clarté.

Tous les soirs, dans le cirque rocheux d'Aouni, le même phénomène se manifeste ; très peu de temps après le coucher du soleil, il se produit dans les couloirs formés par les amoncellements de cailloux des appels d'air soudains d'une grande violence ; j'attribue cette bizarrerie atmosphérique à ce qu'à cette époque se fait, aussitôt le soleil disparu, un refroidissement brusque de la température ; le thermomètre, qui vers midi marque 35 à 38°, descend le soir à 20°, puis la nuit à 18 et 15° ; cette température nous paraît très basse et nous oblige à nous couvrir beaucoup entre nos murs de paille que la bise nocturne continue, rageuse et triste, ébouriffe et fait bâiller en nous inondant de sable ; elle cesse aussi subitement qu'elle est venue, avec les premiers éclats du soleil ; mais le fond des ravins et la lagune restent cachés jusque vers sept heures sous un brouillard assez opaque.

Encore des cris ou plutôt des hurlements qui me tirent cette nuit, vers trois heures, de mon plus beau sommeil : un spahi qui rosse sa femme. J'ai allumé mon photophore et appelé le brigadier de garde ; il m'a amené les deux conjoints : le trompette Fadoul, un Arabe ; la femme, Fathma, une très jolie Fellata d'une quinzaine d'années ; elle me montre ses bras et ses épaules saignants ; le sein gauche aussi est tout abîmé ; cet animal de Fadoul a tapé comme un sourd avec son fourreau de sabre. La raison ? « Mon lieutenant, elle ne sort pas de chez mon camarade Abd-el-Kerim ; lorsque je lui ai défendu d'aller dans sa case, elle m'a insulté en disant que j'étais un fils de captifs !... » La plus grosse injure certes qui se puisse adresser en Afrique à un homme qui a l'honneur de porter des armes !

Par Allah et Mahomet son prophète la femme jure qu'elle est innocente comme l'enfant qu'elle allaite, emplit la case de sanglots éperdus, demande que je prononce le divorce : « C'est son mari qui court la prétentaine ; il ne la caresse plus qu'à coups de rotin ; — tout à l'heure le fourreau de sabre était un extra ; — il se refuse à lui acheter le moindre pagne... »

Je ferai mon enquête demain et aurai l'œil sur Abd-el-Kerim ; mes gaillards ne plaisantent pas sur le chapitre. Quoi qu'il en puisse être, quatre jours de prison à Fadoul, pour avoir manifesté si peu discrètement son courroux et ainsi sonné matines au camp.

Et là-dessus je regagne ma couche raboteuse et me renferme dans ma moustiquaire. Actuellement il n'y a pas de moustiques à Aouni, mais elle me protège un peu du sable ; cette nuit, particulièrement, le vent fait rage et en saupoudre tout. Et puis mon logis donne asile à des familles de souris qui sont d'une familiarité incroyable ; elles grimpent aux pieds du lit, font bombance avec les lanières de peau de bœuf qui en relient les traverses, se chamaillent avec des cris aigus ; d'un bond preste, deux toutes petites ont sauté d'en bas jusqu'aux parois de mon abri de gaze, auxquelles elles s'agrippent de toutes leurs forces ; une autre bondit, une autre encore ; elles sont là toutes frissonnantes, à quelques centimètres de mon nez, me regardant curieusement en faisant aller de bas en haut leur mufle rose effilé ; sans doute des parentes venues en visite du village voisin et qui, pour la première fois, contemplent un homme blanc. Le photophore éclaire, sur une pile de caisses à mon chevet, un des tomes minuscules de mon Rabelais, bien étonné de se trouver là ; la lueur tremblotante agite ensuite des fantômes dans le vide plein d'ombre du fond de la case, tout autour de mes cantines en fer échafaudées, de mes fusils, de ma selle pendus aux piquets de soutènement du toit ; de grosses « mouches maçonnes », à tournure de libellules, accourent bourdonner près de la bougie ; des *margouillas,* ces grands lézards tricolores, jaune, vert et rouge, attirés à leur tour par la lueur, sortent de leur gîte dans le mur de paille et, campés sur leurs larges pattes, se trémoussent en me fixant de leurs gros yeux bêtes ; le monde renversé, les animaux autour de la cage !...

Ma nuit est faite. Je dors depuis huit heures hier au soir ; il m'est impossible d'arriver à refermer l'œil et je me mets à rêvasser en attendant le jour. Aujourd'hui Noël, le jour des oies grasses dorées sur les tables, des grosses bûches et des petits souliers dans l'âtre, des foules joyeuses se pressant aux portiques ce pendant que gaiement les cloches carillonnent, des gais réveillons après quoi l'on gagne le bon lit aux draps parfumés de lavande. Visions, souvenirs !...

Deux mois que je me morfonds à Aouni sans accomplir œuvre vraiment utile. Que diable fait donc Hissein-ould-Amtalaïd, qu'on dit si entreprenant ? Depuis le coup de main de Malabesse, qu'il a si bien réussi, on n'entend plus parler de lui ni du moindre cheffaillon ouadaïen ; et pourtant c'est l'époque la plus favorable aux rezzous : la chaleur du jour est moindre, les silos des villages débordent de grains, les points d'eau abondants facilitent les longues marches et les surprises, et le plein d'Abécher et de Tripoli en esclaves est loin d'être fait.

Malgré toute mon attention à réprimer chez moi l'énervement de cette inaction, je sens souvent qu'il prend le dessus ; le déluge de paperasses actuel a surtout le don de m'irriter ; je n'avais encore connu que les « règlements de fin de mois » ; voilà que Chaudet, le plus consciencieux des maréchaux des logis chefs, m'a menacé hier de « règlement de fin de trimestre », de « règlement de fin d'année », d'une « revue de liquidation » ! Et l'intendant Saleine annonce qu'il va venir inspecter la comptabilité. Me voilà bien chef de corps ! qui pis est, d'un corps qu'on supprime !

Insuffisamment occupés, comme des chevaux vigoureux qui manquent de travail, les spahis essaient à chaque instant de « gagner à la main » ; je n'ai pas trop de toute ma fermeté pour maintenir l'ordre dans ma république ; de fait ou de réputation, tous me connaissent depuis trois ans, ce qui me facilite le règlement de bien des histoires. Du calme, un grand souci de la justice ; moyennant ces deux conditions, toutes les circonstances de la faute bien établies, on peut et on doit se montrer avec eux de la dernière sévérité ; il est bien rare qu'ils regimbent. Il y a quelques jours un Sénégalais, tête chaude, surtout lorsque l'envahissent les vapeurs de *mérissé* (la bière de mil), a allongé, au cours d'une dispute, un terrible coup de couteau à un Arabe, puis s'est répandu en insultes contre le maréchal des logis Alimendi-So, qui voulait le calmer. On me l'a amené, hors de lui ; patiemment j'ai entendu la cause, écouté plusieurs témoins ; puis, l'homme un peu apaisé, je lui ai dit :

— Tu vois que tu as commis deux fautes graves.

— Oui, mon lieutenant.

— Tu auras quinze jours de prison.

— Bien, mon lieutenant.

Et docilement, baissant la tête, il s'est laissé conduire au cube en briques d'argile qui sert de local disciplinaire.

Ce n'est jamais sans regrets, ils le savent bien, que je leur inflige des punitions, à ces grands enfants sauvages qui bien souvent m'ont donné des preuves de leur dévouement et ne se feront pas faute de me les prodiguer encore, là-dessus je n'ai nul doute, dès que l'occasion s'en présentera.

Par les cent hiatus du toit et des murs de mon *home*, voici que le jour pénètre ; le vent mugit déjà moins fort ; d'un galop fou, l'une après l'autre, les souris rentrent au terrier. L'autre trompette, Ougal, sonne le réveil ; Tourgou apporte mon café ; Demba-Ba époussette mes bottes de filali et ma selle ; je vais partir à la recherche d'une harde d'antilopes.

Le colonel Largeau m'adresse en communication une lettre annonçant des amendements à la suppression de l'escadron et de la batterie : le général Audéoud, commandant supérieur des troupes à Dakar, a demandé instamment et obtenu que les spahis et les artilleurs, ayant contracté des engagements avec solde spéciale, soient maintenus au service et conservent cet avantage jusqu'à l'époque de leur libération régulière ; ce n'est que justice ; leur tenue même leur reste ; en somme, la suppression des deux unités a lieu administrativement ; mais leurs éléments subsistent et vont être versés dans des compagnies du bataillon, devenues des « compagnies mixtes » comme celles du Sud-Oranais.

29 décembre. — Je reçois par un courrier du Kanem une lettre de Lebon datée d'il y a dix jours à Kouloa, poste à l'extrémité nord du lac Tchad ; depuis Aouni son voyage s'était opéré dans des conditions normales ; mais, pendant la journée de repos qu'il vient de prendre à Kouloa, les chameaux qu'il avait achetés pour porter ses bagages jusqu'à Zinder ont été volés au pâturage par des Tebbous ; le voilà en panne pour une semaine jusqu'à ce qu'il ait pu remplacer ses animaux de convoi dans une des tribus qui nomadisent aux environs ; il est probable que ce n'est pas son dernier à coup jusqu'à ce qu'il ait gagné le Niger, d'où le voyage lui sera plus clément, s'opérant avec des moyens européens, baleinières ou chalands, steamboats, voire même chemins de fer. Il compte être à Saint-Louis, sur la côte, vers la fin mars et en France le 15 avril.

Aujourd'hui aussi le factionnaire a signalé l'arrivée du courrier de France mensuel : un bœuf flanqué de deux tonnelets métalliques et un Arabe accroupi derrière la bosse au milieu. Délicieux moment que celui où le fourrier extrait des profondeurs de chaque récipient les grosses liasses de journaux, de quoi se repaître huit jours ; les enveloppes toutes chiffes, fanées, décolorées par la chaleur et l'humidité, sur lesquelles un regard jeté à la volée fait penser de suite pourtant : « C'est de lui..., c'est d'elle... ; » puis, trop souvent, une déception suit, comme cette fois : l'enveloppe hâtivement déchirée, le contenu déplié apparaît avec des blancs trop vastes, paragraphes complètement lavés, des bavures, des passages empâtés ou seulement pâlis à en être illisibles, des zébrages qu'en vain l'on s'efforce de déchiffrer; deux paquets de journaux sur cinq en bouillie dans ce courrier vieux de quatre mois et qui, dans ses tonnelets... étanches, a trouvé moyen de boire aux eaux de l'Oubangui ou à celles du Chari.

Nouvelle alerte hier à cinq heures du soir; le capitaine Jérusalemy nous appelle en toute hâte à Bokoro pour marcher contre un rezzou ouadaïen. Boute-selle; en route moins d'une demi-heure après; marche forcée, les éperons aux ventres jusqu'à minuit; puis rencontre d'un second courrier qui prescrit de faire demi-tour; les Ouadaïens se sont évanouis.

Chaque jour, en rentrant au camp, je passe dans les ruelles d'un des petits villages Boulalas divisés en quartiers d'importance différente qui s'abritent dans les criques, les moindres retraits formés par la ligne sinueuse des rochers. Les huttes sont du modèle général du Tchad : hémisphériques, de trois à quatre mètres de diamètre et de trois mètres de hauteur. L'armature est composée de tiges de bois vert enfoncées dans le sol, puis recourbées pour se joindre au sommet; par-dessus on plaque des couches épaisses de chaume fixées par des cordelles en fibres de palmiers et se recouvrant en escalier; trois heures suffisent à une demi-douzaine d'ouvriers pour en bâtir une; pas d'autre ouverture que la petite porte basse en « trou de chat ». Ces constructions peuvent braver plusieurs hivernages pendant lesquels elles défendent fort bien, au reste, de la pluie et sont à deux usages : gens et bêtes de petit volume, moutons, cabris et poulets y couchent fraternellement dans la fumée du feu entretenu jour et nuit au centre pour les besoins culinaires, contre les mouches et les moustiques. Entre les cases, c'est le « tout à la rue »; de la cendre, des immondices d'espèces variées, innommables, accumulés chaque jour. Ça sent très fort. L'hygiène ne gagne évidemment pas à cet état de choses; mais pas plus que ses frères du Nord, l'Arabe du Tchad n'en a cure.

Le jour on sieste, on palabre ou on récite son chapelet à l'ombre de petits kiosques ou de grandes plates-formes élevées de quatre mètres, qui servent de greniers à provisions ou de débarras pour les calebasses, paniers, mortiers, pilons, jarres, sacs en peau, outils de labour.

Mon approche est toujours signalée par les chiens à tête de chacal, jaunes, sales et maigres, qui se précipitent, hurlant aux jambes de mon cheval. C'est aussitôt une fuite éperdue des femmes rajustant la fente de leur pagne ; les moutards seuls, vautrés dans le sable ou campés sur leurs jambes de cigogne, me regardent passer avec des yeux tout ronds; sous les kiosques les hommes se taisent ; ceux qui n'ont pas eu le temps de s'éclipser décemment, montrent le dos ou simulent le sommeil pour n'avoir pas à saluer. S'il me restait quelques illusions au sujet des sentiments que professent à notre égard trop de nos féaux sujets tchadiens, elles seraient certes ébranlées par ce petit manège quotidien de nos voisins d'Aouni.

Un détail me frappe d'autant plus que j'arrive des pays fétichistes : c'est le petit nombre d'enfants que l'on voit dans les villages musulmans. Hommes et femmes le déplorent : déjà, lors de mon passage à Abouraï, un indigène tout jeune est venu me trouver, me suppliant de lui faire connaître quelque philtre qui puisse lui procurer de la progéniture ; il était marié depuis cinq ans ; Mahomet n'ayant pas béni ses efforts, il s'en désolait. Une matrone d'Aouni a demandé à me parler pour m'adresser une supplique du même genre : sa fille, épouse d'un homme riche, ne lui donne pas, malgré toute sa bonne volonté, des rejetons ; il menace de la répudier. Avec toute la gravité nécessaire j'ai remis plusieurs paquets de bicarbonate de soude, sous réserve que l'effet s'en fait attendre un certain temps. Diverses relations médicales donnent comme raison de cette stérilité au centre africain musulman les accouplements trop précoces ; mais, le fait est patent aussi en pays fétichiste, à peine la puberté se manifeste que les rapprochements sexuels ont lieu, ce qui n'empêche pas, ainsi que j'ai eu occasion de le faire remarquer, une prolificité extrême. Je ne serais pas étonné que la syphilis, qui fleurit chez les musulmans et est encore à peu près inconnue en pays fétichiste, soit le vrai motif des familles peu nombreuses chez les premiers.

Une particularité des villages de cette région du Tchad est le nombre d autruches que l'on y voit. Dans les premiers temps qui suivent la prise de l'animal, on l'enferme dans un réduit étroit, entouré d'une palissade de deux mètres de haut; mais il est vite apprivoisé ; on le relâche et on ne s'occupe plus de sa nourriture ; il erre à travers les huttes, picorant tout comme les poulets, ou, si son appétit l'incite à aller paître au dehors, rentre de lui-même au logis avant le coucher du soleil. La race est très belle : c'est l'autruche de Barbarie, celle qui fournit les plumes les plus étoffées, supérieures même à celles du Cap et de Madagascar. Elles devraient devenir une des plus grosses richesses locales ; mais les indigènes les déprécient, parce que, ne pouvant compter sur un débouché certain, ils les arrachent, de quelque grandeur qu'elles soient, dès que se présente l'acheteur, marchand tripolitain ou colporteur du Bornou ; ces colporteurs passent et repassent sans cesse ; la tentation est donc fréquente pour l'indigène incapable de résister à l'appât de quelques thalers ; aussi est-il rare de trouver de belles plumes. Toute la bande du Tchad comprise entre les dizième et douzième degrés de latitude est la région de l'Afrique française où les autruches sont désormais les plus nombreuses ; en Afrique occidentale, le Sahel est très appauvri ; il n'en existe presque plus du côté de Tombouctou ; seuls les indigènes des îles du Niger en élèvent encore, mais en petit nombre. Il y aurait très peu de chose à faire au Tchad pour organiser l'élevage de façon rationnelle ; les indigènes y portent grand intérêt : il suffirait de les obliger à la sélection des générateurs, de leur apprendre à utiliser à la fois l'incubation artificielle et l'incubation naturelle, de leur assurer les conditions les plus avantageuses dans l'écoulement de la production. L'élevage devrait se pratiquer d'une façon semi-nomade, très différente des conditions qui se présentent au Cap et dans toute l'Afrique australe, pays de pâturages à irrigation possible, où un hectare peut nourrir plusieurs animaux ; il faudrait au Tchad plusieurs hectares pour nourrir suffisamment une seule bête ; mais l'espace ne manque pas ; enfin, comme pour l'éléphant, il serait nécessaire d'interdire la chasse de l'oiseau pendant plusieurs années, puis d'en restreindre ensuite le droit.

Retour de Bokoro encore ; ah ! rayonnant cette fois ! Dans la monotonie de cette existence que je croyais incurable, l'heure verte a enfin sonné. Une lettre du capitaine Jerusalemy m'avait appris le prochain passage à son poste du lieutenant-colonel Largeau, commandant le territoire. En 1904 j'ai déjà eu l'honneur de servir sous les ordres du colonel Largeau ; aussitôt la pensée m'est venue : en allant lui présenter mes devoirs, lui demander à titre d'ancien serviteur du Tchad, la faveur d'être rapproché de la ligne frontière du Ouadaï et de trouver ainsi plus d'aliment à mon activité et à celle des spahis.

Le succès a dépassé mes espérances ; je suis, au reste, arrivé au bon moment. Le colonel Largeau a bien voulu me faire part d'un plan nouveau qu'il va mettre résolument à exécution : les incursions continuelles des Ouadaïens chez nous, la vente sur la place publique d'Abécher des femmes et enfants capturés à Malabesse en novembre dernier, l'inutilité de toutes ses ouvertures pacifiques au sultan Doudemourrah, la nécessité enfin de donner de l'air à nos confins encombrés de réfugiés, toutes ces raisons d'ordre politique et économique l'ont décidé à modifier l'organisation de notre frontière. Pendant que le gros de la première compagnie, actuellement à Bokoro, créera un grand poste fortifié à Ati, cent kilomètres à l'est de Yao, je vais moi-même en bâtir un autre avec une quarantaine de spahis à Barouella, quatre-vingts kilomètres sud-est de Yao, dans le Medogo ; à côté de moi s'installera avec toute sa smalah le sultan Acyl, notre candidat au trône du Ouadaï ; le Medogo lui est attribué en fief, et près de lui je remplirai les fonctions de Résident conseiller.

Après avoir remercié le colonel Largeau de cette marque de confiance, j'ai dévoré les kilomètres pour rentrer à Aouni, constituer le peloton qui doit me suivre, faire tous les préparatifs de déménagement. Je m'adjoins dans mon nouveau commandement, qui s'annonce absorbant et délicat, le maréchal des logis européen Guerry, dont j'ai pu apprécier déjà les qualités de vigueur et d'énergie. Godard, au terme de son séjour colonial, appelé par un courrier rapide du colonel, va venir prendre le commandement de l'escadron et diriger toutes les opérations de sa suppression, qui doit être définitive à la fin de janvier.

12 janvier 1908. — Godard est là ; le pli du colonel, parti de Bokoro le 26 décembre, ne l'a joint que quinze jours après, le 9 janvier, en tournée dans le Bahar-el-Ghazal, d'où le retard. Il a été décidé que, tout de suite, je lui « passe la consigne. » Dès demain matin, le maréchal des logis Guerry se mettra en route sur Bokoro, puis Boullong, où se trouve en ce moment la smalah du sultan Acyl, enmenant les spahis destinés au futur poste de Barouella, trente-cinq hommes, pris parmi les meilleurs d'Aouni, plus un maréchal des logis sénégalais, Alimendi-So, et deux brigadiers, sénégalais aussi ; étant données les circonstances, femmes et mioches resteront provisoirement à la garde des camarades d'Aouni.

22 janvier. — Au passage à Bokoro, en route pour mon nouveau poste, j'ai eu le grand plaisir de retrouver le commandant Julien, à qui le colonel Largeau a confié la direction des opérations qui résulteront du bond que nous faisons dans l'est, tâche dans laquelle vont pouvoir s'affirmer, une fois de plus, le tact politique et les qualités militaires du commandant ; je suis particulièrement heureux de cette désignation.

Une centaine de kilomètres séparent Bokoro de Boullong ; après deux étapes, j'y retrouve Guerry avec les spahis, le sultan Acyl et tout son monde.

Il y a trois ans, en arrivant à Fort-de-Possel, j'apercevais, dans un coin retiré du poste, un musulman d'une vingtaine d'années, l'air indolent, apathique, égrenant son gros chapelet. Long et maigre, d'un noir de jais, couvert d'un mauvais boubou, les pieds nus dans des sandales éculées, la tête enfouie dans un turban de teinte sale, il m'inspira de la commisération.

Je m'informai. Avec dédain le chef de poste me répondit : « C'est le prince Acyl, exilé ici du Tchad ; il vit dans ces deux cases avec une femme et trois boys ; vous le voyez en train de dire des patenôtres ; cela ne l'empêche pas de noyer ses chagrins dans le mérissé toutes les fois qu'il peut s'en procurer. »

Quelle suite de circonstances avait amené ce rejeton musulman de sang royal sur les berges païennes de l'Oubangui ?

Lorsque nous primes possession définitivement des territoires du Chari-Tchad en 1901, deux princes se chamaillaient à Abécher à propos de succession au trône, Doudemourrah et Acyl. Le premier, élevé haut sur le pavois par un grand nombre de partisans, ne se contenta pas du succès ; il voulut faire crever les yeux à l'autre, moyen pratique employé de tout temps au Ouadaï pour s'enlever tout souci d'un rival gênant. Acyl chercha un abri près de nos postes de l'est ; on lui fit bon accueil, quoiqu'il traînât à sa suite, dans ce pays miséreux, un nombre de bouches gênant, trois à quatre mille, appartenant à des gens qui ne surent jamais que manger le grain récolté par les autres. Le prétendant fugitif en vint bientôt à solliciter notre appui pour rentrer chez lui, arracha quelques promesses, au bout d'un certain temps trouva que nous étions trop longs à les tenir, eut le verbe haut en arguant qu'il avait à sa disposition près de cinq cents fusils, alors que nous disposions à peine de la moitié de ce côté ; il réquisitionna, razzia, pilla les villages, raconta, un jour qu'il avait bu plus que d'habitude, qu'il allait enlever le lieutenant Lebas, Résident près de lui, avec trente spahis ; bref, le 4 juin 1902, cinq petits détachements comprenant deux cents fusils et deux pièces de canon ayant été adroitement concentrés par des marches convergentes à Bokoro où se trouvait Acyl, il y fut arrêté sans bruit. De ses bandes une partie préféra se mettre en route sur Abécher, y faire sa soumission à Doudemourrah ; une autre accepta de s'établir sur notre territoire pour y vivre en travaillant, quatre à cinq cents personnes qui allèrent fonder un village au Kanem, avec un chef appelé Badiour. Je les y ai connus quelques mois ; un matin, Badiour ayant reçu des observations sévères du colonel Gouraud, ses gens continuant à ne vivre que de vols et de rapines, toute la bande déguerpit vers le Ouadaï, emportant, entre autres choses, des fusils du modèle 1874 appartenant au poste de Fort-Millot que je commandais à ce moment et qui leur avaient été prêtés à titre de collaborateurs d'une prochaine expédition dans le Nord avec moi.

Pour en revenir à Acyl, la roue de la fortune s'est mise à tourner pour lui du bon côté ; depuis un an, les besoins de la politique l'ont fait pardonner, sinon rentrer en faveur ; rappelé du Congo, il fut installé à Boullong avec un noyau de partisans, deux à trois cents, où il y a un peu de tout, de Ouadaïens moins que de Baguirmiens, d'Arabes, de tirailleurs ou spahis du pays libérés ou renvoyés de leur corps, d'anciens soldats de Rabah même, un ramassis ne recevant ni solde ni vivres, attiré par l'éclat falot de cette étoile renaissante et l'espérance du butin par tous les moyens, exactions, coups de force et pillages. A moi de tenir cette meute en laisse.

Guerry a installé notre détachement dans un petit camp construit il y a quelques mois par les spahis de Lebon, qui a rempli un certain temps près d'Acyl les fonctions auxquelles je viens d'être appelé moi-même.

A deux heures, une fanfare de pistons et trompettes avec batterie m'annonce que le sultan monte à cheval pour me faire sa visite officielle.

Je ne l'avais pas revu depuis mon passage à Fort-de-Possel en 1903. Il n'a guère changé, toujours aussi efflanqué ; dans la figure émaciée luisent de grands yeux de phtisique ; un turban enceint le crâne ; il est drapé dans des boubous blancs et noirs discrètement ornés ; aux jambes les grandes bottes de filali rouges et jaunes éperonnées à l'européenne.

Tel quel, il a de la race, du « chic » même ; les lèvres un peu lippues accusent seules en lui les ascendances nègres. Malgré tout, ma première impression ne lui est pas favorable ; l'homme que j'ai devant moi m'apparaît bien tel que me l'avaient dépeint les camarades qui l'ont connu un certain temps : intelligent, mais aigri, violent, fantasque, orgueilleux. De sa voix éraillée il commence par fulminer contre les idoines païens du secteur de Boullong ; « cette race méprisable de captifs » ne lui témoigne pas tout le respect qui lui est dû ; ils affectent la plus mauvaise volonté à lui payer leur tribut en grains, moutons et thalers ; il faudrait qu'à une cinquantaine de ses cavaliers j'adjoigne quelques spahis pour aller les secouer dans leurs villages et leur faire rendre gorge à tout prix...

Avant de parler d'autre chose, je suis obligé de le calmer. Mon rôle, tout de suite je m'en rends compte, va être souvent délicat près de ce fougueux élève, et il me faut déjà faire appel à tout mon calme et à toute ma patience pour remplir la lettre de mes instructions, dont les premiers termes sont : « Gagner la confiance du sultan et le conseiller. »

Il est convenu que toute la smalah va faire ses paquets, et que dans quarante-huit heures nous porterons les pénates à Barouella, qui est à soixante-dix kilomètres de Boullong.

4 février 1908. — Barouella comptera dans mes bons souvenirs : un joli coin avec un horizon pas trop modeste, du pittoresque même, ce n'est pas tous les jours qu'on peut en dire autant dans ce pays, le plus uniforme qui soit ; et puis j'y aurai créé. laissé beaucoup de moi seul.

Il y a quatre jours, ayant abandonné en route la cohue des gens d'Acyl empêtrés de femmes, d'enfants, d'animaux et de bagages, je suis arrivé au matin près d'un lagon dévoré de soleil, tout miroitant de lumière ; une rareté, dans cette région, cette eau de surface qui réjouit l'œil et imprime à tout le paysage une gaieté prenante. Produit du dernier hivernage, elle recouvre encore plus d'un hectare de ses tons pâles, irisés, changeants, tachée seulement, de-ci de-là, par quelques touffes de nénuphars, entre lesquelles pataugent, sifflent, plongent, s'ébattent à coups d'aile précipités, des familles de canards et de sarcelles dans tout leur bien-être de gibier jusqu'ici dédaigné. Tout autour une végétation généreuse, une ceinture d'arbres, de vrais arbres, tels que je n'en avais plus vu depuis le Gribingui ; leurs ramures forment un treillage que traversent seules les minces flèches dorées du soleil, elles donnent asile sur les plus grosses branches aux mêmes ibis gueulards, noirs avec leurs plaques de plumes vert foncé en épaulettes. aux mêmes innombrables passereaux toujours piaillant. Sur les bords sablonneux en pente douce, des libellules passent et repassent, bourdonnantes et affairées, des pintades trottinent, venues se désaltérer avant de partir en quête dans la brousse ; puis des oiseaux trompettes, par couples toujours, d'autres échassiers haut perchés ; toute cette gent ailée nullement troublée par l'apparition de nos vestes rouges, alors qu'elles ont si vite provoqué l'envolement de jupons de lavandières du village voisin. Sur les quatre faces de la lagune des chapelets de mamelons sablonneux où la végétation tchadienne reprend ses droits : arbres nains en pas de vis et graminées desséchées de deux pieds de haut.

Le guide s'est arrêté et m'a dit : Barouella. A petite portée de fusil, ajoute-t-il, au nord et à l'est sont les trois villages de même nom. Au nord-est, une ligne convulsée comme une gigantesque épine dorsale de squelette, tranche sur le ciel sans ternissure ; c'est la petite chaîne des monts du Medogo ; toutes les croupes, les plis, les moindres échancrures, se dessinent aussi nettement que les sillons des écorces d'arbres près de nous, alors que nous en sommes séparés par quatre heures de marche à pied (une quinzaine de kilomètres), me dit le guide. Allez donc, dans ce pays, essayer d'évaluer les distances !

Faisant mettre pied à terre aux spahis, je suis parti à la découverte avec Guerry. La question de l'eau est primordiale, bien entendu, dans l'établissement des deux camps : cent cinquante chevaux et trois cents individus vont être à abreuver chaque jour ; il faut donc bâtir à proximité de ce bienheureux lagon. Une courte inspection des environs et je jette mon dévolu sur deux éminences aux inflexions heureuses, séparées par un étroit ravin ; la plus septentrionale et la plus large est réservée à Acyl ; les deux camps seront assez rapprochés pour pouvoir croiser leurs feux en cas d'attaque.

Depuis huit jours, mon nouveau domaine est une ruche bourdonnante et pressée ; de longues théories de travailleurs, nus jusqu'à la ceinture, flanquées de spahis érigés contremaîtres en même temps que gardiens, gravissent et descendent sans cesse les pentes du lagon ; de tous ces groupes s'élève un brouhaha de cris et d'appels, de jurons en plusieurs langues, de commandements, de disputes, de grognements de chameaux ; sous la morsure du grand soleil, dans les rigoles des peaux noires, la sueur dégouline ou se trace de petits chemins tortueux à travers les couches de poussière.

Pour le camp des spahis, quatre ateliers ont été formés : l'un pioche et pétrit l'argile au bord de l'eau ; l'autre, au moyen de moules, en confectionne des briques que le soleil pétrifie en un seul jour ; un troisième coupe des branches épineuses et vient les enfouir sur les alignements de la zeriba tracés par les cordes à fourrages ; un autre, armé de petites haches indigènes, abat les arbres pour nous assurer, aussi vite que possible, un champ de tir dans un rayon de six cents mètres.

Même activité du côté d'Acyl, du premier rayon au coucher du soleil. Indépendamment de nos propres bras, nous disposons de deux cents travailleurs du Medogo fournis par leur sultan Abdherraman, qui habite au pied des monts, mais est venu s'établir ici pour être plus facilement à ma disposition, m'a-t-il dit.

La version d'Acyl est autre : Abdherraman, que la cinquantaine a touché, gras et fortement bedonnant, au masque empâté et jouisseur, avec des yeux atones d'épicurien, aurait voué une haine à mort à Doudemourrah, qui lui a ravi la plus jeune de ses femmes, la favorite. Nouveau Ménélas, il s'est tourné vers nous en criant vengeance ; je n'ignore pas que dans une lettre au colonel Largeau il a manifesté son désir de secouer le joug de son suzerain, l'empereur du Ouadaï, et de placer lui et son pays sous l'égide des Français et d'Acyl leur protégé. Et voilà comme quoi il y a une femme au point de départ du nouveau cycle guerrier qui s'ouvre au Tchad.

Mais une terreur est venue à Abdherraman : celle d'être empoigné de nuit et emporté à Abécher où des sbires le soumettraient à certains procédés vengeurs près desquels ceux de la « petite et grande question » n'étaient, à ce qu'on raconte, que jeux d'enfants ; aussi erre-t-il sans cesse, en chien fouetté, de mon camp à celui d'Acyl ; c'est ainsi d'ailleurs que celui-ci le traite, sans aucune reconnaissance pour lui de s'être volontairement placé sous sa suzeraineté. Lorsque tous deux viennent de conserve chez moi, le potentat éventuel du Ouadaï a les honneurs d'un de mes deux sièges ; une fois assis, du bout du pied il indique à son vassal une natte sur laquelle l'autre s'effondre et s'accroupit en tailleur avec des mines piteuses.

A d'autres signes je dois reconnaître à mon pupille des dispositions remarquables pour ses futures fonctions d'autocrate : trois cents mètres séparent sa case de la mienne ; il ne les parcourt jamais qu'à cheval et à grand fla-fla. Sa selle disparaît sous les housses de soie tripolitaine brodées d'argent, la bride rutile de plaquettes de même métal ; de larges bandes de cuir rouge piquées de fil d'or harnachent la monture du poitrail à la croupe ; sur ce coursier chamarré il a vraiment bon air et je me surprends à en être tout fier. Deux boys, portant des carabines Winchester, courent à hauteur de ses bottes, un autre s'accroche à la queue du cheval ; derrière, galopaillent les deux aguids, l'aguid Djado et l'aguid Khozzam, et toute une suite, la tête écrasée sous d'immenses turbans, les genoux repliés par les étriers trop courts, les boubous blancs ornés de parements rouges gonflés d'air comme les voiles d'un navire, le fusil ballotté, le canon en bas, au pommeau crochu de l'énorme selle ouadaïenne, la poitrine bardée d'un triple rang de cartouches, de gros revolvers du système Lefaucheux ou de pistolets turcs damasquinés.

Pas un idoine croisé par le cortège qui ne s'aplatisse immédiatement le nez au sable dont il se saupoudre la tête en signe de la plus absolue soumission.

A beaucoup près, je ne connais certes pas ces hommages au cours de mes sorties, autrement plus effacées du reste ; souvent même, alors qu'un indigène, la sagaie sur l'épaule, se dérange à peine du sentier, sans esquisser le moindre salut, détournant la tête, j'entends s'indigner Demba-Ba, dont le cheval suit le mien tête à croupe.

A quelle cause attribuer la différence de traitement ? Au fanatisme, le fameux fanatisme musulman ?... Il est bien atténué dans ce pays. Sans conteste, elles portent leurs fruits, les excitations secrètes, violentes, de certains marabouts ; mais, ce qui prédomine, c'est l'antipathie de race, de couleur. Le sentiment est peu complexe ; il est de tous les temps et de tous les pays. Acyl n'est certes pas un souverain suspect de bienveillance ; une réputation de violent autoritarisme, de cruauté même, l'a précédé chez ses nouveaux sujets du Medogo ; mais, qu'il en fasse bâtonner les plus notables, qu'il ordonne leur mise en vente sur le marché, il est le sultan de même peau, de même sang, de mêmes traditions ; on gémira sans doute, mais on courbera la tête, on oubliera vite, dans le calme et le fatalisme de l'âme soudanaise, toujours satisfaite au bout du compte de l'heure qui a passé et ne réclamant rien du futur. Moi, je suis le conquérant, un de ces « Nazaréens » (1), comme il snous nomment, envahisseurs à la peau claire, cette peau dont tous et toutes s'exclament, *horribile* !... qu'elle a le parfum du cadavre ; le maître qui veut imposer un joug plus léger certes, mais inconnu, l'apôtre de théories gênantes auxquelles on ne comprend mot. Une marche géante nous sépare de ces êtres ; ce poste de Barouella qu'ils viennent, par force, de m'aider à établir, ne leur semble à tous qu'une tache lépreuse de plus.

Dans quelle mesure ces sentiments s'atténueront-ils sous la bienveillante tutelle qui est notre loi ? Combien de décades et de décades d'années se passeront sans que ces musulmans, les plus frustes de l'Islam, nous comprennent ? Il y a un peu plus d'un siècle, il n'y avait ici qu'un gâchis de peuplades plus barbares l'une que l'autre, à peu près autant que celles des mangeurs d'hommes du Congo ; le flot arabe a pétri ce chaos, créé les îlots que sont les royaumes indigènes ; son limon les a magnifiquement fécondés ; pour le moment, tout comme au Congo, les apôtres européens, la main pleine de nouvelles semences, sont perdus dans l'immense étendue. Et il est loin le Tchad, il n'attirera les blancs en nombre que le jour où on lui trouvera dans le ventre l'or, la plus belle des denrées coloniales comme elle en est la plus redoutable. Faut-il donc le lui souhaiter ?... Quel avancement moral en résulterait pour lui ? Ne vaut-il pas mieux qu'une fois rempli le devoir de charité sociale, première légitimation de notre présence sur son sol, aboli l'ignoble commerce de bétail humain qui l'avilit, il demeure ensuite gardé par son éloignement du trop grand contact avec la civilisation. Que longtemps donc sa faune reste neuve ! Que longtemps les humains qui vivent de sa terre conservent les attributs de la vie naturelle, sans anachronisme, sans rien de faussé, leurs figures noires et farouches, leurs gestes et leur démarche nobles, la belle harmonie de toutes les attitudes, l'impassibilité dédaigneuse, la simplicité

(1) Dans les pays musulmans du centre-africain, les Européens sont toujours désignés par le mot « Nazara ».

EN ROUTE.

(Photo. lieutenant Potier. Clichés *Tour du Monde*, Hachette.)

biblique de l'existence, les amples boubous loqueteux! Que longtemps encore ils connaissent les chants tristement modulés, les sons aigus de la *rheïta* et les bourdonnements du tam-tam au clair de lune, les songes mystiques, les ardentes invocations à Allah les yeux plongés dans l'Orient!... Depuis que je vis au milieu d'eux, c'est ainsi que je les aime.

Laissant à Guerry le soin de diriger les derniers travaux du poste, je suis parti en tournée pour m'acquitter de l'autre partie de mes instructions : me mettre en relation avec les populations, effectuer des reconnaissances militaires et économiques dans tout mon vaste voisinage complètement inconnu.

Afin de dégarnir le moins possible Barouella, j'ai emmené seulement dix spahis ; les coureurs ouadaïens ne se risquent pas dans le secteur depuis notre venue et les indigènes ne comptent guère que des timorés. Pas d'équipages ; Tourgou lui-même suit à cheval, portant dans ses sacoches le strict nécessaire : une casserole, du saindoux, du café, du sucre et du sel, coiffé d'un de mes chapeaux coloniaux, une paire de guêtres aux mollets, mon fusil de petite chasse en bandoulière et ma ceinture de cartouches autour du ventre ; Doudemourrah n'est pas son cousin. J'arrive, ainsi allégé et en route à patron-minet, à parcourir, au hasard des sentiers, une cinquantaine de kilomètres par jour, la boussole Peigné à la main, repérant et recensant les villages, fixant mon vaste cadastre, écoutant des doléances, — mes administrés ne m'abordent que pour m'en inonder, — la plupart de ces doléances au sujet des larcins commis déjà par les vauriens d'Acyl, les plus grands, certes, de la création. Lorsque les gens de guerre d'autrefois s'engageaient, ils spécifiaient bien qu'ils avaient droit à une solde quelconque, mais il était à peu près entendu de part et d'autre qu'elle serait peu ou point payée et que lesdits gens de guerre trouveraient compensation dans les petits profits et pillages qu'il leur serait loisible de pratiquer chez l'habitant ; les soldats du sultan ont conservé ces saines traditions, ce qui est avantageux pour lui, car ce n'est pas la solde qu'il leur sert qui peut faire changer le principe, très ancré chez eux, que le soldat laboureur n'existe pas et que la guerre doit nourrir celui qui en pratique le noble métier.

Le soir, certain de la clémence du ciel à cette époque, je fais installer le bivouac en plein air et en pleine brousse, sous la fête des étoiles, dans la vibration fébrile des milliers de cigales, parmi le tourbillon d'étincelles phosphorescentes des lucioles zébrant la pénombre bleuâtre, loin des villages, loin des pistes même et en endroit découvert. C'est là un vieux principe lorsqu'on peut redouter une alerte nocturne ; néanmoins et à mon grand regret il faut entretenir dans la deuxième partie de la nuit un feu autour duquel nous nous entassons ; car de minuit au lever du soleil les variations de température continuent à s'accuser très sensibles et le burnous même défend insuffisamment de la fraîcheur.

La topographie du Medogo est variée : mon itinéraire zigzague souvent au travers de grandes plaines argileuses, sans une ride et sans une broussaille, où la terre craquelée en milliers de mosaïques atteste les inondations de l'hivernage, en même temps qu'on y lit les traces de passage de nombreuses girafes et de gros bubales, à côté des innombrables hachures faites par les pieds fourchus des petites gazelles ; puis viennent des plateaux sablonneux ; mais la caractéristique est donnée par des bahars, aux berges hautes, avec de nombreux dérivés, tous à sec : jamais on n'y voit le moindre ruisseau courir en chantant, bondir en cascatelles, reflétant les arbres dans ses eaux légères ; ravinant les thalwegs, la plus forte masse liquide tombant à seaux pendant l'hivernage, se déverse en torrent dans la lagune Fitri ; puis le sable et l'argile, éternellement assoiffés, s'empressent d'absorber le reste de la brutale aumône du ciel. Mais ils ne la recèlent heureusement pas loin, l'eau précieuse ; qu'on creuse à cinquante centimètres seulement, elle se retrouve ; grâce à elle, la nature concentre dans le voisinage de ces sillons toute sa force productive ; une végétation arborescente très fournie atteignant jusqu'à dix et quinze mètres de haut les borde sur cent, deux cents mètres de large : acacias, jujubiers, gommiers, tamariniers ; rarement désormais s'aperçoivent les gros plumeaux des palmiers. Dans leur voisinage s'étalent des plaines vêtues d'une toison drue, d'un beau vert tendre de printemps. Le Medogo a été de tous temps un lieu de pâturages réputés où les richards ouadaïens faisaient garder leurs troupeaux ; c'est à cette particularité que ses habitants doivent sans doute de ne pas avoir été complètement dépossédés par leurs rapaces voisins ; en effet, dans presque tous les villages, si le gros bétail et les chevaux sont rares, il subsiste des troupeaux de chèvres et de moutons. Les habitants sont de plusieurs types ou familles, tous musulmans : Medogos, Boulalas, Arabes, Bornouans, ces derniers émigrés du pays anglais, à l'ouest du lac Tchad ; pourquoi cette émigration d'un pays plus riche à portée des marchands d'esclaves ? C'est ce que ne peuvent m'expliquer de façon précise mes interrogatoires ; une méfiance excessive entrave mon désir de renseignements politiques et ethnographiques, écueil constant des régions d'Afrique où pénètre le premier blanc. Car je suis le premier Européen dont le pied foule ce sol, dont les yeux embrassent cette brousse ; certes l'un et l'autre diffèrent bien peu de ce que j'ai connu au Tchad depuis trois ans, mais d'être vierges encore d'exploration, ils revêtent pourtant un cachet particulier, me font éprouver un plaisir neuf et très vif ; leur banalité disparaît ; mes regards se portent toujours en avant le plus loin possible pour prolonger l'impression nouvelle, la fraîcheur de cette sensation première, se repaissent de chaque village où je passe et où cent paires d'yeux, insatiables aussi, sont à l'affût du moindre de mes mouvements ; une vraie joie me remplit.

Va-t-on sourire de cet enthousiasme ou me taxer de gloriole ? Cet enthousiasme, cette jouissance, ne sont pas inédits ; ils se retrouvent depuis un siècle chez tous ceux qui, les premiers, foulèrent un sol peuplé d'hommes d'une autre couleur ; du pôle nord au pôle sud du monde ce furent les stimulants de chaque explorateur, les puissants leviers qui vinrent à bout de mille obstacles, le souverain baume des heures pénibles ; et puis, dans moins de dix années peut-être, restera-t-il une région où l'on puisse le goûter le plaisir contenu dans ce mot « découvrir » ? Le dépeçage de la planète par les grands peuples progressifs est presque complètement effectué ; ils se sont taillé là pour toute la durée du xxe siècle une ample et difficile besogne.

Le pays du Medogo se termine à une soixantaine de kilomètres à l'est de Barouella ; en même temps réapparaissent les *sierras* et les populations fétichistes avec les villages doubles, un au pied des cailloux, un autre aux huttes plaquées comme de gros nids d'hirondelles aux faîtages des rocs. Scission brusque, je le constate une fois de plus, entre les agglomérations musulmanes et celles que la grâce n'a pas encore touchées ; dans cette région c'est certainement à ces rocs que s'est buté Mahomet. Laissant mes hommes au repos dans un village terrien qui s'est vidé à l'annonce de mon approche, je viens de gravir péniblement le gros éperon qui le domine, s'effilant vers le nord-ouest en proue de cuirassé, terminus d'une chaîne longue de plus de deux kilomètres : une masse chaotique des temps diluviens ; les pluies des siècles ont ensuite déchaussé, déchiqueté, balayé toutes les roches légères et il n'est resté en place que l'ossature ; on y voit les gueules de nombreux réduits caverneux où l'œil plein de soleil ne distingue rien ; des fragments titanesques se sont accumulés sur plus de cent mètres de hauteur et une épaisseur double, s'échafaudant pour former des voûtes monumentales, d'immenses réduits aux communications compliquées, pouvant servir facilement de refuges à des centaines d'humains et de têtes de bétail ; les restes, les immondices l'attestent, sans qu'il soit toutefois possible de se rendre compte quelle piste, souterraine ou aérienne, peut y conduire des animaux. Ailleurs, des anfractuosités, des puits naturels où les pluies accumulent des réserves liquides ; des galeries au long desquelles il est possible à un seul homme de se glisser en rampant, débouchent dans des labyrinthes aux parois fendues de meurtrières assez larges pour laisser passer une sagaie.

C'est dans ces antres que, vingt fois par année, des centaines de pauvres êtres cherchaient un refuge contre l'acharnement des chasseurs d'esclaves, lorsque ceux-ci étaient signalés suffisamment à temps. Pour s'entêter à vivre dans de pareilles conditions, pour reproduire avec l'étonnante prolificité qui caractérise ces races païennes, quel robuste appétit d'existence n'a-t-il pas fallu !

Mon escalade a jeté l'émoi dans la colonie aérienne : des femmes crient, des enfants gémissent, des chiens hurlent ; j'entends des appels de guerre, beuglements de trompe ou sons aigus des sifflets en corne d'antilope, et de nombreuses têtes noires surgissent de derrière un parapet, à cinquante mètres au-dessus de moi. En vain Demba-Ba, qui ne me lâche pas d'une semelle, s'égosille à crier nos intentions pacifiques ; à peine avons-nous mis le pied à découvert sur une petite esplanade pavée d'une seule immense dalle nue, vraie table cyclopéenne, que des sagaies au fer barbelé, au manche long de deux mètres, sifflent, s'implantent frémissantes dans les fissures ou, après avoir frappé le granit, rebondissent et disparaissent dans le vide de parabole en parabole. Le terrain n'est pas encore prêt à recevoir la semence de civilisation ; il me faut battre en retraite à reculons dans le couloir très raide par lequel j'ai grimpé et calmer les spahis qui accourent, la carabine à la main.

Bivouaqué, au baisser du soleil, une demi-heure de marche plus loin. Vers onze heures le factionnaire a tiré, prétendant avoir entrevu, dans la demi-obscurité, des silhouettes se glissant parmi les fourrés ; peu après un hululement s'est fait entendre, long, rauque, répété trois fois ; appel d'oiseau nocturne ou signal?... Peut-être des gens du village païen ont-ils voulu s'assurer de notre nombre et de la direction que nous avons prise. L'alerte s'est bornée là, mais elle a évoqué en moi la possibilité d'une attaque subite de mon petit détachement, cerné par un flot d'assaillants, et je n'ai plus fermé l'œil. J'ai donné ordre de vérifier les piquets d'attache des chevaux, l'approvisionnement des carabines. Il faisait la nuit splendide qui est la nuit de chaque vingt-quatre heures, la nuit quelconque en cette saison de l'année. La chanson des cigales s'était tue ; je suis resté jusqu'au matin accoudé à ma selle, tout l'être aux aguets, l'oreille et les nerfs tendus aux mille bruissements faits de vols invisibles, de craquements des branchages, de palpitations des feuilles, de froissements des halliers au passage de fauves, de bourdonnements furtifs ; effluves continus, murmures sourds et vagues qui sont l'âme de la brousse dont ils troublent à peine le silence.

Rentré à Barouella après une semaine de pérégrinations ; elles m'ont permis de noircir un petit coin de la tache blanche de notre carte dans cette partie du Tchad.

Grâce à l'énergique impulsion de Guerry et malgré la mauvaise volonté des travailleurs d'Abdherraman dont les deux tiers ont trouvé moyen de prendre le large, le camp est aujourd'hui complètement terminé : un carré de cent pas, entouré de l'inévitable enceinte épineuse, rempart de 1 m. 50 de haut, fait de rotins emmêlés, tout bardé de dards et d'aiguillons, dûment flanqué par deux bastions bordés de gros troncs disposés en paraballes ; ce seront nos points de défense au cas d'une surprise de nuit ; l'unique porte très étroite, prolongée par un couloir sinueux, peut être obstruée en un clin d'œil au moyen de faisceaux d'acacias préparés à côté ; au-dessus d'elle le pavillon flotte joyeux. A une extrémité, la case de Guerry et la mienne avec leurs vérandahs très basses percées de trous en œil de bœuf et, comme parasols bien ajourés, les rameaux de trois maigres arbres tortus ; puis les deux silos à mil maçonnés d'argile, recouverts d'un toit conique pointu et venant à ras du sol. Sur la ligne médiane, les chevaux au piquet, face à face, pris au paturon par l'entrave. Un simple toit les abrite ; on vient de donner le mil ; le hangar est plein de piaffements, d'ébrouements, de petits hennissements étouffés ; la musette de cuir accrochée derrière les fines oreilles qui nerveusement se couchent, les jolis étalons fouillent avidement dans la poche gonflée, broient vigoureusement le grain, encensant à petits coups saccadés, les mèches folles de leurs gros toupets retombant sur les yeux malins ; les longues queues fouettent aux mouches ; les croupes brunes ondulent ; un coup de patte sournois s'allonge à droite, à gauche ; entre les jambes un troupeau de poules fait ripaille, hélées par les cris rauques de leurs coqs ; c'est notre réserve de vivres frais, cadeaux de bienvenue des chefs des villages les plus voisins. Des deux côtés enfin, bien alignées, les cases des spahis, dans les avenues desquelles, parmi les centaines de mouches qui, depuis notre installation, ne cessent de nous faire fête, s'agite l'élément féminin que j'ai appelé d'Aouni : des ménagères, drapées de pagnes multicolores, rient, commèrent, tout en pilant le mil et récurant les calebasses ; des fillettes s'essaient à en faire autant ; des marmots tout nus gambadent, se vautrent dans la poussière, souvent jolis, drôles toujours ; des mamans promènent leurs nourrissons assis au sommet des hémisphères charnus sur lequel les immobilise un carré d'étoffe attaché par devant ; ils bavent, grognent, font la lippe ou dorment, ballottés de-ci de-là, les têtes nues rejetées en arrière dans un dodelinage cadavérique.

Tableau gai, coloré, plein de vie.

Sur une croupe, à deux cents mètres au nord, deux à trois cents huttes, au toit déjà enfumé, se pelotonnent dans un pittoresque désordre autour d'une zeriba centrale dans laquelle s'élèvent les

DES MÉNAGÈRES DRAPÉES DE PAGNES MULTICOLORES.

hautes habitations de la smalah particulière d'Acyl, de construction soignée, avec des toits luxueux tressés tout d'une pièce ; de grandes palissades en ceccos les font inviolables aux regards profanes ; un ou plusieurs œufs d'autruche surmontent les demeures des femmes, indices de plus ou moins de fécondité ; tout cela n'a qu'allure de grande bourgade, comparé à l'aspect militaire de mon camp.

Le plus petit arbre, le plus maigre buisson, ont été abattus autour de nous, puis traînés au loin de façon à faire le terrain absolument ras dans un rayon de six cents mètres ; tout avortons qu'ils fussent, ce n'a pas été là un petit travail, avec nos outils rudimentaires, de petites haches indigènes triangulaires, mal emmanchées ; une équipe de cinquante hommes a été, depuis quinze jours, constamment employée à cette besogne.

Le capitaine Jerusalemy m'écrit qu'il rencontre à Ati de grosses difficultés ; les environs sont à peu près déserts ; l'eau est loin : au lieu d'un camp volant comme celui de Barouella, Ati doit constituer la garnison de cent vingt tirailleurs, un point d'appui solide en même temps qu'un centre d'approvisionnements de toutes sortes ; dans ce but, il faut édifier un réduit défensif en briques dont les bastions puissent résister au tir des deux canons de trente-sept millimètres qu'ils supporteront. Le capitaine me demande de lui envoyer de suite cent vingt travailleurs du Medogo ; son désir de pousser les travaux du poste s'augmente des nouvelles apportées de l'est par nos agents de renseignements : les deux antennes que nous venons de lancer sur le Bat-Ha et le Medogo n'ont eu tout d'abord pour les Ouadaïens que la signification d'une expédition temporaire ; l'établissement des deux postes les a convaincus de notre prise de possession et l'émotion est des plus vives dans Abécher ; Doudemourrah a juré sur le Coran que ses soldats ne connaîtraient plus le repos avant de nous avoir jetés dans le Chari et d'y avoir abreuvé leurs chevaux. Deux aguids, à la tête de trois cents hommes, sont immédiatement allés prendre position à l'ouest d'Abécher ; un autre se prépare à les joindre ; bonnes nouvelles en somme ; n'a-t-il pas été escompté par nous que l'ennemi, s'il voulait renouveler ses entreprises, devrait désormais se présenter en groupes plus nombreux, plus vulnérables ?

Le commandant Julien, qui a établi le siège de son commandement au poste de Yao, me recommande la plus grande prudence dans les sorties ; il me fait part aussi d'un joli succès que vient de remporter Toureng : l'aguid Salamat Gomboro étant venu piller des villages à une centaine de kilomètres à l'est de Fort-Archambault, Toureng est parti à sa poursuite ; après un raid de cent kilomètres, il l'a surpris pendant sa marche de retour, lui a repris la majeure partie de son butin et tué cinquante hommes ; l'aguid lui-même serait blessé mortellement.

Décidément l'air sent la poudre : marches forcées en colonne, rezzous à longueur de nuits avec surprises au petit jour, ivresses du combat, de la poursuite à franc étrier ! Ah ! nous allons donc jouir de tout cela, et dans un jour qui ne peut être lointain. J'ai annoncé la bonne nouvelle aux spahis aujourd'hui, à l'appel, recommandé les soins aux chevaux, la visite des harnachements, des carabines, l'affilage des sabres ; les yeux se sont illuminés et j'ai vu se dessiner de larges sourires qui me répondaient : « Tout va bien ; sois tranquille ; quand il faudra taper, tu seras content. »

Tout l'après-midi employé à un examen minutieux des cartouches, celles que les hommes détiennent et celles de la réserve. Il a été loin de me satisfaire. Les munitions sont envoyées de France dans des enveloppes doubles, une chemise intérieure en zinc, elle-même protégée par une caisse en bois très épais ; mais pendant une demi-année, davantage souvent, ces enveloppes connaissent les aléas des transports : chavirages d'une cale dans une autre, du boat en fer dans la pirogue, de dessus le dos du porteur humain, de celui du zébu et du chameau. Si le bois résiste aux mille chocs, les mandibules des termites faméliques en viennent à bout pendant les remisages sous les paillotes ; puis, dans l'enveloppe métallique, la morsure de l'humidité a vite fait de trouver le défaut de la cuirasse ; une fois dans la place, elle s'attaque d'abord à la partie la plus vulnérable, le vernis des amorces ; bribe à bribe elle ronge ensuite les étuis ; il reste peu à faire au soleil ; des éclatements se produisent, au collet particulièrement. Les cartouches devenues ainsi douteuses sont, en règle générale, classées « cartouches de chasse » ; elles servent à approvisionner les postes de viande. En ce moment, par suite des nombreuses expéditions qui ont eu lieu dans le territoire depuis un an, la pénurie des munitions est grande, la date d'arrivée d'un lot nouveau de France très incertaine ; l'ordre est de ne pas se montrer difficile dans la sélection, et voici pourtant le bilan résultant de l'inspection d'aujourd'hui :

Cartouches existant à Barouella. . . .	6.050
Bonnes.	5.024
Douteuses, à déclasser.	1.026

J'ai noté encore l'état inquiétant de nombreuses carabines soumises à l'épreuve de ce climat depuis dix ans : il y a surtout beaucoup d'éclatements aux poignées ; on les a consolidées tant bien que mal au moyen de plaques de cuir appliquées humides et cousues aussi avant leur dessèchement ; dans d'autres armes la percussion se fait irrégulièrement, ou bien des extracteurs ne fonctionnent pas. L'armement des gens de Doudemourrah est autrement à point. Pour quelle raison ? Mystère, il n'a jamais existé un ouvrier armurier dans les troupes du Tchad, alors qu'on y a connu des artisans, bottiers, tailleurs européens, infiniment moins utiles. Ce n'est pas le moindre ennui de ce déplorable état des armes que l'impression produite sur nos soldats.

J'étais à peine couché hier soir — n'ayant rien de mieux à faire, une heure après le soleil — qu'un charivari infernal a retenti dans le camp d'Acyl : coups de trompettes, battements de tambourin, trémolos de pistons, yous-yous de femmes, hurlements d'hommes et de chiens. Qu'est-ce qui se passe ? Je saute bas, cours dehors et me trouve nez à nez dans l'obscurité avec le maréchal des logis Alimendi-So qui vient me rendre compte : ce n'est certainement pas une mauvaise nouvelle qui cause cette agitation, dit-il ; au contraire, elle est signe de liesse ; il reconnaît cela particulièrement à la façon dont les femmes modulent leurs yous-yous.

Pendant qu'il essaie de me donner la clef de cette énigme, galopade effrénée au dehors ; quelques secondes après, Acyl m'aborde radieux, flanqué de l'aguid Djado et d'un grand flandrin d'Arabe au regard louche, à mine de bandit, porteur de l'heureux message dont on vient me faire part. Conformément à ses instructions, Acyl avait envoyé l'aguid Khozzam avec trente cavaliers en reconnaissance vers Birket-Fatmé, deux journées à l'est d'Ati ; avant-hier, vers midi, un des hommes de l'aguid découvre, tapie dans la brousse, une fillette échappée d'un village voisin où ont surgi le matin, annonce-t-elle, Hisseïn-ould-Amtalaïd et une troupe de Ouadaïens. Avec une décision qui lui fait honneur, l'aguid Khozzam, escomptant qu'à cette heure il doit trouver la bande au repos, se glisse jusqu'aux cases à travers les halliers ; lorsqu'ils y parviennent, ses hommes font une pétarade de tous les fusils, poussent des cris : « Les Français arrivent ! » La majorité des Ouadaïens d'Hisseïn, surprise en effet dans les douceurs de la sieste, se sauve sans plus attendre ; lui veut résister avec quelques braves ; une balle au ventre le jette bas ; on lui coupe la tête.

Dans le cercle trouble de lumière arrondi par mon photophore le messager tire d'une peau de bouc pansue la pièce à conviction, qu'il me tend sous le nez sans crier gare, une tête aux cheveux ras qui grimace, la langue pendante, la bouche salie d'avoir bavé rouge, les yeux vitreux restés grands ouverts. On ne l'a pas coupée, on l'a sciée, cette tête ; autour de ce qui fut le cou, tremblotent des dentelures de chair maculées de sang noir, gluant, et un bout de trachée ; la chair du front, des joues, a déjà pris une teinte verdâtre. Voilà ma chambre à coucher empestée pour la nuit ! Pauvre diable d'Hisseïn ! finis les petits coups de main qu'il menait si gaillardement.

Selam, afia ! mes visiteurs me souhaitent le bonsoir en s'esclaffant de rire et partent, emportant triomphalement leur dépouille, fichée cette fois au fer d'une lance.

Reçu d'Acyl, en cadeau, un sac d'une dizaine de kilos d'oignons du

Bornou anglais ; une des supériorités des pays à l'ouest du Tchad sur les nôtres la production de ces gros oignons, un nanan inestimable pour relever les potages, les brouets de Tourgou ; ce dernier a éprouvé le besoin de prendre femme parmi les jeunes captives du sultan ; j'ai eu la faiblesse d'y consentir. Son service s'en ressent ; il dort beaucoup ; éveillé, il paonne, attifé d'un complet européen acheté dans quelque factorerie congolaise et m'empoisonne un peu plus que par le passé.

Les colporteurs bornouans, ces rois du négoce qui passeraient dans le feu pour gagner un thaler, ont fait leur première apparition à Barouella ; ils sont arrivés une douzaine, poussant devant eux autant de bourricots pliant sous leur charge d'étoffes, de soieries, toutes de marque anglaise, de peaux de filali, de noix de kola ; puis d'ingrédients culinaires, piments, ail en toutes petites gousses, herbes pour sauces, bien mieux encore, allumettes et rouleaux de tabac indigène en feuilles. L'un d'eux, qui a passé par Fort-Archambault, m'a remis, de la part de Toureng, un volumineux colis ; il contenait les défenses de l'un des éléphants dont j'ai raconté la chasse sur le Chari ; on n'a pu, m'écrit Toureng, découvrir que l'une de mes victimes ; un assez piètre trophée que les pointes des pachydermes qui vivent au-dessus du 7° ; celles-ci ne pèsent, à elles deux, qu'une cinquantaine de kilos et sont d'un ivoire grisâtre et fendillé.

Trois des juifs africains que sont ces Bornouans se sont établis à poste fixe près de nous ; en quarante-huit heures ils ont monté des échoppes dans lesquelles ils confectionnent la botte en peau de chèvre tannée rouge, usitée en Afrique centrale, la plus souple, la plus pratique de toutes les chaussures sous ce climat ; elle est, du reste, très analogue à la *mest* d'Algérie et se complète d'une sandale, en cuir rouge aussi, appelée *marcoub*, identique à la *sebat* de l'Afrique du Nord. Coût d'une paire de mest jointe à la paire de marcoubs : un thaler (trois francs). Il n'est pas de spahi qui ne s'en soit commandé une. La coquetterie est une qualité de mes braves noirs et, il y a quelques jours, j'ai été si heureux de la satisfaire : j'avais appris qu'à la petite factorerie nouvellement installée, en essai, à Fort-Lamy, se trouvait parmi les étoffes d'échange, une superbe pièce d'andrinople rouge et quantité de pelotes de fil. J'ai obtenu que le tout me soit cédé. Dans le peloton, j'ai la bonne fortune de posséder un Arabe né tailleur ; en s'inspirant des patrons fournis par des vestes anciennes, il est arrivé à en bâtir fort convenablement d'autres. Et, grâce à la bienheureuse andrinople, plus des deux tiers des hommes vont être, de la tête aux cuisses, habillés de neuf. Moins leur importe d'ailleurs que la culotte soit bleue ou blanche, que les dards des acacias l'aient tant de fois agrippée, qu'une infime partie de la trame reste intacte ; mais quelle joie lorsqu'ils sont en possession du reste de la tenue, neuf et immaculé, leur tenue à eux : la veste qui brille d'un rouge éclatant sous la tête d'ébène surmontée du casque orné de ses insignes, étoile et croissant ! Sainte, trois fois sainte gloriole que je ne manque jamais une occasion d'exalter chez eux.

Je suis allé remercier mon pupille ; à la porte de son camp nouvelle vision de la tête d'Hisseïn, à l'extrémité d'une perche : des « charognards » battent de l'aile autour, planent, virent, se bousculent, se frappent en poussant leur sifflement aigu ; plus malins, deux rapaces foncent pendant ce temps d'un adroit coup d'aile, happant les derniers lambeaux de chair sur le crâne blanchi, qui se balance au bout de son support à tous les chocs qu'il reçoit ; un coup de bec a retroussé la lèvre supérieure et donné à la bouche un rictus narquois ; des excavations marquent la place des yeux engloutis ; ces orbites caves ont l'air de fouiller l'horizon pour y chercher secours. En bas, un rond de corneilles regarde tristement, constatant qu'il ne lui restera pas la moindre becquée.

19 mars. — Un mois s'est passé sans rien de neuf ; le calme à peu près complet a succédé aux premiers bruits de guerre qui avaient jeté la joie dans mon petit camp.

Le 1er mars j'ai reçu les renseignements suivants de la bouche d'un Arabe, espion de confiance d'Acyl ; je l'avais alléché par l'appât d'une forte récompense ; il m'a affirmé être entré au cœur du camp ouadaïen, y avoir rôdé même une journée entière, grâce à la présence d'un de ses frères, enrôlé dans les « bannières » d'Abécher : le camp n'a pas quitté le point de concentration signalé aux premiers jours, mais un troisième aguid y est venu en renfort ; il y a compté huit cents cavaliers et autant de fantassins armés de fusils à tir rapide ; quatre cents autres porteurs d'armes à piston ; à dix près, mon gaillard m'a juré, par Allah ! qu'il ne se trompait pas ; pour un peu, il m'affirmait aussi imperturbablement le nombre de cartouches, des sacs à poudre, à balles, des amorces destinés à la réfection des munitions, ce à quoi s'entendent fort bien, je le sais, les Ouadaïens ; les approvisionnements ont été apportés par un convoi de plus de cinq cents chameaux ; le haut commandement a été donné par Doudemourrah à son dignitaire le plus réputé, l'aguid Mahamid... Et mon émissaire de rouler de gros yeux en parlant de l'armée ouadaïenne, en jetant des regards furtifs du côté du hangar où sont nos quarante chevaux, cachant à peine sa certitude du sort qui nous attend : « *Allah akbar!*... (Dieu est grand) ; il n'y a que lui qui puisse vous tirer de là ! »

Rien d'autre depuis. Suivant les instructions, j'ai continué à faire battre l'estrade par des cavaliers d'Acyl dans le secteur El-Krenik-Birket-Fatmé ; chaque fois que l'un d'eux rentre, c'est, à la demande de nouvelles, la même réponse désespérément uniforme : les Ouadaïens ne bougent pas de leur camp... Ah ! j'ai enfourché un dada bien chimérique lorsque j'ai cru qu'ils oseraient attaquer, les marchands de chair humaine ! D'autre part, la construction d'Ati n'avance pas, faute de main-d'œuvre ; les travailleurs que j'envoie du Medogo désertent les uns après les autres sous le feu même des sentinelles, et avant de tenter quoi que ce soit vers l'est, le commandant voudrait voir bien assise, sinon complètement terminée, cette base d'opérations.

Notre inaction, dont chaque jour recule la réalisation de ses rêves ambitieux, a rendu mon pupille grincheux, au point qu'à plusieurs reprises j'ai dû le rappeler à l'ordre d'importance ; depuis une semaine je ne l'ai pas aperçu et l'abandonne à sa bouderie. Par contre, déjà plus apprivoisés, les idoines sollicitent quotidiennement des entrevues. Les instructions sur l'organisation de la justice dans ma « résidence » les défèrent au tribunal du sultan, mais avec la faculté d'interjeter appel près du mien. Ils ne s'en privent pas. En processions et en groupes bien séparés, conduits par leurs chefs de village, ils se présentent à la porte du camp ; on les introduit sous la vérandah où je tiens mon lit de justice. Après les multiples *selam* et *afia* d'usage, chacun de s'accroupir. Puis on se recueille, on tousse, on renifle, on crache, d'un coin du boubou on éponge la sueur qui perle au front. J'endosse de mon côté toute ma patience, et les débats commencent touchant des querelles de ménage, des vols d'animaux ou de grain, des assassinats.

Il m'est d'autant plus difficile d'évaluer la mesure exacte de la mauvaise foi commune, qu'en vain je requiers un unique porte-parole pour chaque partie ; le débat s'échauffe de suite ; tous ont la langue bien pendue ; on gesticule ; menaces, invectives, protestations, se croisent avec les éclairs rageurs partis des prunelles noires. Voici déjà deux fois que, mes principes de Code napoléonien en déroute, et désespérant du témoignage des hommes, je dois me retourner vers Allah et m'en remettre à un tribunal d'arbitrage composé de trois saints marabouts, l'un directeur spirituel d'Acyl. Je dois confesser qu'ils s'en tirent autrement mieux et surtout rapidement que moi : en ma présence, chacun explique de nouveau sa petite affaire ; à peine les juges demandent-ils quelques explications ; puis le plaignant jure qu'il a dit toute la vérité, la main droite posée à plat sur les feuillets d'un Coran, un serment qui ne saurait avoir de valeur, fait à la face de l'infidèle que je suis. C'en est assez ; la cause est entendue et la sentence se prononce : « Toi, tu paieras un bœuf, toi, six moutons, et vous nous en donnerez chacun un pour notre peine... » Un léger brouhaha des plaideurs, sans que le diapason monte, puis chacun se lève, s'époussette le derrière et s'en va calme et digne.

J'ai constaté souvent que les gens d'ici rendent des points, pour le mensonge, à leurs coreligionnaires de l'Afrique du Nord, ce qui est la preuve d'une facilité d'invention et d'une imagination vraiment extraordinaires ; ils ont encore de commun avec eux, que l'appropriation du bien d'autrui est le moindre péché véniel, et puis ils ont le coup de couteau si facile ! En définitive, un tas de petites faiblesses qui font que, dans le pays, la justice est plus commode à rendre que dans le nôtre parce qu'elle risque moins de sacrifier un parfait honnête homme.

J'ai perdu tout espoir de passes d'armes avec l'ennemi d'Abécher et, trouvant le temps long à Barouella, décide de partir incontinent, faire une cure de hâle, prendre un bain d'air au grand soleil et à la belle étoile et noircir d'itinéraires un nouveau carnet. Je pique dans le sud-est, direction des groupes de Douziat et d'Aberech, que je n'ai pas encore visités ; j'aurais voulu aiguiller vers le nord-est, aller me rendre compte *de visu* de ce qui se trouve vers ce Birket-Fatmé, sujet de tant de racontars depuis six semaines. Impossible, les ordres sont formels : défense absolue d'envoyer une reconnaissance de réguliers à longue portée, de dépasser le point d'El-Krenik dans cette direction. Raisons données ?... Nous avons dans tout le Tchad quelque mille fusils et une soixantaine d'Européens pour garnisonner dans cinq cents kilomètres carrés, la superficie de la France, et défendre douze cents kilomètres de frontières. Dans un pays comme celui-ci plus que dans tout autre, étouffé sous les fourrés, pour avoir des renseignements certains, il faut aller au contact, c'est-à-dire au combat ; or, dit le commandant Julien, au Tchad, un régulier tué, c'est vingt ennemis de plus à redouter ; il est bien probable qu'en l'occurrence son arme et ses munitions tomberont aux mains de l'ennemi ; quant à la mort d'un Européen, il est impossible d'en prévoir les résultats ; en outre, pour combler les pertes, il faut une année, si l'on tient compte des délais nécessaires pour qu'elles soient signalées et pour que les remplaçants arrivent. Conclusion : garder comme un bien précieux les réguliers pour le coup de boutoir décisif ; inquiéter, fatiguer l'ennemi au moyen des auxiliaires ; user dans une large mesure de leurs merveilleuses qualités d'observateurs ; rapprocher tous les rendus comptes de façon à parer aux exagérations et à définir la vérité.

Sages principes, il faut le reconnaître, et devant lesquels je n'ai qu'à m'incliner, quoique s'en accommodent bien mal mes coutumes de cavalier. Ils sont, d'ailleurs, de tous les pays africains ; dans l'un des livres trop rares que j'ai pu emporter ici, *De la Guerre en Afrique*, du général Yusuf, il est dit : « En Afrique, officiers d'in- « fanterie, et surtout de cavalerie, doivent laisser dans leurs biblio- « thèques les savants ouvrages écrits sur l'art de la guerre en Europe... « Si l'on veut avoir une affaire, il faut tâcher d'y engager tout son « monde et se dispenser de beaucoup de reconnaissances, au moins « inutiles quand la perte des hommes ne les rend pas regrettables.

« Je le répète, dans cette guerre tout exceptionnelle, tous les « moyens sont des moyens d'exception. La théorie la plus savante « s'y trouve sans cesse en défaut ; la pratique est tout ; c'est ce « qu'avait si bien compris le maréchal Bugeaud, qui avait su faire « de cette guerre d'Afrique une science à part dont il a été le maître « et où il est resté sans égal. »

Quelle abondance de faune constatée encore au cours de ma visite dans cette partie inconnue de mes domaines ! Perdreaux, lapins à longues oreilles, pintades, piètent ou s'envolent à chaque instant, à peine effarouchés, devant nos chevaux ; les petites poules huppées, appelées poules de rochers, trottent familières à nos côtés. Les phacochères sont abondants ; le sol est raviné et défoncé par eux ; deux fois, pendant l'étape de ce matin, des bandes sont passées au trot en grognant ; dans la seconde étaient deux jeunes marcassins, dont l'un, au lieu de suivre sa famille dans le hallier, s'est pris à cabrioler sur la piste ; la laie s'est précipitée pour le ramener ; comme la chair de ces animaux est un vrai régal, j'ai fait taire tout sentiment de miséricorde ; lâchant ma boussole et empoignant la carabine que me tendait Demba-Ba, j'ai abattu à vingt pas mère et nourrisson. Armés du long couteau à double tranchant que tous portent le fourreau enfilé dans la botte droite, les spahis ont eu tôt fait de dépecer les deux bêtes et d'en suspendre les meilleurs morceaux de chaque côté des troussequins.

La quantité de pintades est inouïe ; c'est par centaines que nous les rencontrons, à chaque instant du jour, picorant dans les clairières ou perchées et menant grand vacarme de leurs cris bêtes et perçants ; pour ménager poudre et plomb, lorsque j'en aperçois un bon nombre groupées à terre, je tire avec une carabine de spahi, à balle, dans le tas. Le volatile est surtout précieux pour mon potage quotidien qu'il me fournit parfait.

Le représentant le plus commun de la grosse faune est la girafe ; jamais, même à la pointe nord du lac Tchad, où elles sont si nombreuses, je n'en ai vu aussi fréquemment et en aussi gros troupeaux que dans le Medogo. Au village d'Azi, hier, à une heure de l'après-midi, alors que je siestais dans la case du chef, un des fils du maître de céans fait irruption et me raconte, tout essoufflé, que, rentrant de route, il vient de voir, tout près, une dizaine de bêtes se faufilant sous bois ; dans le jour de l'unique ouverture qui sert de porte au logis, s'écrasent les longs bustes maigres de solliciteurs qui crient avec des intonations suppliantes : *Laham, laham katir !...* (de la viande, beaucoup de viande !) L'heure n'est pas engageante pour une partie de chasse ; mais je leur ai une grande reconnaissance à tous, au village, de m'avoir fourni une quinzaine d'œufs suffisamment comestibles qui, enfouis parmi du sable, dans l'une des sacoches de Tourgou, vont me procurer, pendant plusieurs jours, les délices de l'omelette. Donc, en route ! Je prends ma winchester approvisionnée à six coups, j'appelle Demba-Ba et stipule qu'une demi-douzaine d'indigènes seulement suivront en rabatteurs. Nous partons à pied, courbés à travers les taillis, formant un grand demi-cercle qui s'allonge de façon à aborder à contre-vent le boqueteau où l'on me dit que se trouve le troupeau.

Après dix minutes de marche, le fils du chef fait signe que c'est là. A plat ventre maintenant, mètre par mètre, coudée à coudée, nous rampons sous bois ; il faut, au prix d'accrocs multiples, faire son sillon entre les buissons de mimosas et les gerbes des palmiers nains ; de temps en temps je m'arrête et me soulève, écarquillant les yeux pour tâcher d'apercevoir un des longs cous bigarrés ; les distinguer, parmi ces troncs pressés comme des mâtures, dans la demi-ombre du sous-bois, n'est pas du tout facile, si la girafe ne bouge pas.

Une demi-heure se passe dans cette marche de vermisseau, pas un bruit n'est venu troubler la quiétude de la futaie ; en vain je fais des arrêts plus fréquents, lorgnant parmi le fouillis.

Le troupeau a dû filer plus loin. Je suis tout près, les coudes rompus, de donner le signal de la marche normale, quand un geste de Demba-Ba retient mon attention ; son bras indique une direction un peu à droite. La winchester armée, doucement je me soulève sur un genou, fouillant du regard interstice par interstice entre les arbres. Rien... Pourtant, secouant la tête de haut en bas, mon spahi proteste qu'il est bien certain d'avoir repéré le gibier.

Enfin, à moins de cent mètres, dans un des endroits les plus fourrés, j'ai vu bouger quelque chose, une seconde seulement, mais cela a suffi pour me fixer : c'est une des oreilles qui a battu ; l'animal, la tête levée, fourrage parmi les bouquets de feuilles. Peu à peu je repère tout à fait sa position, mauvaise pour que je puisse tirer à coup sûr ; il me tourne la croupe.

A ce moment, un léger sifflet se fait entendre à gauche ; il indique, d'après nos conventions, qu'une ou plusieurs girafes sont aussi de ce côté. Si léger qu'ait été le signal, la girafe devant moi l'a entendu ; inquiète, elle s'est tournée de trois quarts, présentant l'épaule. C'est le moment ; un genou à terre, je vise à loisir... un long tonnerre sous les arbres.... la balle est allée au but, et une balle demi-blindée de winchester, au défaut de l'épaule d'un animal autre que l'éléphant, le couche invariablement à terre ; je vois le long cou verser peu à peu ; puis tout le corps s'effondre, écrasant bruyamment les halliers ; la bête ne bouge plus, elle a été foudroyée.

Les sonorités du bois n'ont pas cessé de retentir que, de désert qu'il paraissait tout à l'heure, le voici subitement en révolution : isolés ou par groupes, à gauche, à droite, en face, tous les membres de la harde, auparavant couchés pour la plupart, ont surgi, comme projetés par des ressorts. Suivant les recommandations, aucun homme n'a bougé ; stupéfiées par cette explosion insolite, les girafes ne pensent pas à fuir ; campées sur leurs grandes jambes difformes, comme rivées au sol, les longs cols, les petites cornes tendues de notre côté, les oreilles frémissantes, elles font seulement entendre de gros ronflements inquiets.

Mais l'instant de répit est fugitif ; il faut se hâter d'en profiter : à cinquante pas, une balle de ma carabine couche encore un gros mâle sur le sol. Cette fois l'affolement est général ; quelques secondes la harde tourbillonne, puis c'est une ruée de ce galop déhanché, ridicule, mais incroyablement rapide, vers la trouée où je me tiens caché. Je n'ai que le temps de bondir et de m'accoler à un arbre pour ne pas être piétiné. A bout portant, Demba-Ba tire à son tour : une toute jeune bête pirouette, le membre antérieur gauche brisé à hauteur du genou ; en une seconde, la voilà de nouveau debout ; lamentablement elle s'efforce de reprendre le galop, retombe, se traîne sur les genoux, se relève ; mais, avec des hurlements de joie, les Arabes se sont précipités ; les sagaies sifflent ; une d'elles va s'implanter dans les reins, une autre à la base du cou ; la bête a néanmoins la force de fuir, cent mètres encore, sur ses trois jambes valides, puis elle s'abat dans les dernières convulsions, sans que les enragés cessent de la cribler de leurs fers barbelés.

Aux coups de fusil, tout le village est accouru, jeunes et vieux, les femmes même, les enfants. C'est une allégresse générale et bruyante; ces sept à huit cents kilos de viande que je leur fournis, vont être pour ma popularité un appoint merveilleux ; ici je suis déjà au pinacle. Puis, immédiatement la boucherie ; une bande d'hyènes affamées n'est pas plus féroce : cent bras nus s'agitent hors des boubous loqueteux ; à grands coups de hachette ils sectionnent le cuir épais, recouvert de cette robe soyeuse, aux reflets changeants si merveilleux, qu'il faut avoir admirés en dehors des climats froids ; les couteaux à double tranchant déchirent des lambeaux encore pantelants ; le sang gicle, éclaboussant les boubous, souillant les bras nus jusqu'aux épaules ; les morceaux les plus recherchés passent dans vingt mains qui se tailladent réciproquement pour se faire lâcher prise. Des batailles s'engagent, acharnées ; on s'empoigne par les bras, les mains, en se hurlant des injures, visage à visage ; finalement on s'arrange ; il y en a pour tout le monde et pour plusieurs jours, et la longue théorie des sauvages bouchers s'allonge bientôt au travers du bois pour porter aux cases le butin sanglant.

Résultat de ma chasse que je n'avais pas prévu, un « Nocturne » aux accords variés, puissants, vifs, aigus, saccadés : la nuit venue, toute une famille de lions est accourue aux relents de la curée ; ne trouvant plus grand'chose à se mettre sous la dent, elle a violemment manifesté son mécontentement ; eux partis, hyènes et chacals se sont hasardés, en quête des derniers rogatons ; ils sont restés longtemps, mêlant rires sinistres et glapissements ; la centaine de chiens du village, inquiète, aboyait sans répit ; enfin, pour célébrer mes prouesses, grand tam-tam au lever de la lune. Me gendarmer contre cet honneur eût été impolitique ; je me suis condamné à voir fuir les étoiles, une à une ; aussi, l'Orient s'éclaircissait à peine que j'ai sifflé « debout » et nous cheminions avant que le premier rayon jaillisse.

A une heure, pendant la halte méridienne, à l'ombre d'un grand tamarinier, un courrier surgit sur la piste, au galop, le cheval blanc d'écume. C'est Guerry qui l'envoie ; de son bissac il arrache une enveloppe marquée à un angle de la griffe du commandant Julien et au sommet de la mention : « Très urgent. » Qu'est-ce qu'il y a ?... Fébrilement je déchire... Il m'est recommandé d'ouvrir l'œil plus que jamais : les nouvelles de l'est ne permettent aucun doute sur l'imminence d'une attaque d'Ati ou de Barouella ; il faut, jour et nuit, me tenir sur le qui-vive, prêt à rallier Ati ou à parer à une attaque de mon propre camp.

Venant d'un autre que le commandant Julien, l'avis ne serait pas pour m'émouvoir outre mesure, tant est grand mon scepticisme sur le mordant de nos ennemis de l'est, mais je connais le parfait tact de celui qui m'écrit et sais bien qu'il ne s'émeut qu'à bon escient. Acyl, tous ses espions qui criaient gare avaient donc raison ! Une vision me traverse l'esprit : Barouella attaqué, mis à sac, depuis le départ du courrier, qui l'a quitté il y a deux jours, ayant perdu près de vingt-quatre heures à ma recherche... Soixante-dix kilomètres environ nous séparent du camp, la chaleur ne permettra pas de faire beaucoup de chemin cet après-midi ; mais en nous rattrapant la nuit, il est possible d'y être demain dans les premières heures de la matinée.

Ah ! que la nuit m'a paru longue, qu'ils m'ont semblé interminables, ces kilomètres mis péniblement au bout l'un de l'autre sur le sentier caché par les halliers, perdu, retrouvé, barré de racines sur lesquelles trébuchent ou s'effondrent les chevaux, dans l'ombre plus dense des tunnels formés par les branches d'acaciées qui griffent jusqu'au sang. De l'excès de confiance me voici passé à l'appréhension extrême ; les éperons au ventre de mon cheval, la montre constamment à la main, je suis poursuivi par l'idée lancinante d'un désastre possible.

A huit heures du matin, dans une éclaircie des bois, j'aperçois le drapeau du camp qui bat joyeusement au bout de sa perche. Ouf ! l'aguid Mahamid peut lancer maintenant sur nous une de ses « bannières » ; au moins je serai là, avec eux tous, mes fidèles, pour partager leur sort.

Accouru à ma rencontre, Guerry me tend un autre courrier qui arrive d'Ati : le parti ouadaïen a fait un bond en avant jusqu'à El-Krenik, une quarantaine de kilomètres à l'est du poste ; le capitaine Jerusalemy donne l'ordre d'évacuer immédiatement Barouella, de diriger femmes et enfants sur le poste de Yao et de le rejoindre en toute hâte.

Malgré la diligence du déménagement, faire place nette en ces logis, abandonnés sans doute pour une longue durée, a pris beaucoup de temps. Au milieu de l'après-midi seulement, les gros zébus porteurs, au dos desquels ont été huchés femmes et marmots, s'ébranlent en procession sur la piste de Yao, encadrés d'une douzaine de cavaliers du sultan ; contre leurs flancs ballottent les filets en fibres de palmier, gonflés du bagage de chaque ménage; toute une batterie de cuisine, marmites en terre, jarres, calebasses, tient, par des prodiges d'arrimage, à la carcasse des bâts.

Les spahis étaient déjà rangés en bataille face à la porte ; à mon commandement ils ont mis le sabre à la main, et pendant qu'Ougal, le trompette arabe, les joues gonflées, sonnait *A l'Etendard,* que chaque homme se figeait dans l'immobilité, la carabine, cuivres clairs au dos, la lame fourbie luisant au creux de l'épaule, Alimendi-So amenait doucement l'emblème qui aura, si peu de temps, flotté sur le poste créé par nous ; pieusement il l'a ensuite plié et me l'a remis : céré-

CONTRE LEURS FLANCS BALLOTTENT LES FILETS EN FIBRES DE PALMIER.

monie de chaque matin et de chaque soir dans le courant de vie journalier de chacun de nos postes, émouvante toujours et devant laquelle les noirs, pas plus que nous, ne restent indifférents ; car si ces trois couleurs vivantes et gaies n'éveillent pas dans leur cœur le sentiment sacré de patrie, du moins condensent-elles un passé ancien déjà, tout de gloire et de fiers souvenirs et qui leur a mis dans le sang l'orgueil de race, leur patriotisme à eux.

Et puis nous nous sommes mis en route, nos petits étalons galopaillant et hennissant de plaisir, la queue haute et le rein élastique. Le renfort que je conduis à Ati est de trente-cinq spahis et cent dix auxiliaires. Vers cinq heures nous touchons au village de Melmelé, au pied et à l'extrémité occidentale des monts du Medogo, une nouvelle étrangeté géologique de cette contrée ; je ne l'avais, jusqu'ici, contemplée que de mon camp, dont l'air si pur et diaphane la rapproche aux deux tiers de sa distance réelle. La chaîne, d'une altitude moyenne de cinquante mètres, s'étend sur plus de trois kilomètres, dans une direction N. E.-S. O, dentelée comme l'épine dorsale d'un gigantesque monstre antédiluvien ; les gros blocs de granits bruns, roses, grisâtres, ont été, pendant des milliers d'années, fouillés, polis, effrités par les pluies ; les veines tendres rompues, les filons les plus durs se sont effondrés et leurs éboulis semblent les ruines titanesques de remparts et de palais.

Melmelé, un grand village de deux cents cases, est désert ; tout a

PAILLOTES HÉMISPHÉRIQUES DU TCHAD.
Deux paillotes reliées par une véranda, constituant l'habitation d'un Européen.

fui devant la menace d'irruption des soldats de Doudemourrah ; quelques vieux *meskin* (pauvres) sont demeurés seuls, prêts à chercher refuge dans les anfractuosités des rocs.

A quatre heures du matin nous descendons, en colonne par un, les corps renversés sur les croupes, la pente abrupte du Bat-Ha : c'est le bahar le plus important de la région du Tchad, un gigantesque fossé, offrant rarement un demi-kilomètre en ligne droite, serpentant de l'est à l'ouest, des montagnes qui environnent la capitale du Ouadaï à la lagune Fitri, où il va se perdre après avoir parcouru près de cinq cents kilomètres ; ses bords, séparés par cent à cent cinquante mètres, s'éloignent encore chaque année sous l'action des violents courants d'hivernage qui arrachent aux berges des hectares entiers ; ce travail hydraulique est nettement visible. Le ravin, à sec en ce moment, ne prend que pendant trois mois, de juillet à septembre, vraie allure de fleuve écumant et impétueux; il fut toujours le principal trait d'union entre l'Orient et l'Occident, une route séculaire d'invasion, celle que nous avons amorcée dès les débuts de notre occupation du bas Chari au poste de Yao et que nous jalonnons aujourd'hui du nouveau poste d'Ati dans notre marche vers le Ouadaï. La raison du choix de cette artère a été de tous temps la facilité d'y trouver l'eau en de nombreux points bien connus. Par suite des mêmes phénomènes d'absorption rapide que je signalais à propos des bahars de moindre importance du Medogo, il est inutile dans le Bat-Ha d'atteindre, pour avoir le liquide précieux, une couche argileuse du sous-sol : des trous coniques ayant été creusés à quarante, cinquante centimètres de profondeur, l'eau les remplit sans cesse par infiltration; les puits doivent être assez espacés pour que chacun d'eux ait une zone de suintement suffisante; on puise le liquide au moyen de calebasses; il est limpide, mais a le goût natroné bien désagréable de presque toutes les eaux du Tchad.

L'emplacement du poste d'Ati a été choisi à quatre cents mètres de la rive droite, sur une grosse mamelle de sable. Tout y sent l'agglomération improvisée d'hier, le campement à peine monté ; l'enceinte du réduit ne s'élève qu'à un mètre du sol ; un seul bastion est debout. La compagnie, Européens compris, n'a que des abris provisoires, faits d'une carcasse de branchages recouverts de tiges de mil desséchées, ouverts à tous les vents et à toutes les flèches du soleil; la zeriba, ébauchée seulement, a été précipitamment renforcée sur deux faces par un réseau de fils de fer barbelés ; tout autour, des bossellements, de longues ondulations de collines sablonneuses que piquettent, semblables à des épieux, les tronçons des arbres que l'on vient d'abattre. La végétation se ressent du Sahara tout proche; dans ces terres du centre africain qui ont soif, le malheureux arbre fait tout ce qu'il peut pour s'accommoder aux tristes conditions de son existence : pour lutter contre le vent qui le fouette des milliards de petits projectiles pris à l'argile ou au sable, il acquiert un tronc dur comme le fer, se prive de feuillage, ne se risque pas au-dessus de quatre mètres du sol ; il se défend de l'évaporation en distillant des résines et des huiles et en recouvrant ses veines d'une épaisse carapace, hérissée de poils et d'épines ; mais, si bien qu'il se soit outillé pour la lutte, il languit, Quasimodo pitoyable, parmi les halliers lépreux.

Au capitaine Jerusalemy sont adjoints le lieutenant Legrand, qui a cédé à un sous-officier le commandement du poste de Yao ; de Villeneuve, enchanté d'avoir abandonné la capitale de Fort-Lamy pour venir faire ses premières armes; puis le docteur Bouillez.

Après les vigoureuses poignées de mains, c'est le flot des nouvelles;

les événements se sont précipités en cette dernière semaine : le 20 mars, quatre « bannières » sous le commandement du vieil aguid Mahamid s'établirent à Bedina (douze à quinze kilomètres d'El-Krenik) ; le 22, une avant-garde de six à sept cents fusils occupait les puits d'El-Krenik ; le 23, tout le gros y arrivait : les forces ennemies comprennent environ deux mille huit cents fusils, dont la moitié à tir rapide ; suivant la coutume ouadaïenne, de nombreuses femmes marchent avec les soldats ; on voit aussi dans leurs rangs et à leur tête des Arabes blancs, des « frères » senoussistes auxquels on a fait appel, venus de Tripolitaine ; une horde de quatre à cinq mille pillards armés de sagaies se tiennent dans un rayon rapproché ; les soldats ouadaïens, revêtus d'un uniforme, sont pourvus d'une centaine de cartouches par homme ; un approvisionnement de réserve et un matériel de réfection des munitions suivent à dos de chameaux.

Enfin, dernière nouvelle qui éclipse toutes les autres, — voici qu'au Tchad on prend de nouveau l'offensive ! — le commandant Julien a décidé que nous allions répondre à ce mouvement en avant par une offensive immédiate ; la colonne d'Ati se mettra en mouvement aussitôt après l'arrivée de la batterie et des spahis d'Aouni, attendus incessamment. Tout de suite je vais partir en flèche avec mon détachement et les auxiliaires et m'établir au village de Chibina, à une vingtaine de kilomètres et contre le Bat-Ha.

27 mars. — Lourde et longue journée, monotone, sans aucun événement. Dès mon arrivée, je me suis couvert jusqu'à quatre ou cinq kilomètres, et sur un large front, par un rideau de patrouilles.

Parti précipitamment de Barouella, j'ai dû laisser Tourgou faire les malles et en assurer l'évacuation sur Yao ; pendant mon bref passage à Ati, je n'ai pas eu le temps de songer à mes propres victuailles ; Bédina a été déserté par son plus maigre poulet et j'ai défendu qu'on tire un seul coup de fusil pour chasser. C'était la famine, si Acyl, tout miel et tout rose depuis que nous sommes en campagne, n'avait aimablement mis son garde-manger à notre disposition. Ses boys ont apporté, à Guerry et à moi, du couscous de maïs garni de brochettes de viande d'antilope, des beignets de mil saupoudrés de piment rouge, croustillants, pas désagréables du tout s'ils ne semaient l'incendie ; mon pauvre estomac délabré n'a cessé de protester toute cette nuit.

Avis ni admonestations n'ont pu empêcher qu'un cortège de chameaux suive le sultan, porteurs de provisions de bouche, des tentes, des peaux cousues bout à bout et qui, pliées en quatre ou huit, font un lit moelleux. Chaque aguid en a autant. J'ai eu beau dire aussi, impossible d'obtenir qu'ils mettent un peu d'ordre dans la disposition de leur campement ; les hommes se couchent au hasard des buissons les plus hospitaliers, se sachant bien gardés par mes factionnaires ; il est probable qu'ils ne feraient que me gêner si nous étions attaqués de nuit.

28 mars. — Dans la matinée, une des patrouilles rentre, amenant à pied, entre deux chevaux, un prisonnier, les bras ligotés en arrière, au cou une corde dont l'extrémité est attachée au pommeau crochu d'une selle. Il faisait partie d'une reconnaissance ennemie à laquelle on a donné la chasse ; son cheval, frappé d'une balle, s'est abattu sur lui.

J'ai vainement essayé de tirer quelque renseignement de l'homme, un Ouadaïen à n'en pas douter, tout jeune, les cheveux courts et frisés, les yeux petits, très vifs, d'expression fausse et féroce, le gros nez surmontant des lèvres lippues ; il s'est enfermé dans un mutisme absolu, lançant seulement à la dérobée des regards aigus de haine ; je suis certainement le premier Européen qu'il voit ; la menace d'être fusillé n'a pas eu sur lui plus d'effet que les promesses.

L'arrivée de la colonne d'Ati est signalée à cinq heures du soir ; j'ai fait jalonner, à l'est de Chibina, les emplacements de ses divers éléments ; pour la rendre plus légère, le capitaine Jerusalemy n'a amené qu'une des pièces d'artillerie, qui est placée de façon à battre le lit du Bat-Ha ; au cas d'une affaire de nuit, cas improbable, les Ouadaïens n'attaquent généralement pas avant le lever du soleil, c'est par là sans doute que déboucherait leur force principale. Les tirailleurs se placent en carré ; en Afrique, on ne forme jamais les faisceaux ; chaque homme garde son fusil près de lui ; une disposition pratique, adoptée à la 1re compagnie pour forcer l'homme à avoir toujours son arme à portée et la préserver du contact du sol, est de faire planter en terre par chacun une petite fourche de bois sur laquelle on pose le canon du fusil, la crosse reposant à terre. Les spahis garnissent les faces nord et sud du carré. L'effectif avec lequel nous allons attaquer les deux mille huit cents soldats de l'aguid Mahamid est de trois cent dix combattants de toutes armes, dont deux cents réguliers ; les deux tiers de nos auxiliaires sont armés des fusils du modèle 1874 laissés dans les postes du territoire par les missions Gentil et Foureau-Lamy, armes restées en assez bon état, mais dont les approvisionnements en cartouches sont malheureusement des plus restreints.

Nous serons dans la proportion de un contre dix, mais à peu près tous les Européens qui sont là ont déjà éprouvé au feu la valeur des soldats qu'ils commandent ; ces soldats eux-mêmes ont dans leurs chefs une confiance aveugle, et l'issue de la lutte ne fait de doute pour personne dans notre vaillant petit détachement.

Un dîner animé autant que frugal nous réunit au coucher du soleil, les sept officiers de la colonne : Jerusalemy, Legrand, de Villeneuve, Blard, Godard, Bouillez et moi-même, si heureux, aubaine rare, d'être ainsi réunis, que nous avons devisé jusqu'à une heure très avancée, allongés dans l'herbe, grillant des cigarettes de tabac bornouan ou la pipe aux dents. La rencontre prochaine a fait, bien entendu, les principaux frais de la conversation : demain, nous passerons la journée aux puits du village de Dokodji ; nous les quitterons la nuit suivante pour attaquer El-Krenik aux premières lueurs du jour ; par bonheur, il y a trois semaines, au cours d'une tournée, j'ai touché le Bat-Ha au village même et gardé de la topographie de ses abords un souvenir assez exact pour que l'établissement du dispositif d'attaque s'en trouve très facilité. Les troupes du vieil aguid Mahamid culbutées, nous les poursuivrons tout un jour, deux peut-être.

29 mars. — La colonne est sur la piste à trois heures du matin. L'ordre a été donné d'un silence absolu et une couche de sable étouffe en outre tous les pas.

En tête les spahis de Barouella et Acyl ; en extrême pointe un goum de vingt de ses cavaliers les plus dégourdis, sous le commandement de l'aguid Khozzam. Godard assure le service de sûreté des tirailleurs, de la pièce et du convoi.

Le sentier se faufile en innombrables lacets, à proximité de la rive droite du Bat-Ha qu'il touche même parfois, si étroit qu'il ne permet que la marche par un ; souvent l'herbe haute de deux pieds le cache sous une voûte de chaumes. De chaque côté, une forêt naine épineuse, d'une extrême densité, au sol étouffé sous les broussailles et à travers laquelle les flanqueurs ont peine à se mouvoir ; un terrain merveilleusement propice aux embuscades d'un ennemi comme celui au-devant duquel nous marchons. Des branches rabotent ou flagellent au passage, agrippent de leurs pointes aiguës, les acacias surtout, aux dards si meurtriers : *Chok, chok* (épine), s'évertue à crier l'homme qui me précède ; constamment il faut se coucher à plat ventre sur l'encolure ; puis ce sont des lianes enchevêtrées qui vous décoiffent ou vous étranglent ; mais, de ces massifs arborescents laids et monotones, à cette heure où le soleil n'a pas encore bu la légère rosée, il vient des parfums capiteux, des senteurs aromatiques de sèves résineuses, comme s'ils voulaient se faire pardonner d'être aussi nus et indigents et aussi désagréables.

A sept heures la piste s'enfonce subitement dans le Bat-Ha ; elle traverse le lit, très large toujours, entre ses escarpements de six à sept mètres et garni d'une épaisse couche de sable fin qui recouvre les boulets des chevaux.

Nous avons franchi quinze kilomètres depuis Chibina. La journée s'annonce très chaude ; la marche sous ces tonnelles épineuses où pas un souffle d'air ne circule, où flotte une poussière impalpable soulevée par notre passage, où, minuscules, à peine entrevus, nous assaillent des insectes affamés, est surtout pénible pour les tirailleurs ; les haltes s'imposent plus fréquentes et prolongées ; par suite, c'est à huit heures et demie seulement que l'avant-garde est à proximité du point d'eau de Birket-Sadet, à trois kilomètres du village de Dokodji ; après un coude prolongé dans le sud-est, la piste y joint encore, mais en pente douce cette fois, le chenal du fleuve ; c'est le point choisi pour notre campement d'aujourd'hui ; déjà, à l'extrémité de la tranchée, à l'orifice d'une gaine de verdure, j'aperçois un coin de sable doré, lorsqu'Acyl, parti en avant depuis quelques instants, revient au galop : « Dans le Bat-Ha, plus de cent puits ont été creusés cette nuit même, me dit-il ; mes hommes viennent d'apercevoir des groupes à cheval : l'aguid Mahamid n'est pas loin !... »

Vite j'envoie prévenir le capitaine. A peine m'a-t-il joint et la tête de l'avant-garde débouche-t-elle dans le Bat-Ha, que l'aguid Khozzam avec un paquet de cavaliers se précipite à son tour : *Ouadaï koullou dia* (tous les Ouadaïens arrivent), crie-t-il. A la même seconde, des coups de fusil partent de la rive droite.

Nous sommes en mauvaise posture : en colonne par un, spahis, cavaliers d'Acyl, tirailleurs, artilleurs, forment un long ruban très difficile à faire manœuvrer dans les fourrés qui l'enserrent ; si l'ennemi a le temps de garnir solidement la rive droite, il nous oblige à l'attaquer en traversant le ravin à découvert et avec de grosses pertes certainement ; de plus, il est extrêmement important de rester maître du point d'eau.

Le capitaine Jerusalemy prend rapidement sa décision : sur son ordre, mes spahis et le contingent d'Acyl se ruent à toute allure à travers le fleuve ; par bonheur, le talus opposé n'est pas trop escarpé pour que les chevaux puissent le gravir. En quelques minutes j'ai pu établir, perpendiculairement à la berge, au combat à pied, une ligne de cent vingt tireurs ; tout le reste de la colonne a pris une formation identique sur la rive gauche, à l'exception d'une section de tirailleurs qui m'est encore adjointe, commandée par le sergent Boubou-Dialo ; j'ai ainsi à ma disposition environ cent cinquante fusils. Avec une autre section, de Villeneuve est en trait d'union des deux ailes dans le lit même, ayant en outre la garde du convoi.

Il était temps que la ligne fût formée ; en face et à deux cents mètres seulement, une fusillade très nourrie fait retentir les bois ; une grêle de balles pleut dont la majorité frappe trop haut, brisant les menues branches qui tombent avec un bruit mat sur nos casques de liège ; d'autres ricochent plaintivement. Néanmoins, au bout de très peu de temps, trois tirailleurs et deux spahis sont atteints, ainsi que quatre hommes d'Acyl ; près de moi, je vois s'affaisser un de mes spahis arabes, Mohamed Djellaba :

— Tu es blessé ? lui dis-je.

— Oui, au pied, me répond-il en se relevant, mais ce n'est rien.

En vain, quelque temps après, voyant qu'il souffre et se tient avec peine, j'insiste pour qu'il se rende près du docteur.

— Moi vouloir rester avec camarades, répond-il obstinément.

Un genou à terre, froids et calmes, les réguliers exécutent les feux de salve prescrits pour épargner les munitions. Guerry dirige ceux des spahis. Le sergent Boubou-Dialo, un Ouolof de type très pur et distingué, debout au port de l'arme derrière sa section, commande, comme à l'exercice, avec un sang-froid et une fermeté qui attirent mon attention. Je l'entends admonester ses hommes :

— Tu n'as pas la crosse à l'épaule !... lève le coude droit !...

Aux salves des Lebel répondent celles des carabines, plus sèches, déchirantes ; les hommes d'Acyl eux-mêmes, subissant l'ascendant de cette discipline, tirent sans trop se presser et observent la recommandation de ménager les cartouches.

Le feu de l'ennemi ne faiblit pas ; ronflements des grosses balles rondes ou sifflements des projectiles de petit calibre se font entendre sans répit ; des paquets de feuilles, des débris de bois nous sautent au visage ; les renseignements étaient vrais, l'aguid Mahamid dispose certainement d'une grosse quantité de munitions. Son effort principal s'est porté de mon côté ; la fusillade est moins nourrie vers notre aile droite ; le chef ouadaïen s'est sans doute rendu compte que là se trouve la seule pièce de canon. Il est difficile de repérer l'emplacement de nos adversaires ; contrairement à leurs habitudes, ils combattent en silence et, comme toujours, tirent merveilleusement parti des moindres accidents de terrain : la fumée, de temps en temps des taches blanches de boubous et de chéchias, ou le léger désordre causé par l'enlèvement d'un chef atteint que l'on emporte, permettent seuls de préciser quelque peu le but des salves.

Vers neuf heures et demie, Acyl me prévient qu'un groupe essaie de tourner l'extrême gauche formée par ses tireurs ; effectivement, à peine me suis-je porté vers eux pour les placer face à gauche qu'une décharge les prend d'enfilade, en couche cinq à terre pendant que sur le front le feu redouble.

Le petit nombre de réguliers dont je dispose, leurs pertes sensibles déjà, compliquent la situation de l'aile que je commande ; j'envoie demander au capitaine de me renforcer de la section de Villeneuve ; avant qu'elle arrive, c'est le canon qui me fournit l'appoint désiré et relève le moral des auxiliaires un peu ébranlé. Guidé par la violence de la fusillade, Blard l'a fait pointer dans la direction de mes assaillants ; deux obus bien dirigés viennent éclater sur leur ligne, y jetant le désordre et donnant en même temps à notre tir un but apparent.

Le capitaine Jerusalemy est accouru sur les entrefaites. Le moment est bon pour sortir de notre rôle défensif dans ce duel sous masques ; à son signal, sur toute la ligne, la charge sonne. Les baïonnettes produisent, au centre africain, un effet considérable, bien souvent constaté ; cette fois encore, l'effet est le même : cette ligne qui a subi sans broncher, à moins de cent cinquante mètres, des feux de salve bien ajustés, est prise de panique passagère ; le feu à volonté des spahis et le tir à mitraille de la pièce la déciment pendant le court instant où, dans leur fuite, les Ouadaïens bondissent à découvert ; derrière eux nous progressons, mais péniblement, chacun obligé de faire sa trouée ; il me faut distraire plusieurs combattants pour aider, tâche ardue, à faire avancer les chevaux haut le pied.

La correction de nos salves a porté ses fruits ; sur la ligne opiniâtrément tenue depuis une heure par les troupes de l'aguid Mahamid, les balles, trouant sans peine les frêles abris des troncs, ont jonché le sol de cadavres, crispés, tordus, allongés de toute leur longueur ; presque tous sont vêtus de tuniques blanches et bleues ; fusils et cartouchières ont été soigneusement enlevés ; des formes humaines que la vie n'a pas encore quittées s'agitent dans les halliers et gémissent : *Al mé, al mé* (de l'eau) ; le sol sablonneux porte par endroits les traces de traînées des chefs ou des hommes de race noble que l'on n'a pas voulu laisser entre nos mains. On distingue nettement le chemin des obus : arbres coupés net, grands pans de verdure, taillis fauchés.

Mais bientôt l'ennemi s'est ressaisi ; profitant de ravinements étroits, perpendiculaires au Bat-Ha, il s'y agrippe, et son feu reprend aussi nourri. Il est onze heures ; le soleil féroce darde tout blanc, incendie cette futaie aux arbustes serrés comme les pieux d'une palissade. Il fait une chaleur atroce ; l'air surchauffé tremblote devant les yeux éblouis ; nos vestes sont trempées de sueur, les gorges flambent ; le casque, si léger qu'il soit, étreint terriblement les tempes ; les hommes d'Acyl se sont débarrassés de leurs boubous et combattent à demi nus. Sur mon ordre, le sultan a organisé des corvées d'eau qui nous apportent le réconfort fétide, tiède et boueux de leurs peaux de bouc ; avantage inappréciable pour nous d'avoir pu rester maîtres du point d'eau ; cruellement nos adversaires doivent souffrir de la soif. Un indigène qui arrive des puits m'aborde à ce moment et me dit : « Un blanc est mort ; je l'ai vu porter du côté du convoi dans le Bat-Ha. » Lequel des camarades le sort a-t-il désigné ? L'homme ne peut le préciser.

Cependant, changeant de tactique, ne laissant devant moi que des essaims de tirailleurs, l'aguid Mahamid a porté tout son effort sur notre droite ; mais il s'y bute au gros de nos réguliers, — la section de Villeneuve a rallié de ce côté. — La fusillade y est intense ; puis, à un moment donné, nous entendons de longs hurlements ; furieux de la résistance de cette poignée d'adversaires, les Ouadaïens se sont rués sur elle en masse ; un petit nombre arrive au corps à corps ; un feu rapide bien dirigé, les boîtes à mitraille font, à bout portant, dans la cohue, des brèches formidables ; l'ennemi est refoulé et dispersé ; un étendard reste entre les mains du spahi Boubou-Soumaré. Profitant du désarroi, toute notre ligne s'est élancée de nouveau à la baïonnette ; en vain l'aguid Mahamid essaie-t-il de se cramponner encore, devant moi, à un ravin du Bat-Ha ; notre droite a pu opérer un mouvement de conversion ; à partir de ce moment les Ouadaïens ne peuvent tenir sous les feux convergents ; la partie finale s'est jouée ; il est deux heures trente ; à une certaine distance, on entend des sons de tambours et de trompettes, des cris d'appel, des clameurs confuses, puis le silence se fait.

Le dénouement de la crise nous a menés sur les pentes débroussées qui s'élèvent du Bat-Ha au village de Dokodji. Dans un rayon étendu autour des cases, qui surplombent d'une quinzaine de mètres le lit du fleuve, on a opéré le débroussaillement ; mais c'est l'unique nœud de lumière à l'entrecroisement des pistes, qui seules mettent leur déchirure dans la forêt dense où l'ennemi s'est évanoui ; il ne faut pas songer à y lancer les spahis ; nos sabres sont, hélas ! condamnés à rester au fourreau.

Peu à peu les diverses unités ont gagné le point de ralliement fixé à l'est du village. L'appel est fait ; il manque trente-cinq réguliers tués ou blessés ; les auxiliaires comptent huit morts et six blessés. Le docteur établit son ambulance dans les cases les plus spacieuses en lisière ; un des plus grièvement atteints parmi les nôtres est le maréchal des logis Aurousseau, du peloton Godard ; une balle de gros calibre, brisant la clavicule gauche, a traversé le cou de part en part, frôlant la carotide ; la perte de sang a été grande ; Bouillez se montre inquiet ; c'est Aurousseau qui me fut signalé mort vers onze heures du matin. Mon brave Mohamed Djellaba. atteint, je l'ai raconté, dès les premiers coups de feu, vient d'être pansé ; la balle a broyé le pied du pouce au medium ; on l'a amputé des débris des trois doigts ; et c'est avec cette blessure qu'il a combattu jusqu'au bout... Je lui ai donné une vigoureuse poignée de main.

La nuit est venue, mais la chaleur reste oppressante ; la terre rend tout le feu qu'elle a couvé aujourd'hui ; il faut élargir bien fort les poitrines pour emplir les poumons.

Au flanc de la croupe qui porte Dokodji le détachement s'est formé en carré, adossé aux dernières cases du village. Sur le chaume dru, fatigués des douze heures de marche et de combat, les hommes dorment déjà pour la plupart, étendus à un pas d'intervalle, les oreilles enfoncées dans la chéchia : dans un angle, la pièce allonge sa gueule sur la pente qui conduit au fleuve ; à l'intérieur, les chameaux entravés, les chevaux attachés en cercles ; à cent pas, les baïonnettes des sentinelles jettent par intermittence leur scintillement. Un calme lourd s'est fait partout ; on ne cause pas, on repasse lentement, heure par heure, la succession de souvenirs ; beaucoup d'impressions hâtivement fixées dans la fièvre de fumée, de sang et de soleil, défilent maintenant, les nerfs remis en place, avec une lenteur et une précision étranges : c'est la première fois que les bannières de Doudemourrah se présentent groupées, commandées par les chefs les plus réputés, pour se mesurer avec les troupes d'occupation du Tchad ; c'est exceptionnellement aussi que nous avons eu à lutter avec une troupe ainsi constituée, on ne peut dire en rase campagne, le pays qui nous entoure ne permet pas l'expression, tout au moins au hasard du terrain. Les noirs soudanais, très braves, mais sachant leur infériorité vis-à-vis de nos manœuvres, qu'ils redoutent et qui les déconcertent, préfèrent le plus souvent s'appuyer à une enceinte quelconque où le courage physique individuel reprend toute son importance ; on a vu ici même, au Tchad, une armée entière de Rabah se mobiliser à la rencontre des troupes de la mission Gentil, mais, arrivée à bonne portée, s'arrêter et construire rapidement un réduit palissadé. Jusqu'ici, nous n'avions connu des Ouadaïens que rezzous de bandes en terre à esclaves, incursions quelquefois punies par nos rapides autant qu'audacieuses randonnées en riposte ; ces simples coups de main nous avaient amenés à voir ces adversaires sous un jour bien différent de celui sous lequel ils viennent de nous apparaître ; combien de fois ai-je entendu au Tchad plaisanter le « terrible péril ouadaïen ». Bien souvent je l'ai raillé moi-même ; hier soir encore, pourquoi le nier ? — à surmonter danger plus grand, gloire plus vive, — nous péchions tous par présomption. Aujourd'hui, plus de cinq heures d'efforts ont été nécessaires à deux cents réguliers, vieux soldats aguerris presque tous, appuyés par une pièce de canon, pour venir à bout d'une troupe huit à dix fois supérieure en nombre certes, mais ayant contre elle les énormes facteurs que sont un armement supérieur, une discipline et une éducation militaires accomplies, la soif aussi, la terrible soif sous le soleil impitoyable ; près d'un sixième de notre effectif est atteint ; notre faible butin se réduit à deux étendards, une dizaine de fusils et une centaine de cartouches. Un détail nous a beaucoup frappés, c'est la facilité de manœuvre de nos adversaires, leurs mouvements tournants parfaitement dessinés et réglés, appuyés par un feu violent du front au moment voulu, leurs bonds de retraite échelonnés de façon à se soutenir les uns les autres ; tous principes de tactique dus sans aucun doute à l'éducation des Tripolitains, nombreux dans leurs bannières ; tout à l'heure on nous a apporté la tête de l'un d'eux, au teint blanc, moins basané que le nôtre, à la bouche fine, ornée de longues moustaches blondes. Acyl l'a reconnue pour être celle de Mohamed-Fizzan, depuis plusieurs années l'hôte d'Abécher et l'homme de confiance de Doudemourrah et de l'aguid Mahamid.

Le capitaine nous a appelés en conseil de guerre : les chefs de groupe viennent de faire leur compte rendu au sujet des munitions ; en joignant celles qui restent aux mains des hommes au petit approvisionnement de réserve, bien ébréché lui aussi au cours du combat, il sera possible de donner trente cartouches par fusil ou carabine ; les munitions des auxiliaires sont complètement épuisées. Les Ouadaïens ont certainement regagné leur camp retranché d'El-Krenik ; c'est le point d'eau le plus rapproché dans l'Est après Dokodji. Aller les y attaquer avec moins de cent cinquante réguliers, — il faut déduire nos pertes au feu, l'escorte à laisser aux blessés, — avec un aussi maigre approvisionnement en munitions serait folie ; l'avis est unanime. Il est décidé que si cette nuit une nouvelle offensive de l'ennemi n'a pas modifié la situation actuelle, demain matin on fera retraite sur Ati.

Minutieusement a été indiqué à chacun de nous son rôle en cas d'attaque subite ; les cartouches sont réparties ; on a convenu des tours de veille jusqu'au point du jour. Nous allons nous séparer pour rejoindre chacun nos hommes, lorsque deux vigoureux « Qui vive ? » nous arrêtent, lancés par une sentinelle sur la face ouest du carré. Une phrase d'arabe jetée en réponse et dans la pénombre se profile une longue silhouette à cheval : c'est un courrier envoyé d'Ati par le sergent à qui incombe le devoir pénible de la garde du poste ; ce sont des lettres de France qu'il apporte, le messager béni ! Le sous-officier a tenu à nous les faire parvenir aussitôt ; il en sait le prix et n'a pas voulu qu'elles attendent, que d'aucunes ne joignent jamais peut-être leur destinataire. Et, remplis de joie, nous voici accroupis près du feu, précipitamment avivé, qui servit à cuire le souper, tendant fébrilement la main à l'appel de notre nom, déchirant les enveloppes chiffes, sur lesquelles chaleur et humidité ont posé leur patine, pour nous repaître, aux éclats de la flamme pétillante, des chères lignes écrites aux derniers jours de novembre 1907. Oh ! le plus doux, le plus efficace calmant qui pût venir pour apaiser la fièvre de ce jour !

Je suis allé m'allonger à côté des spahis, sur la couche qu'a voulu me composer Demba-Ba, avec des nattes prises au village et du chaume arraché à ses huttes. Au-dessus de moi le ciel parfaitement pur, éclatant d'étoiles, est d'une profondeur démesurée ; les cases de Dokodji, la masse épaisse des bois paraissent grandies vingt fois. Il semble que la nature soit terrorisée d'avoir vu la mort faucher si souvent aujourd'hui : pas un crissement d'insecte ne se fait entendre, pas un bruissement, pas un hululement ; rien des sonorités habituelles de la nuit tropicale. Ce silence n'est troublé de loin en loin que par le cri de souffrance d'un de nos blessés, un ronflement de dormeur, le grincement de mâchoires d'un chameau qui rumine, ou un ricanement des hyènes accourues à la curée sur le champ de carnage d'où montent déjà des bouffées méphitiques. Cadre impressionnant au point que longtemps, malgré la fatigue, j'ai senti venir puis s'éloigner alternativement les approches du sommeil, demeuré aussi sous le charme de l'évocation par les chères missives, des choses et des êtres chéris de France.

Aucune alerte cette nuit du côté de l'ennemi ; mais, au cours de ma veille, à onze heures du soir, j'ai été attiré vers les cases où sont les blessés par des cris et des gémissements. Un tirailleur atteint à la poitrine se débattait dans d'affreuses souffrances ; il a rendu le dernier soupir une demi-heure plus tard ; puis ce fut le tour d'un autre à deux heures du matin.

Je viens d'entendre des gens d'Acyl raconter à un sergent sénégalais que les pistes allant vers El-Krenik sont couvertes de cadavres ou d'agonisants. Le désir de rapines dominant la fatigue chez quelques-uns de ces satanés pillards, ils ont passé la nuit à dépouiller les corps ; j'ai l'explication de plusieurs coups de feu isolés entendus hier soir, pendant que je veillais ; des blessés ont dû se défendre...

Pendant que les camarades s'occupent de faire creuser des tombes, de procéder avec les honneurs réglementaires à l'ensevelissement de ceux des nôtres qui ont succombé, j'ai organisé un chantier pour la construction de brancards ; les cases de Dokodji fournissent heureusement et amplement les matériaux nécessaires. A midi, tout est prêt et, malgré la chaleur, la trentaine de nos blessés amorce la retraite sur Ati, portés par des hommes du sultan et des indigènes réquisitionnés au village.

Parti au début de la marche avec l'avant-garde, j'ai dû m'arrêter ensuite pour prendre des ordres du capitaine. Le triste convoi qui suit immédiatement, défile alors sous mes yeux. En tête, les moins grièvement atteints ballottent au dos des chameaux, seuls ou par deux. Juché sur la bosse d'une grande chamelle lippue, j'aperçois le spahi Arouna-Ba ; la cuisse traversée hier, dès le début du combat, il n'a pas voulu plus que Mohamed Djellaba quitter son poste ; maintenant il paraît souffrir beaucoup ; un gargouillis de sang rougit la large culotte de toile ; ses traits sont crispés ; à califourchon sur une pile de couvertures, il s'accroche des deux mains au long pommeau du bât pour garder l'équilibre dans le balancement rythmé, courbant le buste à tout instant afin d'éviter le soufflet des branches. Derrière la file d'animaux, une civière, puis une seconde, toutes les autres, plus ou moins échelonnées le long du sentier, suivant la vigueur des porteurs sans cesse trébuchants. On y a couché les corps aussi douillettement que possible sur une épaisseur de paille ; le soleil d'une heure y tombe cru, éblouissant ; des bras, des jambes bottées de filali dépassent les bords, se raidissent dans une crispation. Au moment où la cinquième ou sixième passe à ma hauteur, le tirailleur qu'elle porte se soulève d'un coup et, les yeux hagards, dilatés, se prend à déclamer très haut, d'un ton prophétique, en dialecte bambara, — des mots sans suite, me dit un brigadier qui chevauche près de lui ; — c'est l'hallucination des dernières heures ; bientôt les paupières battent, il retombe lourdement ; il a un grand trou à la poitrine et sera mort sans doute avant notre arrivée à Chibina. Chaque cahot de la civière qui suit est marqué par une lamentation ou un cri déchirant ; je n'y vois qu'une tête emmaillotée de linges sanglants. Derrière encore c'est Aurousseau, sans autre abri qu'une couverture jetée sur quatre supports : il ne respire qu'avec beaucoup de peine ; du cou troué en deux endroits et horriblement gonflé, un râle siffle ; le visage tuméfié est méconnaissable. Navrantes, les plaintes de ces pauvres êtres dévoués qui souffrent !

31 mars. — Nous sommes rentrés à Ati. Le commandant Julien y est arrivé aussi venant de Yao.

Ce soir, à cinq heures, a point sur la piste de l'Ouest un groupe de tirailleurs montés, conduits par un Européen ; c'était l'avant-garde de la troisième compagnie sous les ordres du lieutenant Cargemel. Le gros, avec le capitaine Mongin et deux sous-officiers européens, entrait au poste une heure plus tard ; la troisième compagnie a été appelée de Melfi par le commandant au lendemain de son retour d'une colonne de répression vers N'délé (nord de Fort-Crampel), la capitale du sultan Senoussi, à 300 kilomètres d'ici. Depuis trois mois, hommes et gradés de cette unité courent la brousse ; ils ne se plaignent que de n'avoir pas eu assez de coups de fusils à tirer, sont désolés d'être arrivés trop tard pour participer au combat de Dokodji, mais comptent prendre leur revanche bientôt.

1er avril. — Un autre blessé de Dokodji a succombé cette nuit, après avoir rempli longtemps le camp de sa plainte régulière et lasse. On vient de l'enterrer ; il inaugure le cimetière d'Ati. Aurousseau va un peu mieux, mais sa blessure rend très difficile son alimentation avec du lait ou du bouillon même.

La zeriba d'Ati renferme en ce moment deux cent soixante tirailleurs, soixante-dix-huit spahis, la batterie d'artillerie au complet ; Acyl et ses soldats sont établis à deux cents mètres, dans un petit village. C'est là, pour le centre africain, une force respectable qui permet d'envisager avec confiance une nouvelle offensive des bannières de Doudemourrah ; en revanche, nourrir toutes ces bouches d'hommes et de chevaux est un sujet de grosses préoccupations. La ration quotidienne de grains nécessaire est de huit cents kilos. Or, tout le pays autour de nous n'est plus qu'un désert ; nomades, sédentaires qui nous paient impôt ont fui vers le nord et l'ouest devant la menace d'invasion ouadaïenne. Les riches régions de Moïto et de Fort-Lamy, les vrais greniers du territoire militaire, peuvent seules nous venir en aide, mais elles sont fort éloignées ; nous approchons en outre de la fin de la saison sèche, époque à laquelle les réserves de mil sont à peu près épuisées dans les silos. Un mois au moins va être nécessaire pour organiser les convois d'animaux porteurs, bœufs et chameaux, réunir les quantités de grain requises et les faire parvenir jusqu'à nous.

Le gros appétit des chevaux étant, en l'occasion, le plus inquiétant, le commandant décide qu'incontinent je vais les mener à Barouella, manger la réserve dont j'ai heureusement muni le camp. La troisième compagnie m'y aidera ; elle m'accompagne en entier.

Les soixante-dix-huit spahis survivants de notre bel escadron sont, par suite de nouveaux ordres, passés sous mon commandement et comptent dans l'administration de la première compagnie (celle d'Ati). Godard, arrivé au terme du séjour réglementaire au Tchad, nous dit adieu pour prendre la route de France.

Mon petit camp de Barouella, organisé pour loger une soixantaine de personnes avec une trentaine de chevaux, donne maintenant asile la nuit au quadruple. Dans les flancs de sa zeriba, tirailleurs et spahis s'entassent pour dormir, dans les plus petits espaces vides entre le hangar-écurie et les cases ; les Européens reposent à une extrémité de ce dortoir d'où viennent des senteurs violentes, odeurs fauves des hommes, odeurs musquées et poivrées des chameaux et des chevaux.

Chaque jour Acyl nous fait visite, apportant le bagage de nouvelles de ses espions. Tous les renseignements s'accordent au sujet des pertes subies par les Ouadaïens : sept à huit cents sont morts, tués sur place, ou des suites de leurs blessures. Pourtant, dans Abécher on exulte, on crie victoire. Malgré la grandeur des pertes, cette idée de victoire a été facilement implantée par les chefs de Dokodji, répandue à dessein dans toutes les régions du Tchad sous notre pavillon, avec cette rapidité inouïe que mettent à se propager les nouvelles en Afrique. C'est toujours pour nous une énigme stupéfiante, cette poste noire, cette communication presque télégraphique à des distances très grandes, par-dessus les espaces désertiques et la brousse épaisse et dans un pays où la densité de la population est quinze à vingt fois moindre que celle de France. Encore un exemple étonnant : je reçois aujourd'hui, 7 avril, de Fort-Lamy, une lettre où on me demande des détails sur l'affaire de Dokodji ; elle a été connue à Fort-Lamy le surlendemain, par les récits des indigènes, alors qu'il est impossible au courrier le plus rapide de couvrir, en moins de six jours, la distance entre les deux points.

La conviction d'un succès éclatant des Ouadaïens a été aisée à imposer, en ce qu'elle s'est appuyée sur le fait qu'aucune poursuite n'a suivi le combat, qu'immédiatement après nous avons battu en retraite, sans butin, — un critérium en pays africain, — et emportant péniblement de nombreux blessés.

Il serait difficile de s'illusionner sur l'état des esprits en répercussion de ces nouvelles habilement propagées ; aucun des villages du Medogo, désertés il y a un mois, à la première approche des Ouadaïens et aussitôt après mon départ de Barouella, n'a été réoccupé. Tous les idoines ont fui dans les régions semi-désertiques au nord du Bat-Ha ; les vastes contrées englobant les postes d'Ati, de Barouella, de Yao même ne sont plus qu'un désert absolu. Fait toujours redoutable en des pays comme ceux-ci, notre prestige a subi un sérieux accroc.

Cependant les jours se passent et se ressemblent, sans que soit signalé le moindre symptôme d'une nouvelle offensive de l'aguid Mahamid ; ses troupes sont campées à Birket-Fatmé. Doudemourrah les a seulement renforcées de deux « bannières » (environ six cents fusils). Peut-être ce répit est-il dû à la nouvelle de l'arrivée de nos propres renforts ; en outre, nous venons d'apprendre que, dans un raid audacieux, le lieutenant Ferrandi, commandant le peloton des méharistes du Kanem, a atteint les puits d'Arada (cent vingt kilomètres au nord d'Abécher), où il a tué à l'ennemi une centaine d'hommes ; diversion importante que cette action vigoureuse en ce moment sur le flanc ouadaïen.

Nous ne savons, d'autre part, rien des intentions du commandant; des lettres des camarades signalent que les travaux de construction d'Ati sont toujours bien peu avancés, réduits à la seule main-d'œuvre de la garnison.

Un jeune tirailleur sénégalais de la troisième compagnie, engagé depuis un an à peine, a tenté de se suicider avec son Lebel ; il n'a réussi qu'à se loger une balle dans le bras. Il a été impossible de lui faire dire les motifs de son acte. Après l'avoir flétri en termes énergiques devant les spahis et tirailleurs assemblés pour la manœuvre quotidienne, le capitaine Mongin a déclaré que le soldat assez lâche pour agir ainsi en face de l'ennemi, n'était plus digne d'aller au feu ; on a enlevé à l'homme fusil, cartouches et baïonnette ; son bras a été pansé, la blessure était d'ailleurs légère, et il a été conduit en prison.

J'ai fait venir Abdherraman, toujours réfugié au camp d'Acyl, et l'ai sommé de se mettre en route pour rechercher ses sujets, les rassurer et les ramener au bercail. Il n'a su me répondre que par des lamentations et des *Allah! Allah!* éplorés, en levant au ciel ses bras mafflus. Inconsolable, il l'est toujours sans doute, mais certes il doit regretter aussi, amèrement, de nous avoir lancés sur les traces des ravisseurs de son Hélène.

3 mai. — Hier matin, rentrant d'une longue promenade avec les spahis, je trouve le poste en grand branle-bas, tout le monde dans le feu des préparatifs de départ. Le capitaine Mongin a reçu du commandant l'ordre de rallier Ati ; les tirailleurs sont dans la joie ; ils voient venir le moment de cueillir des lauriers semblables à ceux qu'ils envient aux camarades de la compagnie d'Ati.

Nous sommes partis à une heure de l'après-midi. Le soleil ruisselait ; tout réverbérait et flamboyait ; j'ai réglé ma vitesse de marche sur celle des tirailleurs, qui n'ont pas fait plus de trois kilomètres à l'heure. Marché tout le soir, toute la nuit, sans autre repos que les haltes-horaires.

A trois heures du matin on distinguait, dans la demi-obscurité, la

LES TIRAILLEURS N'ONT PAS FAIT PLUS DE TROIS KILOMÈTRES A L'HEURE.

ligne épaisse des grands arbres du Bat-Ha ; les tirailleurs ont été laissés libres de souffler en attendant le jour ; les spahis ont mis pied à terre ; à peine l'Orient blanchissait-il que je suis reparti en pointe avec eux, m'assurer, avant le passage de la compagnie, que le défilé n'est pas occupé. Rien.

A six heures nous serrons les mains des camarades quittés il y a juste un mois. Une nouvelle occupation d'El-Krenik par l'aguid Mahamid a motivé l'alerte ; un fort groupe de ses cavaliers est même venu jusqu'à une quinzaine de kilomètres d'Ati, aux puits d'Ambadaye ; mais il s'est borné à assurer la protection d'un convoi de chameaux porteurs de récipients à eau : la saison sèche tire à sa fin et, quoique le point d'eau d'El-Krenik soit l'un des plus abondants du Bat-Ha, l'aguid Mahamid redoute de le voir bientôt tari par la multitude qui l'entoure : notre service de renseignements, parfaitement organisé, a appris qu'il dispose en ce moment de deux mille six cents fusils, dont quinze cents à tir rapide, chiffres sensiblement égaux à ceux de Dokodji ; huit à dix mille pillards suivent encore ce fort noyau de combattants ; si l'on ajoute environ quinze cents chevaux et autant de bêtes de somme, on se fait une idée des difficultés qu'éprouve l'aguid pour nourrir et surtout abreuver son armée.

Qu'allons-nous faire ? Allons-nous, dès demain, marcher au combat offert par l'ennemi ?... Ce sont les questions qui se pressent sur nos lèvres, avec un peu de la fièvre de l'arrivée.

La réponse est navrante : le commandant a reçu l'ordre de n'engager le combat qu'à la dernière limite, s'il y est absolument contraint par les circonstances, et cela... on le dit à voix basse parce qu'il importe qu'aucun noir ne l'entende. . à cause de la pénurie des munitions. Des expéditions de longue durée, l'an dernier, au cœur du pays senoussiste, de nombreux rezzous sur le Bahar-Salamat, à l'est de Fort-Archambault, de ce côté aussi dans la vallée du Bat-Ha, ont occasionné une énorme consommation de cartouches. Et jamais la situation politique du territoire militaire ne fut plus inquiétante : agitation chez le cheik Senoussi à N'délé, rezzous continus des nomades du nord, viennent s'ajouter au premier gros effort militaire du sultan Doudemourrah ; en ce qui nous concerne, encore un combat aussi peu décisif que celui de Dokodji, et il ne nous restera qu'à sauvegarder l'honneur dans une ruée, à l'arme blanche, sur le flot ennemi ; par-dessus nous, il submergera ensuite, sans nul doute, toutes ces régions conquises et pacifiées au prix de tant de peines et de sang.

Depuis plusieurs mois, le colonel Largeau, prévoyant de loin cette situation angoissante, a tout fait pour y parer : une demande pressante de munitions a été lancée vers France ; l'avis de leur expédition est enfin parvenu ; mais peut-on fixer une date d'arrivée à des colis aussi pesants, de manipulation délicate, soumis à tant d'aléas d'un pareil itinéraire, pour le transit desquels il est même de règle que la présence d'un Européen s'impose ? Nous voilà donc voués à la défensive passive ! Manque de solde, de vivres, de vêtements, ces contrepoids si nécessaires de la discipline chez des troupes mercenaires, manque de main-d'œuvre, d'outillage dans la création des postes, manque de médicaments, j'ai connu souvent au Tchad toutes ces petites misères de notre vie de primitifs ; toujours je les ai vues galvanisées par l'énergie des chefs, l'entrain, le bon vouloir de nos admirables soldats ; mais aussi combien peu elles comptaient, en regard des tristes perspectives d'aujourd'hui !

Mektoub ! Ce qui est écrit est écrit.

Nous avons trouvé la garnison d'Ati augmentée encore d'une quarantaine de fusils fournis par les postes de Yao, de Bokoro et de Bedanga ; les tirailleurs de ce dernier poste ont été amenés par le lieutenant de Jonquières ; on se rappelle que le 19 octobre je le laissai à Bedanga mettant la dernière main à ses bagages pour rentrer en France.

Venus à Ati dans l'espoir de guerroyer, nous allons y demeurer nous-mêmes pour aider de nos bras à l'achèvement des constructions en souffrance depuis trois mois ; un convoi important de grains venu de Moïto assure les subsistances pour plusieurs semaines. Depuis notre départ on a d'ailleurs travaillé ferme ; il importait avant tout d'achever les travaux du réduit avant la saison des pluies qui vient à grands pas ; assise par assise les briques d'argile en ont élevé les murs à trois mètres ; avec des planchettes, toute une escouade tamponne à petits coups plaqués avec soin l'enduit argileux qui vient d'y être apposé comme protecteur ; sur le bastion sud s'allonge une pièce de bronze de 37 mm. à répétition, gardée par la chéchia rouge d'un tirailleur ; il sert aussi de magasin à une petite réserve de vivres, une bien plus petite de munitions ; le commandant Julien s'est établi à l'intérieur du bastion nord. — En dehors, une première case est occupée par les capitaines Mongin et Jerusalemy, une case quadrangulaire à profil de résidence européenne, qui met comme toutes ses pareilles une note de dépaysé dans ce paysage presque inviolé ; sur son prolongement une construction semblable s'est péniblement élevée aussi ; elle abrite dans ses flancs les lieutenants Legrand, Blard, de Jonquières, de Villeneuve, le docteur Bouillez et moi-même ; nous y voisinons jour et nuit dans une intimité jamais ternie par le moindre nuage.

Deux heures après midi. J'ai résisté au désir de l'écrasante sieste ; sur un pupitre de cantines érigées dans un angle de la large vérandah, j'écris ces notes : des nattes abaissées font une ombre lourde de trente-deux degrés, violemment ajourée par quelques rais de soleil se réverbérant sur le sable ; des mouches-maçonnes passent et repassent vous fleurant de leur bourdon agaçant ; dans le clair-obscur nos couches s'échelonnent : quatre pieux fourchus, un cadre de bois, recouvert de sa couche de paille qui dégage une odeur agreste, surmonté de perches auxquelles s'attache la moustiquaire ; à l'extrémité du dortoir, fixée au toit, la bâche sous les plis de laquelle s'abritent les grandes ablutions de la communauté.

Près de moi, avec cet enduit indigène fait de graisse et de cendres — il est loin mon dernier pain de savon ! — Tourgou frotte avec acharnement une de mes vestes rouges, bien ternie, blanchie par places sous une morsure plus violente du soleil. Un autre boy de plus haut style s'escrime sur une culotte blanche, armé d'un minuscule fer à repasser ; allongé sur le sol, un troisième sieste à grands coups de trompette, bouche bée, le nez en l'air, narguant la boulimie des mouches qui fourragent dans les narines. A mes pieds, étendue sur une natte, voici la douce Aché, jeune, poupine, Djellaba du Nil au teint clair, aux gestes endoloris d'enfant, les fins cheveux soigneusement roulés en vrilles autour des tempes, la ligne droite du nez s'harmonisant avec celle de la bouche au pli sinueux et mobile. Aïcha, son inséparable, une Arabe noire que depuis peu, elle aussi, toucha la puberté, sommeille, le bras passé autour du cou de son amie ; chez celle-ci le profil est plus accusé déjà, la bouche dédaigneuse ; la tête est couverte d'une soie qui l'embéguine dans ses plis bleutés ; le bas du corps fluet s'enroule comme celui d'une momie dans le pagne bleu aussi ; il cambre une taille élastique et ferme que ni la maternité, ni les artifices de la civilisation n'ont déformée et s'arrête un peu au-dessus des reins, sans avoir rien à soutenir de charmes qui pointent insolemment. Dans cette baie qui tient lieu de porte, la plantureuse Mabrouka, la si bonne fille ! est aux mains de sa vieille Zenaba, qui, d'un doigt expert, armé du peigne bidenté, dresse le savant édifice de sa coiffure compliquée de Bornouane ; sous sa main experte, des papillotes en quantité hérissent toute la tête, séparées par des raies polygonales. Puis, voici qu'accourt la rieuse, folle et coquette Fatimé, le type parfait, épanoui, de la Peulh au teint mordoré, avec son étrange saveur d'amour et de volupté, son large rire à trente-deux dents, une voix fraîche et un rire clair, sans fêlure, qu'il semble étrange de retrouver si loin d'Europe. Son corps de Rebecca est drapé dans des soieries voyantes et disparates, un collier de louis d'or de France enserre le cou, de lourds anneaux d'argent cerclent les poignets ; elle sautille avec des airs de trottin faubourien, ses babouches jaunes brodées touchant à peine le sol, tire en passant Villeneuve de son somme, en fait autant d'une chiquenaude à Bouillez qui proteste bruyamment, réveille des fusées de son rire le reste de la maisonnée, pendant qu'au dehors les clairons des tirailleurs jettent les notes fraîches du réveil, appelant à la reprise du travail.

Quel sentiment nous pousse vers les jolies filles de Cham ? Avant tout évidemment l'appétit... puis la curiosité, le besoin de peupler une existence solitaire. Fréquemment, dans ces immensités où notre pavillon imprime vingt fois à peine le sceau de possession, l'Européen vit, pendant de longs mois, seul de sa race, dans un poste séparé du plus voisin par une, deux journées de marche ; du contact continu avec la femme considérée au début comme simple passe-temps, naît alors bien des fois, sinon la fleur bleue, mieux du moins qu'attachement instinctif de mâle à femelle, de la reconnaissance, de la tendresse même ; chez la plupart des Blancs, le sol

PENDANT QUE LES CLAIRONS JETTENT LES NOTES FRAICHES DU RÉVEIL ..

reste toujours prêt à l'éclosion de cette dernière. Si je ne les ai pas connus pour ma part, j'ai souvent vu chez beaucoup d'autres des déchirements, l'heure de la séparation venue. Va-t-on crier à la perversion, à la profanation du plus noble des sentiments, flétrir comme monstrueuses ces idylles de paillote ? Je concède qu'elles peuvent paraître telles à qui n'a pas vécu sur la terre d'Afrique et n'expérimenta jamais combien au fond de chaque âme de civilisé il est des atomes disposés à retourner au primitif. Déjà j'ai émis l'opinion : l'homme, depuis qu'il naquit à la vie des sociétés, lui paie un fatigant et pénible tribut ; la lassitude éclôt, sans qu'il s'en doute, dans les profondeurs mystérieuses ; en milieu favorable, elle évolue, se développe, ébranle, rompt en quelques mois les digues maçonnées avec tant de lenteur par des séries d'ancêtres. N'est-il pas remarquable que si la loi naturelle imprime indéniablement et invariablement aux produits de ces amours entre Européen et femme indigène le cachet de la race la plus civilisée, elle plie tout au contraire, toujours et avec combien de facilité ! l'homme à l'influence de la femme ? Cette évolution uniforme a frappé Loti et d'autres ; elle se constate à tous les âges et chez les natures les plus affinées. A-t-on

donc le droit d'appeler déséquilibre mental cette adaptation de l'être aux conditions d'une nouvelle existence, adaptation due aux germes infusés par les premiers grands ascendants ?

Et elles ? Certes, la coquetterie prédomine aussi dans ce monde féminin ; c'est surtout par elle qu'il nous est accessible, qu'il devient moins cruel ; toutes, de toutes les races, elles sont sensibles, au dernier degré, à la tentation des pagnes de soie, des colliers d'or ou de perles, à la griserie des parfums. Est-il permis d'en déduire sans restriction, comme on l'a fait, que le plus petit atome de sentimentalisme ne puisse se glisser en elles pour le dispensateur de ces largesses si appréciées, et le Blanc, loin d'elles par l'esprit et les sens, ne doit-il trouver en retour que l'instrument de plaisir qui serait, sans lui, instrument de travail et d'enfantement ? Car, c'est un des côtés curieux de la psychologie de ces pays, si l'amour de l'enfant y existe avec toutes ses tendresses chez le père comme chez la mère, si la jalousie du mâle possesseur s'accuse plus farouche que sous n'importe quel autre ciel, jamais ne germe en lui le moindre attachement pour la femme. N'est-ce pas une raison pour que, chez la femme musulmane tout au moins, d'éléments tellement plus affinés que ses pareilles d'Afrique, la petite fleur éclose à la chaleur propice, fleur pâle, fleur vite fanée peut-être ; l'éclat n'en est-il pas éphémère sous tous les cieux ?

Les bons souvenirs que je garderai de notre caravansérail d'Ati ! Les bons moments que nous y aurons passés, confiants malgré tout

dans l'avenir prochain où il faudra donner des coups et en recevoir, à l'instar des camarades du Maroc dont les journaux de France relatent les exploits ; si heureux les trouvons-nous, de pouvoir à leur gré livrer bataille !

Le coucher du soleil nous réunit autour de la soupière ventrue, à la petite table bien prosaïque, boiteuse, bâtie de débris de caisses, au pied du bastion sud. L'appétit s'y assied rarement avec nous ; les menus y sont sévères ; depuis longtemps les vivres de « ration » font complètement défaut, même la boîte de thon et celle de sardines si souvent honnies du colonial. Chaque matin un bœuf étique est abattu ; la portion réservée à notre table y apparaît invariablement en petits cubes noyés dans du riz indigène ; rarement un perdreau, une pintade, ajoutent un heureux appoint : affolé par la multitude guerrière d'Ati, par la chasse sans merci des premiers jours, le gibier a émigré loin et sa poursuite dans un grand rayon est interdite.

Les gros animaux seuls sont restés ; depuis quinze jours les hommes d'Acyl, qui crèvent littéralement de faim, ont surtout vécu de deux rhinocéros tués à l'affût. Chaque soir, des familles de lions donnent concert ; elles viennent jusqu'à cent cinquante pas à l'ouest du poste, à l'endroit où sont traînées les carcasses de chameaux qui, employés constamment aux travaux et manquant de pâturages,

meurent chaque jour à la peine. La présence de ces dangereux voisins a obligé à doubler, au dehors, la garde du troupeau de bœufs qui forme le plus clair de la réserve de vivres. Avant-hier un des tirailleurs arrive pendant que nous sommes à table et rend compte : « Lions y a venir embêter nous ; nous faire feu de salve ; deux y a morts... » On lui confie des chameaux pour apporter les trophées au poste ; une heure après, ce ne sont pas deux lions, mais trois que l'escouade de garde amène en triomphe ; un autre encore a été abattu sous ses feux.

J'ai eu occasion de dire l'abondance du lion dans tout le bassin du Chari ; bien peu de nuits où il ne manifeste sa présence, loin ou près.

La profusion de gibier fait qu'il s'attaque rarement à l'homme ; à différentes reprises je l'ai entendu à moins de cent mètres des feux de bivouac et constaté que les noirs ne se souciaient pas outre mesure du voisinage ; à peine attisaient-ils les feux. Le lion est plus rare du côté du lac Tchad, mais on le retrouve dans le Bahar-el-Ghazal, vers la lagune Fitri et sur toute la ligne du Bat-Ha.

7 mai. — Grande nouvelle ! Une patrouille d'Acyl rentre, annonçant que l'aguid Mahamid a levé le camp d'El-Krenik et l'a transporté à Birket-Sadet, exactement à l'emplacement du combat du 29 mars, à trente-cinq kilomètres. Ce nouveau bond en avant semble indiquer chez l'aguid l'intention de venir attaquer Ati ; solution qui serait pour nous la plus avantageuse : retranchés derrière la zeriba, il nous sera possible de ménager les feux ; ils auront tout leur effet dans le rayon de cinq cents mètres complètement débroussé autour d'elle ; la pièce placée sur le bastion sud du réduit domine la ligne du Bat-Ha qui doit être la direction d'attaque du gros ennemi ; son tir sera ainsi très efficace. A partir de ce soir, tirailleurs et artilleurs coucheront contre la zériba, aux postes de combat, les spahis près des chevaux, prêts à seller ; les sentinelles seront doublées, des rondes horaires faites.

Un nouveau convoi de cent dix chameaux apporte six tonnes de mil de la région de Fort-Lamy ; le chef de convoi nous a remis deux caisses, cadeaux des camarades de la commission de délimitation Moll-Tilho venus de Zinder, par la pointe nord du Tchad jusqu'à Fort-Lamy. Ces bienheureuses caisses contenaient quantité de petites douceurs : des conserves de premier choix, des bouteilles de vin, de rhum et de sauce anglaise, des flacons de pickles, du sucre, des biscuits, du thé, des cigarettes. Notre pauvre table semblait toute surprise de porter pareilles victuailles, et les visages, déjà déridés par la perspective de joûtes prochaines, étaient, au moment de prendre place autour d'elle, tout à fait épanouis, lèvres en extase et narines battantes. Allongés ensuite sur le sable moelleux, longtemps après que l'extinction des feux eut égrené ses notes traînantes, nous goûtions encore un doux far-niente, la pensée n'allant guère au delà du plaisir cueilli tour à tour dans la tasse de thé ou le parfum des cigarettes de France évaporées lentement. Soir de grâce et de mansuétude ; le plus petit bien-être dans ce pays ragaillardit si vigoureusement corps et âmes ! Dans l'ombre bleuâtre flottait une haleine de printemps de chez nous ; le cri-cri des sauterelles était plus joyeux ; pas beaucoup de moustiques ; de la direction du camp d'Acyl venaient les sons d'une rheïta : l'homme qui en jouait accompagnait une voix grêle et chevrotante, mais juste et expressive ; presque toujours la même phrase revenait, une phrase de complainte scandée sur une cadence très lente, marquée par des coups réguliers frappés sur un tambourin. Bien en harmonie avec le cadre de cette soirée d'Afrique, cette musique agréable, sinon mélodieuse, cette plainte mélancolique de hautbois suspendue parfois sur une note atténuée, lointaine ; elles m'ont rappelé d'autres semblables entendues au sud-algérien ou tunisien dans les nuits des kasbahs, sur les places des marchés ou des cafés maures, faites d'une phrase de quatre ou cinq sons seulement, mais qu'aucune notation ne saurait rendre.

10 mai. — Un rideau de patrouilles nous couvre jour et nuit jusqu'à une dizaine de kilomètres : en outre, les espions d'Acyl rôdent autour de Birket-Sadet, à l'affût d'une occasion pour s approcher du camp ouadaïen ou y pénétrer. Jusqu'à ce jour, rien ne confirme l'hypothèse d'une attaque de l'aguid Mahamid.

Ce matin, deux de mes chevaux sont morts à une heure d'intervalle ; aussitôt après avoir bu, ils se roulaient à terre, marquant les symptômes de coliques violentes ; toutes précautions avaient pourtant été prises en ma présence à l'abreuvoir, et l'eau, suffisamment limpide, ne semble contenir aucunes larves de sangsues ou autres hirudinées si fréquentes dans les eaux tropicales. Chose étrange, depuis une semaine, la mortalité des animaux, bœufs, chameaux ou chevaux appartenant à des Européens du poste, a redoublé subitement, dans des conditions suspectes, à la suite d'ingestion de liquide des mêmes puits.

15 mai. — Huit autres chevaux, dont six des pelotons de spahis, cinq bœufs, trois chameaux ont encore succombé. Les puits seraient-ils empoisonnés? .. Chaque jour maintenant arrivent au camp d Acyl de soi-disant transfuges Ouadaïens que le sultan est trop heureux d'accueillir pour grossir ses rangs. De nouveaux puits ont été creusés et une sentinelle les garde. Les bêtes mortes sont traînées à quelque distance de la zeriba ; néanmoins, la dent des hyènes et le bec des charognards n'en viennent pas si vite à bout que l'air n'en soit empesté et c'est, sur un grand espace, un charnier infect de cadavres pourrissants, ventres et pattes en l'air ; les cages thoraciques sont toujours vidées les premières ; autour, un semis de tibias, de mâchoires, de vertèbres blanchit et s'effrite de chaleur et de sécheresse.

Ce soir, peu d'instants après la sonnerie de l'extinction des feux, je suis allé faire une ronde autour de la zeriba ; du côté du charnier mon attention a été attirée par deux ombres humaines accroupies ; intrigué, je me suis approché : c'étaient deux spahis occupés à découper des lanières de viande dans la cuisse d'un chameau ; en m'apercevant, ils se sont mis debout, à la position rectifiée, tout interdits. Le flagrant délit d'escapade nocturne les gênait moins qu'un vrai sentiment de pudeur d'être ainsi surpris en maraude dans le puant domaine ; j'en ai eu l'impression très nette au ton dont ils m'ont répondu, vraiment honteux, ces seuls mots : « Mon lieutenant, nous avons beaucoup faim .. » Les malheureux garçons ! je le sais bien ; le troupeau de bœufs périclitant de façon si alarmante, il a fallu réduire la ration de viande comme on avait réduit celle de grain. Il faut voir maintenant les hommes au travail, pantalons retroussés haut, torses nus : aux articulations de grands creux font les nodosités très saillantes, les côtes semblent près de percer les poitrines émaciées, les traits sont creusés et les yeux s'enfoncent profondément dans les orbites ; ce ne sont plus que de pauvres corps délabrés, mais dans lesquels le ressort moral se bande à mesure que s'affaiblit le potentiel physique.

Depuis quarante-huit heures, Legrand est rongé par la fièvre, de même que le sergent Chaudron dont l'état fait craindre l'approche d'une bilieuse hématurique.

Renseignement apporté à l'instant : l'aguid Mahamid a fait de Birket-Sadet un vrai camp retranché ; avec une étonnante habileté, aidé encore presque certainement des conseils de Tripolitains, il a tiré parti merveilleux de sa position défensive : dans les fourrés sur ses flancs de larges débouchés lui permettent de croiser ses feux ou de tourner les ailes de l'assaillant; des rampes palliant l'escarpe abrupte des berges permettent une communication rapide d'une extrémité de sa ligne à l'autre ; une enceinte de grosses palanques borde une énorme zeriba. Le sanglier a trouvé la bauge à sa guise et s'y terre au nez de notre meute aux crocs limés ; rien que la soif peut l'en faire débucher. Situation inextricable, énervante, telle que les annales africaines n'en relatent peut-être pas d'autre exemple.

Chaque matin, nous manœuvrons de six à huit heures, puis on reprend le fastidieux travail : des corvées, l'arme à l'épaule, partent à travers la brousse, reviennent chargées de bottes de paille, de feuilles de palmiers destinées à fournir les liens, de tiges d'arbustes choisis parmi les bois dont l'essence est à l'abri des termites et autres insectes destructeurs ; d'autres pétrissent le mortier à briques dans le Bat-Ha, ou enduisent les murs du réduit d'un nouveau crépi d'argile protecteur des pluies qui vont bientôt le cingler. Chaque jour, péniblement, sous l'incendie du ciel, une ou deux assises s'ajoutent aux murs de l'infirmerie, des habitations des sous-officiers ; une ou deux paillotes s'esquissent, piquet par piquet, fétu par fétu, dans le camp des tirailleurs.

6 juin. — C'est à Barouella que j'inscris ces notes ; depuis plus d'une semaine j'ai réoccupé le camp. Le 28 mai, à Ati, à neuf heures du soir, un tirailleur de garde est venu me réveiller : « Commandant y a demander toi... » J'ai suivi l'homme jusqu'au bastion nord du réduit ; le commandant Julien a coutume d'y prendre son dîner sur le toit plat formant terrasse et de s'y tenir jusqu'à une heure avancée, seul avec ses inquiétudes, obligé de penser pour tous ; Acyl était près de lui ; Idris, l'agent de renseignements le plus coté, accroupi à leurs côtés. « Je vous ai fait venir, m'a dit le commandant, au reçu de nouvelles graves : l'aguid Mahamid compte que la disette, le vide fait autour de nous par les populations vont nous obliger à nous replier à l'Ouest ; inquiet lui-même au sujet des subsistances de ses gens, ne voulant pas, malgré les objurgations de Doudemourrah, venir attaquer à ciel ouvert, il essaie de précipiter notre retraite en frappant un gros coup : ce matin, une expédition de quatre à cinq cents cavaliers se préparait à quitter Birket-Sadet pour aller incendier votre camp de Barouella et celui d'Acyl ; l'effet moral en serait désastreux. Les Ouadaïens doivent être demain au point du jour à Barouella ; partez tout de suite avec les spahis ; je vous adjoins l'aguid Khozzam et cinquante auxiliaires et compte sur vous. »

Peu après nous chaussions les étriers. La piste s'accusait à peine, tordue comme un grand reptile grisâtre dans le noir opaque de la nuit, friable au point d'éteindre presque complètement le clapotis des sabots. Les renseignements sur le départ probable du parti ouadaïen, ce même soir, de Birket-Sadet, rendaient possible une rencontre avec lui en cours de marche, son itinéraire coupant infailliblement le nôtre. Suffisamment découvert, le terrain permet heureusement, d'Ati à Barouella, d'éviter souvent cette colonne par un néfaste, si souvent en Afrique l'objet de graves préoccupations ; aussi, dès que la brousse s'éclaircit, les deux pelotons savent que, sans autre ordre, ils doivent se former immédiatement ; le service de sûreté en entier est fourni par les auxiliaires.

Halte à onze heures au gros village abandonné de Djurjura ; la nuit est restée étouffante ; énervés par la présence de juments dans les rangs des auxiliaires, nos chevaux sont fumants, blancs d'écume.

Ignorant l'état actuel des puits de Barouella, j'ai tenu à les faire boire là, fraction par fraction ; une grande heure a été nécessaire pour cet abreuvoir, nos petits *dellous* en peau de chèvre, attachés aux cordes à fourrages, devant aller chercher l'eau à plus de vingt mètres de profondeur.

A deux heures du matin nous soufflions à Melmelé, toujours abandonné aussi ; des lueurs parmi les cailloux révélaient néanmoins la présence dans leurs refuges aériens des quelques misérables déjà rencontrés par nous le 26 mars. Aussitôt le détachement reconnu, trois d'entre eux descendent : des coureurs Ouadaïens sont venus, disent-ils, ici et dans les villages voisins, sondant le sable de leurs longues lances pour tâcher de découvrir des silos à mil : indication nouvelle de la menace de disette au camp de l'aguid Mahamid.

Arrivés à six heures du matin à Barouella, sans incident.

Mon pauvre Barouella ! *quantum mutatus !* combien m'est apparue triste cette oasis si fraîche, si riante et si animée aux premiers jours de notre installation. Nous touchons à l'extrême limite de la saison sèche ; depuis sept longs mois, pas une goutte d'eau n'est tombée de là-haut, pas une brise rafraîchissante n'a passé sur le sol surchauffé, épuisé sous la morsure des rayons stériles. A l'ombre de ma vérandah, mon thermomètre portatif a marqué cet après-midi 42° ; incandescent dix heures par journée, le sable, tout nu aujourd'hui, montre sa moindre ride, brûle les prunelles ; au-dessus de lui l'air est agité, comme autour d'une chaudière, d'oscillations perpétuelles ; les graminées qui l'ont couvert de leur manteau, vert un peu de temps, puis jaune, ont succombé calcinées par l'astre ; seules quelques tâches achèvent de mourir lentement, quelques euphorbes dressent à un mètre leur grosse tige que le latex vénéneux, gluant, qu'elle secrète, a protégé contre la dessiccation. Le lagon est presque entièrement tari ; les nénuphars étouffent ce qui reste de la belle nappe liquide ; plus un oiseau sur les bords, pas un singe dans les arbres d'allure revêche et morne ; les feuilles se sont ratatinées, toute la végétation arborescente se confond dans un ton douteux, gris sale. Rien ne chante, rien ne vole, rien ne bouge ; tout se meurt de soif, et de cette nature en souffrance émane une impression inexprimable de lassitude suprême, d'anxiété, d'affreuse mélancolie qui, malgré mes efforts, a réagi sur tout mon être, triomphe de l'instinct sur la volonté.

A un degré moindre, sans doute, les spahis n'en ont pas moins ressenti l'impression déprimante. Leurs chevaux dessellés, pansés, les voici accroupis par petits groupes, silencieux, à l'ombre des paillotes au chaume tout ébouriffé, arraché en certaines places par la brise et laissant la carcasse à nu ; ils attendent la fade pâtée de mil que leur préparent de vieilles femmes demeurées dans le camp d'Acyl ; leurs effets sont en lambeaux ; des pantalons et des tuniques il n'existe plus que de lamentables loques ; des morceaux entiers sont restés pendus aux crochets des acacias, des manches ont été arrachées jusqu'au coude, les pans des vestes s'effilochent sur le pourtour ; les bottes demandent grâce de tous les trous bâillants de leur filali ; mais une chose demeure entière chez ces soldats : la disci-

MÉDAILLÉ MILITAIRE APRÈS CINQ BLESSURES DE GUERRE.

pline ; elle n'a pas, elle, subi le moindre effilochage ; confiance, abnégation, dévouement, je les vois aussi intacts dans leurs yeux à tous, mes chers, chers cavaliers, bien qu'ils n'ignorent rien de la situation ; de pareils secrets ne se gardent pas dans un camp ; à quelques mots, à des réticences, je me suis vite aperçu qu'ils savent pourquoi nous sommes ainsi quatre cents, refusant le combat offert par un ennemi insolent dont chaque journée d'inaction augmente le moral, avive les sentiments belliqueux, fait croître très au loin le prestige aux yeux des populations, alors que s'émiette notre situation de protecteurs invincibles jusqu'ici.

C'est dans ce cadre morne que j'ai passé une semaine, rongeant mon frein, voyant les heures choir goutte à goutte, rivé aux quatre murs de la zeriba. L'ennemi n'est pas venu. Pendant quarante-huit heures j'ai escompté son attaque, les chevaux sellés nuit et jour, les spahis prêts à se porter aux bastions pour repousser par le feu l'impétuosité d'une première ruée en masse. Il est évident que les Ouadaïens ont connu tout de suite notre marche et notre arrivée au camp ; ils n'ont pas voulu, dans ces conditions, courir les risques d'un coup de main et d'une retraite de près de cent kilomètres, sous la menace d'une attaque de flanc par une troupe sortie d'Ati. De cette surveillance de nos faits et gestes qui plusieurs fois déjà s'est signalée à nous, j'ai eu avant-hier la preuve manifeste : une des patrouilles que je fais circuler dans le Nord-Est m'a rendu compte que, depuis deux jours, des convois de chameaux fortement escortés arrivaient à l'aube au village de Koumka, à 40 kilomètres de Barouella ; les animaux y étaient chargés de mil laissé en grosse quantité par les indigènes au moment de leur fuite et repartaient immédiatement pour Birket-Sadet. J'ai résolu de tenter une surprise. A une heure du matin je donnais le signal du réveil et faisais prévenir l'aguid Khozzam ; une marche rapide nous menait avant le jour à proximité de Koumka ; jusqu'à sept heures du matin nous sommes restés embusqués, puis, ne voyant rien paraître, j'ai lancé le détachement sur le sentier de Birket-Sadet, couvert, en effet, d'empreintes des grosses pattes spongieuses des chameaux ; en vain, pendant quatre heures, j'ai fouillé la brousse ; à une heure de l'après-midi il fallait se rabattre sur Djurdura pour faire boire les chevaux ; à neuf heures du soir nous rentrions à Barouella, ayant marché en vain plus de seize heures. Le lendemain, un patrouilleur venait m'annoncer que, ce même soir, un groupe de chameaux était entré au village, puis avait transporté le reste du mil dans la nuit à Birket-Sadet.

La chaleur est telle qu'il faut prendre des précautions spéciales pour les cartouches : à partir de huit heures du matin les hommes reçoivent l'ordre de suspendre leurs ceintures garnies du triple rang, à l'abri des murs d'argile du bâtiment très aéré, élevé pour servir de sellerie ; ils les y reprennent le soir.

La zeriba du camp est infestée de petits serpents longs de cinquante à soixante centimètres ; en me levant ce matin j'ai failli mettre le pied sur l'un d'eux ; le serpent est un des parasites familiers de tout camp africain ; il y vient à la suite des deux autres, rats et souris, dont il est friand. Je crois que, mis de côté le redoutable trigonocéphale, il ne faut pas s'exagérer la nocivité des autres ; j'ai eu à soigner, uniquement par la cautérisation, beaucoup de morsures, même chez des sujets infectés depuis plusieurs heures ; des membres enflaient, devenaient très douloureux, mais une seule fois j'ai noté un cas de mort.

8 juin. — Je viens d'écrire au commandant qu'il ne me sera pas possible de tenir plus de huit jours encore à Barouella ; les silos sont presque vides ; et pourtant, les chevaux sont, tout comme à Ati et depuis un mois et demi, rationnés à deux kilos de mil par jour ; en outre, la paille est rare à cette époque et ne contient presque pas de principes nutritifs ; les pauvres animaux, les côtes saillantes sous la peau, le flanc creux, la tête basse, font pitié.

Par bonheur, la subsistance des hommes est un moindre souci : peu chassées, les antilopes sont demeurées à petite distance autour de nous ; Guerry en a tué trois hier matin en une heure de chasse ; moi-même j'ai assassiné à soixante pas un des plus beaux bubales que j'aie eus au bout de ma carabine, lippu, barbu, au poil fauve, mesurant près de 1 m. 50 au garrot et de la corpulence d'un mulet castillan ; la seule viande de ce magnifique animal assure la nourriture du camp pour plusieurs jours.

Un gros œuvre a été le forage de dix nouveaux puits, les anciens, creusés il y a quatre mois, menaçant de tarir ; des lames de sabre remplaçaient imparfaitement d'autres outils ; la nappe d'eau s'est heureusement retrouvée, même en cette saison, à moins de deux mètres ; mais de l'eau impotable pour les hommes, chargée en matières végétales, calcaires. Toujours ingénieux, Guerry s'est hâté d'organiser un gigantesque filtre au moyen de plusieurs jarres en terre superposées, percées dans leur fond, emplies de sable et de charbon de bois ; du dernier récipient l'eau ne sort pas moins souillée, grisâtre, et elle barbouille bien désagréablement nos estomacs.

9 juin. — Un détachement de quinze hommes est arrivé, venant de Melfi, et allant grossir la garnison d'Ati. Quelques instants après son entrée au camp, un des tirailleurs s'est affaissé, tordu dans d'effroyables convulsions ; une demi-heure plus tard il était mort. Le corps déshabillé, c'est en vain que j'ai cherché la raison de cette fin foudroyante. Une fosse a été creusée à cinquante pas de la zeriba et le cadavre, cousu dans des nattes, enseveli en présence des spahis en armes rendant les honneurs. J'ai prononcé quelques mots. L'excavation comblée, la couche supérieure de sable a été recouverte, à défaut de pierres, par des briques d'argile pour mettre le cadavre à l'abri de la dent des hyènes, puis entourée d'une forte clôture. Le cimetière de Barouella est inauguré.

11 juin. — Encore une fois j'ai fait la navette, et suis de retour au milieu des camarades d'Ati, dans la maison commune où je viens de goûter les douceurs du tub réparateur ; depuis quatorze jours je ne m'étais pas déshabillé ; une vraie jouissance, après un énergique savonnage, de passer une chemise fraîche, une des deux qui me restent : la cantine contenant mon linge ayant été oubliée ouverte, les termites s'en sont emparés, et ma misère dépasse maintenant sous ce rapport tout ce qu'on peut imaginer ; je ne mets plus de chemise que les jours de fête.

Mais je reprends à hier mon journal de route.

La nuit dernière, à Barouella, le brigadier de garde me secoue ; un courrier rapide du commandant est arrivé. En hâte, j'allume ma petite lanterne et les yeux flous je lis : « Ati, 10 juin, deux heures « trente soir. Le renseignement suivant me parvient : l'aguid Ma- « hamid lève le camp ; il va se porter à Koundjourou, vingt-huit « kilomètres d'Ati ; avant qu'il ait eu le temps de se retrancher de « nouveau, je marche sur lui ; en toute hâte rejoignez-moi, et si « j'ai déjà quitté Ati à votre arrivée, ralliez sur ma trace le plus « vite possible ; je compte pouvoir engager l'action dans la matinée « du 11. »

Je regarde ma montre ; il est deux heures un quart. Le messager esquive à temps le furieux coup de poing que je lui lance à la volée ; plus de onze heures pour faire, en courrier rapide, le trajet Ati-Barouella ! A mes coups de sifflet, à mes cris « A cheval », les spahis sont debout instantanément ; dix minutes après nous trottons sur le sentier de Melmelé, sans même attendre que l'aguid Khozzam ait tiré ses gens de leur sommeil. Je suis navré ; avec les chevaux très affaiblis qui nous portent, le minimum de temps nécessaire pour gagner Ati est de neuf heures ; si la colonne a quitté le poste, il est bien douteux que nous la rattrapions à temps ; l'affaire sera certainement chaude et la perte des soixante-dix hommes d'élite que sont les spahis va être un gros atout en moins dans les mains du commandant. Sans cesse aiguillonnés par l'éperon labourant leurs flancs creux, nos braves petits chevaux, comme s'ils comprenaient qu'il y a peut-être encore une chance de ne pas manquer la fête, se trémoussent, secouant leur longue crinière, détalant dans le sable qui semble couler sous leurs sabots. A quatre heures et demie la pointe occidentale des monts du Medogo se dessine dans l'ombre ; à huit heures, notre train se ralentit déjà considérablement, sous le feu du soleil ; à neuf heures trente seulement nous défilons en bataille près des cases de Djurjura ; et le soleil est au zénith quand apparaissent les paillotes du village de Mandélé, à deux kilomètres du Bat-Ha ; au galop je lance mon cheval vers le premier indigène aperçu :

A LA HALTE.

(Photo. lieutenant Potier. Cliché *Tour du Monde*, Hachette.)

« Le commandant ?... — Pas encore parti », me crie-t-il. Oh bonheur !

Et au poste, le commandant m'explique ; encore un renseignement hâtif et inexact : une avant-garde de douze à quinze cents fusils est bien à Koundjourou ; une partie a même poussé jusqu'au point d'eau d'Ambadaye, qui n'est qu'à une quinzaine de kilomètres de nous. Il est manifeste que le but est de reconnaître le meilleur campement pour la multitude de Birket-Sadet ; d'un jour à l'autre, chassée par la soif, elle va enfin sortir de ses tanières ; mais les circonstances sont telles qu'il faut que le coup dont nous la frapperons soit mortel ; ce sera la bataille des dernières cartouches ; il ne faut pas qu'une action précipitée fasse courir les risques d'un échec qui serait terrible.

L'aguid Khozzam est venu, de la part d'Acyl, me prier d'aller le voir. Plusieurs jours se sont passés sans qu'il bouge de la paillote élevée au centre du petit village d'Ati, occupé par ses gens depuis l'émigration de Barouella. Je l'ai trouvé allongé dans un coin d'ombre, l'air morne, les yeux enfoncés dans les orbites trop larges et brillant du mauvais éclat de la fièvre ; mélancoliquement il a répondu à mon *afia* ; toute sa personne décharnée atteste un réel épuisement physique et moral ; à cet orgueilleux, toujours en mal d'ambition, l'épreuve que nous traversons est certainement plus dure qu'à tout autre. Depuis longtemps mes rapports avec lui sont particulièrement désagréables ; mais aujourd'hui j'ai été pris de pitié et lui ai tendu la main. Bouillez, qu'il m'a demandé de faire venir, l'a longuement examiné, ausculté ; le diagnostic qu'il m'a communiqué à la sortie ne m'a pas surpris : c'est la phtisie, la phtisie qui galope. Lui permettra-t-elle de voir son rêve réalisé, s'asseoir sur le trône d'Abécher ? Tout au moins n'en jouira-t-il probablement pas longtemps.

Autre cause d'alarmes qui vient grossir le fardeau : un cas violent de variole s'est déclaré au camp des auxiliaires. Le malade est relégué dans une paillote près du Bat-Ha et les ordres les plus sévères ont été donnés pour son isolement complet ; la propagation de la terrible maladie parmi nos hommes, affaiblis de privations, équivaudrait en ce moment à un désastre.

Des nouvelles de la capitale, vieilles de douze jours : le lieutenant-colonel Millot y est arrivé ; il prend le commandement du Territoire en remplacement du colonel Largeau ; avec lui sont venus de France le capitaine Schnegans, son officier adjoint, et le médecin aide-major Cottard. C'est Bouillez qui donne ces nouvelles à la maisonnée, réunie comme d'habitude au dépouillement avide d'un courrier. Mais voici que soudain Blard s'exclame en lisant une autre missive : « Le lieutenant d'artillerie Rupied, chargé de vous mener des caisses contenant deux cent mille cartouches et une centaine de fusils et carabines de rechange, va quitter Brazzaville, en même temps que cette lettre, aujourd'hui 17 mars !... »

Des cartouches ! des armes toutes neuves qui arrivent ! La perspective nous a instantanément mis sur pied. Mais une lueur de réflexion, et il faut déchanter ; nous sommes au 12 juin ; il y a trois mois que la lettre est partie de Brazzaville, délai ordinaire en cette saison ; lourdes, encombrantes, ne pouvant transiter d'un poste à l'autre sans une surveillance spéciale, des caisses d'armes et de munitions mettront à parvenir au moins deux mois de plus que la missive ; et à la mi-août il n'est pas possible que notre aventure n'ait pas eu son dénouement.

Le baromètre reste à *variable*, conclut de Jonquières.

17 juin. — La crise est dénouée enfin ! La détente de corps et d'esprit est venue : ils se sont éparpillés, fondus, ces nuages pesants faits des vexations du présent, d'incertitudes de l'avenir, qui nous oppressaient ; encore une fois, nous nous sommes mesurés, un contre vingt, avec les soldats de l'aguid Mahamid et le succès a été pour nous, un succès décisif, celui qu'il fallaït.

Mais procédons par ordre.

Avant-hier, 15 juin, dans la matinée, Acyl arrive au camp et demande à me parler.

A peine ai-je besoin de lui poser l'habituelle question : *Khaber fi*? (Il y a des nouvelles ?) toute sa figure est illuminée. *Khaber ketir* ! (beaucoup de nouvelles) est la réponse que j'attendais. Avec lui je cours chez le commandant, prenant au passage, près de l'entrée principale du poste, deux hommes qui arrivent de l'Est, porteurs des renseignements. Séparément, le commandant les interroge ; avec son admirable patience, il tourne, retourne leurs dires. Après ce sévère interrogatoire, il n'y a plus de doute à avoir : dans la journée d'hier le camp entier de l'aguid Mahamid a quitté Birket-Sadet, et, suivant le Bat-Ha, est venu s'établir dans le lit même, contre le village de Djoua, près de Koundjourou, à trente-deux kilomètres d'Ati. Toutes les paillotes de Djoua et de deux ou trois autres villages avoisinants ont été transportées entières, près du point d'eau, et, dans le ravin du fleuve, le nouveau village, instantanément créé, occupe près d'un kilomètre de l'est à l'ouest.

A peine arrivés, les Ouadaïens ont commencé l'établissement d'une zériba, à laquelle ils ont l'intention d'adjoindre, comme à Birket-Sadet, un rang de palanques. Nous ne leur en laisserons pas le temps ; le soir même nous allons marcher sur eux.

Il est l'heure du couchant, l'heure du *moghreb*. Semblable à un disque de cuivre rouge, net et rond, le soleil va disparaître ; un halo d'ondes lumineuses, de bandes en dissolution aux couleurs de safran et d'or l'accompagne dans sa plongée, incendiant l'horizon de ces teintes du seul ciel d'Afrique à déconcerter tant de maîtres impressionnistes. Les deux pelotons de spahis sont sortis du poste, prenant du champ pour en laisser les abords libres au rassemblement des compagnies, de l'artillerie et du convoi. Sur une croupe, à deux cents mètres de la zeriba j'ai joint Acyl et ses cavaliers, cent soixante ; un grand nombre, pied à terre, fait *Selam*, le chapelet à la main, les uns accroupis, la tête retombant sur la poitrine, d'autres debout les bras collés au corps, la face haute, les yeux au loin vers l'orient, psalmodiant sur des tonalités hautes et tristes l'*Allah akhbar*, l'immense cri de foi aveugle qui, d'un bout à l'autre du monde musulman, s'élève à cette heure du soir.

Par deux, les tirailleurs défilent au pied du bastion Sud du réduit au sommet duquel la sentinelle, l'arme sur l'épaule, se tient rigide dans la position rectifiée. En colonne les sections se forment ; des commandements se font entendre : « Alignement... Inspection armes... » Puis apparaît la file des gros chameaux de la section d'artillerie. Dominant les autres, deux mâles énormes portent les pièces qui se profilent étrangement dans leur tangage régulier, à contre-temps de la marche des porteurs ; au second plan ce sont les bêtes chargées des affûts et des roues, des caissons d'obus et de boîtes à mitraille ; derrière, un autre groupe plus important, une quarantaine de chameaux de charge portant une réserve de cartouches, de mil, les brancards destinés aux blessés.

Cependant se sont effacées les dernières irradiations du couchant, la nuit s'est faite ; les divers éléments de la colonne ont pris la place qui leur a été assignée ; j'ai mis en route le service d'avant-garde ; un coup de sifflet du commandant donne le signal de la marche.

C'est ce même sentier feutré de sable qui nous menait, il y a deux mois et demi, au combat de Dokodji, bordé de ses deux remparts de végétation rachitique, mais fourrée terriblement, avec des dômes de branches enlacées, hérissées de dards et d'aiguillons. Cette fois, la colonne qui s'y engage est forte, en dehors des auxiliaires d'Acyl, de seize Européens et quatre cent quatre-vingt-treize réguliers des trois armes avec deux pièces de canon.

L'obscurité est profonde ; depuis quelque temps la venue prochaine de la saison d'hivernage se manifeste par un ciel presque toujours chargé de nuages, une atmosphère plus humide et plus pesante, des coups de vent fréquents le soir. Les anneaux du long serpent humain se déroulent lentement et en silence ; à peine résonnent sur la couche sablonneuse de la piste le pas des animaux, le claquement assourdi des sandales ; de temps à autre seulement un cri étouffé, un juron, une toux aiguë sortie d'une gorge assoiffée que l'impalpable poussière irrite encore, un tintement de sabre choqué par l'étrier, le grognement d'un chameau bâtonné par son conducteur.

Avec des haltes fréquentes pour ménager les forces des tirailleurs, dans la nuit opaque l'étape se poursuit. Vers onze heures, légère panique parmi les chevaux des cavaliers de pointe ; j'accours ; le brigadier Mahmadou-Sako me rend compte : un rhinocéros a passé en trombe dans l'espace de quatre à cinq mètres seulement qui séparait son cheval de celui du spahi marchant immédiatement devant ; cet ennemi imprévu et redoutable va-t-il se retourner et charger ? Un instant, qui me paraît long, j'entends ses ronflements, son piétinement de mastodonte au travers des halliers qu'il broie, puis il s'éloigne.

A minuit et demi nous atteignons le point d'eau d'Ambadaye, celui sur lequel l'ennemi semblait avoir tout d'abord jeté son dévolu. D'après les guides, nous devons être à plus de moitié route de Djoua. Le commandant décide de faire une grand'halte d'une demi-heure, pour permettre aux tirailleurs de manger et de renouveler leur provision d'eau ; les deux compagnies se forment en carrés dans le Bat-Ha.

Depuis quelques instants le ciel a blémi ; des souffles plus frais passent par intermittences, apportant sur leurs ailes des aromes sauvages ; les grands arbres des berges frissonnent avec des bruissements de cascades, les petites branches se choquent, les feuilles voltigent, dans le sable se forment de légers tourbillons. Puis la trouée du Bat-Ha vers l'est se fait d'un noir d'encre ; la tache s'élargit, monte rapidement dans la voûte céleste, un éclair la zèbre de son éclat fulgurant, immédiatement suivi d'un violent coup de tonnerre ; c'est la tornade, la première de l'année. Les nuages roulent, entassés maintenant ; avec un grondement d'avalanche des rafales se ruent, fouillant, soulevant le fin sable du fleuve, ébranlant toute la forêt, secouant avec violence les arbres qui gémissent, couchant les buissons, brisant les branchilles qui pleuvent sur nous ; aux zigzags fantastiques les éclats de la foudre répondent sans interruption. Une demi-heure, accroupis, pelotonnés, nous faisons gros dos à l'ouragan ; puis le vent reploie ses rafales ; éclairs, coups de tonnerre s'espacent, s'éloignent vers l'occident avec la masse des nuages et, comme toujours, un engourdissement général de la nature succède à la tempête. Pas une goutte d'eau n'est tombée ; la tornade a été *sèche* ; c'est un phénomène bien connu des pays tropicaux, un des premiers réveils annuels de l'atmosphère, précurseurs de la saison des pluies ; mais, en revanche, nous sommes inondés de sable.

On se secoue ; si ce petit cataclysme a été gentiment opportun en rafraîchissant les couches d'air, il a fait perdre du temps, et les minutes sont précieuses ; les *guerbas* (outres en peau) ont été remplies ;

les hommes mangeront en marchant leur galette de mil ou le morceau de viande boucanée ; la colonne regravit la berge du Bat-Ha et s'échelonne de nouveau sur le sentier.

Vers deux heures du matin, un des éclaireurs de pointe s'approche et, tendant le bras en avant, haussé sur les étriers : — « Mon lieutenant, écoute... » Je m'arrête : à travers la nuit, tout à fait calme et presque claire maintenant, arrivent du lointain en bouffées les battements du tam-tam, avec des réticences, des reprises brusques, violentes, des roulements qui vont *crescendo*, des chants saccadés, des claquements de mains accentuant le rythme. Le commandant Julien est, sur ces entrefaites, arrivé près de moi ; les guides, Acyl sont appelés : tous ces bruits de réjouissances partent bien du camp ennemi ; on y fête l'installation à Djoua, on a bu du mérissé ; les femmes exaltent les exploits prochains des guerriers. En continuant à suivre la piste, dit Acyl, nous sommes à peine à une heure de marche de Djoua ; mais elle mène à l'extrémité du long boyau dans lequel est édifié le camp ouadaïen, alors qu'en faisant un crochet dans le Nord-Est, à travers la brousse, la colonne peut, avant le point du jour, qu'il faut attendre pour attaquer, se trouver à peu de distance sur le flanc de l'aguid Mahamid, et l'aborder en ligne.

Cette solution, qui fait honneur au tact du sultan, est jugée la plus rationnelle en effet. De la main il indique la direction à suivre ; je la repère sur la boussole et nous nous enfonçons au travers du mur de verdure, des halliers d'acaciées, des éventails acérés des palmiers nains, dans l'enchevêtrement des arbres morts écroulés, sous les arceaux des lianes qui pendent comme des tentacules de pieuvre, si inextricables en certains points qu'il faut mettre pied à terre à plusieurs reprises, tirer les chevaux par la bride tout le long de tunnels étroits ; pesamment hommes et bêtes buttent aux souches cachées et s'effondrent ; à notre passage, un troupeau de gros animaux, antilopes ou girafes, fuit en s'ébrouant ; des pintades dérangées dans leur dortoir aérien s'envolent avec des cris aigus, des singes pleurent de frayeur ; le chant des cigales s'est tu.

Plus de deux heures les anneaux disloqués de l'interminable colonne font ainsi leur trouée. A quatre heures et demie seulement, je vois les guides qui marchent devant mon cheval, sous la surveillance de deux spahis, montrer le sud d'un large geste et se concerter à voix basse. On fait halte pour leur permettre de s'orienter plus facilement ; après quelques instants, ils déclarent qu'on est bien arrivé à hauteur du campement ; les premières lueurs de l'aube commençant à éclairer le sous-bois, ils ajoutent même que l'aspect des boqueteaux plus verts et plus denses leur fait croire que nous sommes beaucoup plus près du Bat-Ha qu'il n'eût fallu, à dix minutes de marche à peine ; il faut se hâter d'agir en prenant les plus grandes précautions pour assurer la surprise.

Aussitôt le commandant donne l'ordre de serrer sur la tête de colonne, puis de faire immédiatement face à droite. Deux lignes sont ainsi formées : la première, sous les ordres du capitaine Jerusalemy, comprend la première compagnie, les deux pelotons de spahis à sa gauche, et à l'extrême gauche le contingent d'Acyl. La deuxième ligne, en échelon sur la droite et sous les ordres directs du commandant Julien, est formée de la troisième compagnie, commandée par le lieutenant de Jonquières remplaçant le capitaine Mongin, parti l'avant-veille pour Yao, et de la section d'artillerie couverte à droite par un soutien de tirailleurs de la section de Villeneuve ; à une cinquantaine de mètres suivent l'ambulance et le convoi avec sa garde. C'est dans cet ordre, les spahis ayant mis pied à terre, que nous nous portons en avant dans une direction sud légèrement sud-ouest. Tous sans doute ressentent comme moi, à cette minute, cette tension de l'être causée par l'attente de la vibration du premier coup de fusil, cet émoi invincible, né de l'impatience de connaître ce que cachent ces rideaux d'arbres là devant nous et qui va prendre fin aussitôt que l'ennemi se sera révélé.

D'ailleurs l'attente n'est pas longue : les guides ont dit vrai, nous avons fait halte au contact avec lui : dix minutes à peine se sont passées — il est cinq heures quinze — qu'une femme surgit affolée d'un hallier et s'enfuit en poussant des *you-you* d'appel. L'éveil est donné ; des silhouettes se dessinent entre les arbres, devant la droite de la compagnie Jerusalemy, qui ouvre immédiatement le feu. Sur le front de mes deux pelotons et alors que la fusillade se fait violente devant la première compagnie, que déjà le premier coup de canon de Blard vient de retentir, rien n'apparaît encore. Tout de suite je me rends compte de la raison : le lit du fleuve fait en cet endroit un coude prolongé vers le sud-est qui m'éloigne de l'objectif. Bondissant par-dessus les buissons, les troncs renversés, les spahis, les auxiliaires, s'élancent sur mon ordre au pas gymnastique ; j'ai donné le commandement du peloton de gauche à Guerry, celui de droite au maréchal des logis sénégalais Alimendi-So. Cent mètres environ sont encore parcourus ainsi : enfin, un dernier fourré franchi, nous débouchons subitement sur le Bat-Ha.

Il fait jour. Au ras du lit de sable seulement la lueur reste un peu laiteuse, tamisée par la légère buée qui s'effiloche à peine avant de se dissoudre ; large de deux cent cinquante mètres, entre les berges profondes de trois ou quatre, surmontées dès le bord de leur manteau rigide et dru de végétation de tons gris et vert sale, le fleuve à sec tord capricieusement ses lacets de l'est à l'ouest. Les hasards de la formation de notre ligne de bataille ont amené la gauche que je commande à l'extrémité est du camp ouadaïen ; à peine la troupe d'Acyl déborde-t-elle ses dernières cases appuyées au village de Djoua, sur la rive gauche : à l'ouest, aussi loin que s'étend la vue, jusqu'au premier coude, situé à plus de quatre cents mètres, ce ne sont que petites paillotes hémisphériques ou coniques transportées là telles quelles et fichées à se toucher dans le sable Dans l'affolement de la surprise, des groupes tourbillonnent, cherchant le chef derrière lequel ils doivent se rallier : des chevaux se cabrent, désarçonnant leurs cavaliers qui se remettent en selle d'un bond souple de fauve ; d'autres galopent éperdus, traînant au bout d'une longe le piquet arraché ; un troupeau de bœufs, la tête basse, se rue, renversant tout dans sa charge furieuse, et fait sa trouée vers l'est ; entassés dans une petite baie de la rive gauche, juste en face de moi, une centaine de chameaux s'étouffent, piétinent, les longs cous contorsionnés levés vers le ciel, des femmes éperdues cherchent à escalader les talus.

Et les feux à volonté, convergents, des carabines, des Lebel, des pièces chargées à mitraille, font rage ; dans cette masse le tir plongeant à courte distance s'acharne à coup sûr et produit d'épouvantables effets. Mais nous avons affaire à un ennemi brave ; sous la grêle de projectiles, les diverses bannières se rallient peu à peu ; couchés derrière les moindres rides sablonneuses, aplatis contre les cases, les soldats ouadaïens ripostent bientôt par un feu aussi intense.

Depuis une demi-heure fusils et canons crachent la mort sans répit; les spahis et la première compagnie, progressant légèrement, ont descendu le talus du fleuve et sont en ligne à sa base. Subitement, une troupe de cent cinquante hommes sortie de Djoua, et qui s'est glissée sur notre flanc à la faveur des fourrés, assaille les gens d'Acyl ; sous le feu qui les prend d'enfilade, ceux-ci se débandent aussitôt et se rabattent sur le peloton Guerry qu'ils bousculent. Resté maître de ses hommes en cette circonstance difficile, Guerry peut heureusement les rétablir face à gauche et ouvrir un feu rapide pendant qu'avec le peloton Alimendi-So je fais face à la fusillade qui redouble sur le front.

Nos adversaires tiennent désespérément ; beaucoup, réfugiés à l'intérieur des paillotes, ont pratiqué dans le chaume des meurtrières d'où les éclairs jaillissent sans relâche. Mon fidèle Demba-Ba veut, à diverses reprises, me couvrir de son corps ; je suis obligé de le bousculer pour rester libre de mes mouvements ; soudain je le vois à terre, faisant signe qu'une balle l'a frappé au genou. Moussa-Dia, un de mes meilleurs, culbute dans mes bras, tué raide d'une balle en pleine poitrine ; puis c'est Alimendi-So qui tombe en criant : « Ah ! je suis blessé beaucoup !... » Un regard à droite et à gauche me montre encore des vestes rouges effondrées sur le sable, semblables à des taches de sang ; des tisons à la main, deux spahis essaient vainement de mettre le feu aux cases.

Débarrassé des assaillants de gauche, Guerry a reformé son peloton ; les auxiliaires sont rentrés en ligne. Mètre à mètre nous progressons dans le dédale de ce village infernal : c'est la bataille des rues, des grands horions avec des malédictions et des cris de rage gutturaux, le corps à corps sans merci à l'intérieur des cases comme au dehors, de combattants enfiévrés par le soleil, le sang et la fumée ; une soif de meurtre monte au cerveau et l'étourdit : tuer pour tuer !... des blessés, les bras étendus, s'affaissent mollement sur eux-mêmes ; des morts pirouettent, avant de s'affaler lourdement. N'ayant pas le temps de recharger, des hommes empoignent leur arme brûlante par le canon ; les crosses, mues par des muscles de fer, opèrent de terribles moulinets ; surgissant d'une case, un chef au boubou d'un blanc éclatant me met en joue ; avant que j'aie levé mon revolver, le Ouadaïen s'abat, le crâne broyé par la crosse du brigadier Mahmadou-Sako ; Modi-Sissoko, un colosse, sa carabine brisée, se rue, le couteau à la main, sur deux Ouadaïens qui l'ajustent à bout portant.

Comment sommes-nous sortis de cette fournaise ? Que n'avions-nous une arme blanche à l'extrémité des carabines !...

Mais, tout à coup, à droite, la sonnerie de la charge, déchirante, sonnée à plein cuivre par les clairons de la première compagnie, domine le bruit de cette tempête ; un long hurlement des tirailleurs l'accompagne ; l'ennemi cède aussi devant nous ; nous bondissons à sa suite ; le coin s'enfonce, la brèche est faite ; en peu d'instants nous avons gagné la lisière des cases qui bordent la rive gauche ; les Ouadaïens l'ont lestement escaladée et nous sommes reçus par leur feu, mais les pièces couvrent les halliers de mitraille ; la troisième compagnie à son tour s'est élancée, rompant l'aile gauche de l'aguid Mahamid, précipitant sa retraite en la débordant. A partir de ce moment, la résistance est brisée ; les feux de salve de mes deux pelotons, joints à ceux de la section Legrand, vont fouiller Djoua, où un dernier groupe s'est agrippé, et le réduisent promptement au silence.

Les groupes des chevaux haut le pied ont rejoint ; mais nous ne goûterons pas plus qu'à Dokodji les ivresses de la poursuite ; partout, devant nous, sont de véritables zeribas naturelles, des fouillis épineux extravagants, troués seulement par des coulées de bêtes, aux feuilles mêmes armées de crochets minuscules ; des lianes en toiles d'araignées enlacent les troncs, tombant de leurs cimes en festons, se mêlant, s'enchevêtrant mille fois : une forêt vierge en miniature, dans laquelle les Ouadaïens ont disparu comme par enchantement. Il faut se résigner. Sur toute la ligne les clairons sonnent le rassemblement ; il est sept heures ; il y a une heure trois quarts que l'affaire s'est engagée.

Dans une anse du Bat-Ha nos forces se massent. L'appel fait accuse soixante-trois tués ou blessés, dont deux Européens, le sergent le Nohan et le brigadier Moreau, de l'artillerie. Dans le large cercle d'ombre d'un tamarinier plusieurs fois séculaire, Bouillez a établi son ambulance et, assisté de son infirmier sénégalais, se prodigue, passant de l'un à l'autre : le Nohan est allongé sur un brancard, à côté de celui occupé par Alimendi-So : « Ils ont une blessure identique, me dit à mi-voix Bouillez, une balle dans le bas-ventre ; Alimendi-So est un noir, il est dans son atmosphère, il s'en tirera peut-être, ajoute le docteur ; quant à le Nohan, je le juge perdu. » Le brigadier Moreau a la cuisse traversée. Plus loin, Demba-Ba est étendu sur le sol ; une balle de petit calibre a broyé la rotule et, comme je lui prends la main, pendant que la souffrance lui arrache un gémissement, le pauvre garçon trouve ces mots de sublime abnégation : — « Mon lieutenant, toi pas blessé, tout y a bon... » Je passe près d'un artilleur, un Arabe ; il s'appelle Saboun ; il est accroupi le buste en avant ; une balle lui a labouré profondément le dos et est sortie au-dessus de l'épaule gauche : — « Moi mal beaucoup, » crie-t-il à un tirailleur couché non loin de lui, et, tendant le poing vers l'est : « mais nous y a trouver eux encore !... » Un autre de mes spahis, Ragoudouga-Sidibé, qui a la cheville brisée et doit souffrir beaucoup, trouve moyen de plaisanter et prie un de ses camarades de lui bourrer sa pipe !

Les braves garçons ! Terre légère, terre de sable bonne pour le coq gaulois, a dit lord Salisbury. Tu n'as pas à regretter, coq gaulois, d'avoir labouré le sable de tes champs soudanais, puisque tu y as récolté pareils soldats !

Le lit du Bat-Ha est maintenant un horrible charnier de centaines de cadavres. Détruire fut toujours la première et terrible loi de la guerre, loi d'autant plus inéluctable quand une poignée d'hommes vient se camper au centre de contrées immenses, leur imposer sa loi ; il lui faut jeter la terreur, s'entourer de beaucoup de morts si elle ne veut, dans son aventureuse entreprise, succomber bientôt elle-même.

Surpris dans leur sommeil, nos adversaires viennent de montrer encore que la bravoure n'a pas de couleur : deux heures ils ont résisté à l'effroyable pluie de projectiles qui les faucha. Allongés de tout leur long, sur le ventre, sur le dos, les bras en croix, tordus, contorsionnés, crispés, les corps noirs s'entassent presque nus, ou recouverts de boubous blancs, bleus. Déjà le soleil fait luire ces monceaux humains. J'ai descendu la berge pour surveiller l'abreuvoir des chevaux aux puits ; à chaque pas il faut enjamber des corps ; beaucoup se débattent dans les derniers spasmes de l'agonie ; à quelques-uns il reste la force de crier l'éternel cri de désespérance des blessés : *Al mé, al mé* (de l'eau). Des guerriers de race noble se sont couverts la tête pour mourir. Près d'un groupe de cases, dans le champ de tir d'une des pièces, la boucherie a été particulièrement affreuse : il y a sur près d'un mètre de haut, parmi les débris, des entassements d'êtres déchiquetés, disloqués ; des bras, des jambes, en sortent, tout droits, raidis ; des râles caverneux se font entendre, prolongés en plaintes déchirantes ou en grands cris horribles ; des yeux fixent le ciel, dilatés par un paroxysme de rage ou de terreur. Une vingtaine de chameaux ont été couchés par les rafales dans l'intérieur de la zeriba où ils furent entravés la veille ; à l'un il manque la tête et la moitié du cou ; un autre, une jambe de derrière coupée net, essaie vainement de se relever, retombe sur le flanc, le cou allongé sur le ventre d'un de ses congénères, se redresse, s'effondre encore en beuglant désespérément et, à chacune de ses chutes, partent sous lui d'autres beuglements d'agonie. De tous côtés errent des chevaux couverts de sang ; une magnifique jument blanche, monture de chef, à la selle recouverte d'une housse de soie brodée frangée d'argent, se traîne sur trois jambes en poussant de petits hennissements, un des membres de devant brisé et pendant lamentablement.

Avec des sifflements de joie, une nuée de rapaces s'abat sur ce plantureux festin, milans, vautours à tête noire, au plumage fauve et au col décharné ; d'allure gauche, sautillante, ils piétinent en se dandinant, s'attablent par familles ; les mandibules s'en donnent goulument, les serres déchirent les chairs pantelantes ; des sifflets aigus s'élèvent pendant que vingt becs se disputent un morceau ; le passage des gens d'Acyl, venus eux aussi à la curée, ne dérange nullement ces affamés.

L'abreuvoir est terminé ; nous remontons la pente du fleuve lorsque le brigadier Amadi-Comba, s'approchant de moi, me dit : « Tu ne le sais pas encore, mon lieutenant, l'aguid Mahamid est mort ; c'est Kantara-Demba qui l'a tué... » Je fais venir le spahi : il m'explique que pendant le combat dans le fleuve il s'est trouvé soudain en face d'un vieillard à barbe blanche priant, sous un large hangar attenant à une case, entre les cadavres de deux jeunes gens. Il lui crie de sortir, qu'il l'épargnera ; pour toute réponse, le vieillard l'ajuste avec son fusil ; plus prompt, Kantara-Demba l'étend mort ; sur ces entrefaites, survient l'aguid Djado, qui reconnaît le chef suprême des bannières de Doudemourrah.

Acyl confirme bientôt le récit du spahi ; il ajoute que les deux jeunes gens étendus près du vieil aguid étaient ses propres fils ; cinq autres cadavres d'aguids subordonnés ont été trouvés aussi près d'eux ; ils étaient accourus sans doute prendre les ordres de leur chef, et la brusque irruption des spahis les a surpris.

Cette mort de l'aguid Mahamid aura une répercussion considérable dans tout le pays.

Deux heures. On a enterré les morts ; les spahis d'avant-garde enfilent la piste de retour vers Ati. Avant d'aller prendre place à leur tête, je jette un dernier regard dans le grand sillon ensemencé de carnage : le soleil le rôtit ; une buée bleue qui tremblote noie jusqu'à mi-hauteur les cabanes délabrées et hachées ; il en monte une indéfinissable odeur de viande humaine ; des pillards d'Acyl achèvent de surcharger bœufs, chameaux et bourricots du fruit de leurs rapines ; un grand vol de « charognards » accourt à la rescousse et, avant de s'abattre, plane en criant, cherchant la bonne place ; les premiers arrivés ce matin digèrent, repus, à la crête des paillotes, les serres enfoncées dans le chaume, le bec souillé, le col rentré entre les extrémités des ailes ; ils jettent de méchants regards aux nouveaux venus, furieux de s'être remplis si vite.

A cinq heures, nous arrivons aux puits d'Ambadaye, où doit se faire la grand'halte ; je descends la pente du Bat-Ha, quand un spahi de l'escorte des blessés vient à moi : « Mon lieutenant, Alimendi-So est mort... » Je me rends auprès du brancard sur lequel repose la dépouille du malheureux garçon ; une hémorragie interne l'a emporté, me dit Bouillez. Un groupe de spahis l'entoure et dans leurs yeux, — c'est la première fois que je constate chez des Sénégalais pareille sensibilité, — de grosses larmes coulent ; l'un d'eux s'approche et, se faisant l'interprète de tous, m'adresse une supplique touchante : que je veuille bien demander l'autorisation d'emporter jusqu'à Ati le corps de leur sous-officier. Ce fut pour moi une grande satisfaction de venir, quelques instants après, leur dire que le commandant accédait à leur désir. Avec mille soins, le corps a été enroulé dans une couverture, puis ficelé dans une natte et amarré au bât d'un chameau. Il aura, mon pauvre Alimendi-So, l'honneur de dormir son dernier sommeil au pied du donjon d'Ati, près du drapeau pour lequel il s'est dévoué depuis dix ans, loin de son pays natal, tirailleur de la mission Gentil, puis brigadier à la batterie d'artillerie, avant de tomber glorieusement, vêtu de cette veste rouge, une de leurs ambitions à tous nos Sénégalais-Soudanais.

Nous l'avons conduit à la tombe ce matin ; les Européens, un grand nombre de tirailleurs et d'artilleurs étaient présents ; les spahis rendaient les honneurs. J'ai voulu que, outre le linceul habituel, la pauvre natte maculée, le corps fût enveloppé du drapeau emporté de Barouella ; la seule largesse que je puisse faire à l'un des plus dévoués serviteurs qu'ait connus l'escadron de spahis du Tchad. A vouloir me faire entendre hier dans le tumulte du combat, j'ai gagné une extinction de voix complète ; c'est Guerry qui a lu mon adieu ; et puis, des larmes que je n'ai pu retenir ont eu leur éloquence.

Le commandant a voulu se rendre compte de ce que l'ennemi a laissé entre nos mains, approximativement tout au moins, car les pillards du sultan ont certainement caché une grande partie de leur butin, dans la crainte de s'en voir contester la propriété. Néanmoins, Acyl a fait présenter sur l'esplanade : vingt-quatre étendards de soie aux bariolages éclatants, ornés d'inscriptions, versets du Coran ; trois cent dix fusils, trois mille cartouches, une centaine de kilos de poudre et autant de plomb ; deux cents sabres, cent cinquante chevaux, cent chameaux et cent vingt bœufs. Bien curieux, l'arsenal des armes : nos fusils du modèle 1874 y comptent pour une bonne moitié ; le reste est composé de Winchester, de Lee-Medford, de Remington, de Martini-Henry, puis de quelques Mauser et Mannlicher. Ainsi que je l'ai dit, les pays du Tchad sont approvisionnés par les caravanes de Tripoli et Benghasi ; un voyage que j'ai fait dans la première de ces villes en 1906 et les renseignements pris sur place ont confirmé ce que je savais déjà : qu'armes et cartouches sont vendues, à Tripoli aussi bien qu'à Benghasi, sous l'œil bénévole des fonctionnaires ottomans, et que ce commerce se poursuit ouvertement sans que rien ait été tenté pour l'entraver.

Les étendards pris aux Ouadaïens vont être portés à Fort-Lamy, déployés et escortés : une petite marche triomphale qui commencera le relèvement de notre prestige ; il en avait réellement besoin.

Il y avait là aussi un miséreux troupeau de trois cents captifs, femmes et enfants, couverts de gales et d'excoriations, criant faim et misère et braquant des yeux stupéfaits sur ces êtres bizarres, poilus, les blancs, qu'ils ont aperçus pour la première fois hier dans la fumée du combat; remis en liberté, ils ont été dirigés, par groupes, suivant les indications données par ceux qui s'en sont souvenus, des pays où ils ont été capturés.

25 juin. — Nous avons enterré un tirailleur et un artilleur blessés à Djoua et morts dans la nuit ; le cimetière d'Ati a déjà sa douzaine de bossellements de sable symétriques.

Pour la première fois depuis bien des mois, le visage d'Acyl rayonne ; il ne rêve que d'entrée triomphale prochaine dans sa bonne ville d'Abécher. En quatre jours son camp s'est grossi d'une centaine de transfuges ouadaïens, apportant armes et munitions et annonçant l'arrivée de beaucoup d'autres ; les derniers venus de Birket-Fatmé, où est allée se réfugier la plus grande partie des fuyards de Djoua, assurent que depuis le 16, plus de cinq cents blessés y ont succombé à leurs blessures. Puis d'autres nouvelles : l'aguid Rachid, frappé de trois balles, est mort le 17, à quelques heures d'intervalle de l'aguid Diatené ; c'étaient, après l'aguid Mahamid, les deux plus importants dignitaires d'Abécher. Le 19, Doudemourrah est venu à Himmémé, deux journées à l'ouest de sa capitale, voulant venger le désastre et tenter à son tour la fortune ; mais les *Fekkara* l'en détournèrent ; il se soumit à leurs conseils en faisant le serment de prendre sa revanche aussitôt après la saison des pluies ; le lendemain il rentrait dans Abécher en deuil.

Plusieurs lettres, saisies à Djoua dans la case de l'aguid Mahamid et que le commandant a traduites, jettent la lumière sur bien des points du passé : le vieil aguid Mahamid, tout en criant victoire, était resté sous une impression pénible et défavorable de la journée de Dokodji. N'osant avouer ses appréhensions, il écrivait à Doudemourrah que ses « bannières », lasses d'avoir combattu, avaient grand besoin de se refaire et proposait de les ramener en arrière pour quelque temps. Le sultan lui répond : « Louange à Dieu... Les musul-« mans ne doivent pas se dérober devant les infidèles, ceux-ci « fussent-ils deux fois plus nombreux qu'eux... Apprenez que le « paradis est à l'ombre des sabres et que ceux qui meurent ont le « paradis pour récompense, tandis que la fuite devant les infidèles « est parmi les péchés les plus grands. »

Quelque temps après, l'aguid Mahamid revient à la charge, va même jusqu'à représenter les gros sacrifices auxquels il faut s'attendre en cas d'attaque contre les Français. Nouvelle lettre de Doudemourrah : « Lorsque nous vous avons mis en route, nous vous avons ordonné « de prendre position à Birket-Fatmé, mais vous avez dépassé ce lieu « et vous avez fait le bien en tuant les chrétiens ; en cela vous avez « réjoui tout croyant. Puis, après, vous êtes revenu à Birket-Fatmé : « du moment que les chrétiens restent encore à Ati, je ne puis vous « dire de revenir en arrière ou de rester à Birket-Fatmé, mais bien « d'aller soit à El-Krenik, soit à Dokodji à la poursuite de votre « ennemi. »

26 juin. — Cet après-midi, magnifique tornade, la première tornade liquide de la saison ; mais, malgré les torrents qu'elle a déversés, pas de ruisseaux impétueux, instantanément formés comme en terre d'argile, pas d'excavations devenues aussi subitement marécages ; le sable a tout avalé à mesure, goulument, sans rien laisser au soleil, exhalant ensuite une fade odeur de moisi, comme celle qui monte d'un cellier humide. Il y a déjà plusieurs soirs que les moustiques réapparaissent en formations denses, des petits surtout qui chantent en mineur ; nous allons nous remettre au régime de la quinine préventive un peu délaissé en ces derniers temps.

Elles s'affirment chaque jour les belles conséquences du coup de main si brillamment mené par le commandant Julien, et auquel rien ne manqua : préparation soignée, rapidité de conception, exécution foudroyante. Aujourd'hui nous a appris que la dernière bannière ouadaïenne a quitté Birket-Fatmé et est rentrée dans Abécher prendre les quartiers d'hivernage. A novembre prochain la continuation des hostilités ; la saison des pluies jusqu'à cette époque va enfermer chacun chez soi ; pour nous elle arrive bien à point.

A Ati, on s'empresse de mettre la dernière main aux constructions. Le commandant a donné les ordres de dislocation. Le capitaine Jérusalemy rentrant en France, le capitaine Mongin va lui succéder dans le commandement de la première compagnie ; elle reste ici tout entière, à l'exception d'une section montée destinée à Barouella où de Villeneuve me remplace dans les fonctions de Résident près d'Acyl ; je vais hiverner à Bokoro, où se trouvent des réserves de mil suffisantes pour nourrir les chevaux ; la batterie d'artillerie est maintenue aussi à Ati ; la troisième compagnie est répartie entre les postes de Yao, Bokoro, Bedanga et Melfi.

BOKORO. — RETOUR EN FRANCE

Il y a deux jours, le 13 juillet, j'ai pris possession de mon nouveau poste; le commandant Julien m'y avait précédé ; il y établit aussi ses quartiers d'hivernage; j'y ai trouvé encore le docteur Cottard remplaçant de Bouillez et qui va demeurer à Bokoro pour diriger le service de l'infirmerie. Hier, jour de la Fête nationale, défilé de la petite garnison qui comprend, outre les spahis, une section de trente tirailleurs de la troisième compagnie ; l'après-midi, courses et jeux avec prix, organisés pour les spahis et tirailleurs et les indigènes des nombreux villages entourant le poste ; le commandant a eu l'aimable attention de nous réunir tous à dîner chez lui, pendant qu'au clair de lune le tam-tam faisait rage.

Dès ce matin les spahis se sont mis, sous la pluie, à la construction de hangars-écuries ; tout est à refaire, du reste, dans ce poste déjà ancien de date et dont les deux tiers des cases tombent en ruines.

L'infirmerie étant néanmoins plus vaste et plus riche que celle d'Ati, les plus entamés parmi les blessés de Djoua y ont été transportés pour recevoir les soins de Cottard. Les membres brisés n'en finissent pas de se refaire. La blessure de Demba-Ba est si grave qu'elle va probablement entraîner la réforme : mon pauvre ordonnance est navré ; je l'ai un peu remonté en lui disant que j'allais tout faire pour que la médaille militaire lui soit accordée : c'est la troisième fois qu'il est blessé en deux ans ; en outre, pas une affaire à laquelle il n'ait pris part depuis cinq années sans obtenir une citation ; en France il serait un héros. La même éventualité de réforme est à prévoir pour Ragoudouga-Sidibé, encore un de mes meilleurs, dont une balle a fracassé la cheville ; pour en enlever des esquilles gênantes, Cottard a requis mon aide ; du chloroforme de qualité douteuse avait plongé ce malheureux Sidibé dans une demi-léthargie dont l'ont brusquement sorti les premières atteintes du bistouri ; un infirmier, cramponné au col, luttait ainsi que moi-même, pesant de tout mon poids sur les genoux, contre des soubresauts de bête à la torture. Je fus un aide de sensibilité déplorable : après peu d'instants je demandais grâce au docteur et me sauvais au grand air.

Quant à le Nohan, resté pendant trois semaines entre la vie et la mort à l'infirmerie d'Ati, il a demandé, aussitôt debout, à changer d'air, et m'est venu à Bokoro où il reprend goût à la vie de plus belle. Le brave garçon est mon compatriote, originaire de cette basse Bretagne, réservoir inépuisable de la marine et de l'infanterie coloniale : « Croyez-vous, mon lieutenant, — me disait-il aujourd'hui avec cet accent de terroir comparé auquel le parler arabe est euphonique, — croyez-vous que les carcasses bretonnes soient solides ? » Certes oui, il en est une preuve nouvelle, ce petit Celte condamné à mort par Bouillez en cet après-midi du 16 juin ; et j'ai plaisir à le

L'APRÈS-MIDI, COURSES ET JEUX AVEC PRIX...

contempler, son inséparable grosse pipe aux dents, carré, court, trapu, digne descendant de nos gars d'Armorique que leur humeur aventureuse autant que la pauvreté de leur pays faisait, dès le XVe siècle, s'enrôler dans les « bandes » et courir, au service de toutes les causes, les routes d'Italie, d'Allemagne et de France, souvent les seuls sabots de hêtre aux pieds.

En quittant Paris, j'avais donné à la maison Potin les indications nécessaires pour des envois périodiques par paquets postaux de légumes secs : réception pour la première fois aujourd'hui de jolis haricots, restés dodus, blancs et luisants après cent cinquante-deux jours de pérégrinations, mais pétrifiés par la chaleur. Tout un jour, Tourgou les a soumis à une ébullition de haut fourneau; sans succès: ils sont restés cailloux. En désespoir de cause, je les ai fait piler à coups de crosses de carabine : la farine a mijoté à vase clos des heures et des heures, en même temps que des rondelles d'oignons; puis elle fut additionnée de jus d'antilope, salée, poivrée à souhait. Ça ne sentait pas mauvais. Mais au goûter, abomination! Une bouillie graveleuse et aigre. Ce diable de soleil tropical s'entend décidément à transformer choses et gens d'Europe!

En revanche, aubaine inappréciable dans la pacotille d'un colporteur Bornouan : vingt bougies allemandes; il ne m'en restait plus que douze dont je surveillais l'usure centimètre à centimètre. La chaleur développée par l'enveloppe du photophore ou les parois de la lanterne viennent vite à bout de la provision de luminaire; après, ce sont les longues soirées inoccupées. Une providence vraiment, ce voisinage des Anglais et des Allemands; ils détiennent la seule bonne route commerciale, la Bénoué, et, tant qu'ils ne passeront pas par là, nos produits ne sont pas près de leur faire concurrence.

10 septembre. — Depuis le 23 juillet, depuis quarante-huit jours, mon carnet de notes est vide de toute inscription; devant les pages blanches je m'efforce aujourd'hui de rappeler mes souvenirs; beaucoup restent confus.

Le 22 juillet, Bouillez se mettait en route pour Fort-Lamy, étape du chemin de France. Déjà la veille j'avais dû faire appel à toute ma volonté pour lutter contre les nouvelles et sourdes attaques de fièvre. La nuit avait été si mauvaise qu'il me fut impossible de me lever pour dire au revoir à ce cher docteur, qui nous a quittés ne laissant après lui que des sympathies. Je ne me mépris pas à son hochement de tête quand il vint prendre congé de moi et qu'après m'avoir examiné il me quitta sur ces derniers mots: « Bonne santé..., mais soignez-vous bien. »

Et, dès ce jour, ma mémoire n'a plus que des bribes. Le « gros accès » m'a étreint, l'accès qui met du vif-argent dans les veines, tenaille les tempes, martyrise le cerveau qui ne vit plus que de cauchemars, laisse dans ses rares et courts répits la machine humaine chavirée, rompue, sans plus aucun ressort.

La case où j'ai élu domicile à mon arrivée a tellement pâti de cinq hivernages, le toit affaissé, les pieux de soutènement inclinés à trente degrés et rongés par les termites, les murs d'argile éventrés et crevassés de lézardes, qu'on a dû faire établir ma couche sous la vérandah, abri combien précaire que cette cage de chaume contre les effroyables cataclysmes de l'hivernage, les douches crépitantes qui sont venues m'y assaillir ; le déchaînement des éléments ajoute aux visions que la fièvre fait tourbillonner devant mes yeux des impressions angoissantes, des hallucinations fantastiques, monstres mugissants, montagnes qui s'écroulent, précipices béants

Trois semaines je suis demeuré dans ce néant ; j'en sors avec l'impression d'un homme tombé de haut et qui se relève tout étourdi. Avant-hier, soutenu par deux spahis, j'ai pu gagner pour la première fois ma chaise longue au dehors, avec un de ces éblouissements que doivent connaître les chauves-souris chassées chaque matin par Tourgou de dessus mon lit. L'eau du ciel a ressuscité la nature ; la terre heureuse respire, les arbres lavés sont redevenus joyeux ; par-dessus la zeriba j'aperçois les tiges de mil jaillies à plus de deux mètres au-dessus du sol ; leurs têtes couronnées d'abondance s'inclinent sous le poids des gros et lourds épis ; les longues feuilles lancéolées se choquent doucement à la brise avec un bruit de ressac lointain déferlant sur une plage sablonneuse. Ce sol qui jamais ne connut le gel aigu, les nuits glaciales, l'étreinte du verglas et du givre, a enfanté, en ce tout petit laps de temps, une miraculeuse moisson ; partout l'herbe renaît après avoir soulevé son linceul de sable ; elle a envahi le poste dans tous ses recoins, monte à l'assaut des cases ; des grenouilles minuscules y sautillent. Des mares miroitent ; un vol bruyant de sarcelles s'abat sur l'onde de l'une d'elles avec mille cris aigus. Le troupeau du poste rentre du pâturage : chèvres anguleuses, brebis et agnelles cheminent lentement, leurs jarrets se renvoyant à chaque pas les mamelles replètes.

Et ce renouveau divin qui réjouit bêtes, choses et gens fait du bien à mon âme de convalescent, accentue chez moi le rythme de vie depuis longtemps affaibli.

De jour en jour les forces revenant, je reprends la direction des affaires du secteur de Bokoro : établissement des rôles d'impôt, recensement des villages ; tous les après-midi sont occupés à de longs palabres avec les chefs. Les chevaux souffrent beaucoup de la quantité de mouches le jour et de moustiques la nuit ; les maudites bestioles ne leur laissent pas une minute de repos et la fumée des feux entretenus constamment est impuissante à décourager leurs attaques ; j'ai constaté que dans les trois villages qui entourent le poste, chaque propriétaire d'un cheval le met à l'abri, en dehors des heures de pâturage, dans une case presque hermétiquement fermée ; les insectes seront toujours une des plus grandes plaies de l'Afrique tropicale.

15 septembre. — Arrivée du lieutenant d'artillerie Rupied, en route sur Ati, où il va prendre le commandement de la batterie d'artillerie, en remplacement de Blard. Ainsi que nous l'avions prévu, Rupied, retardé par la nécessité de faire transiter les caisses encombrantes d'armes et de munitions dont il avait la responsabilité, a mis cinq mois à venir de Brazzaville à Fort-Lamy. Il apporte, outre les cartouches, des fusils Lebel de rechange, puis un stock de carabines de cavalerie suffisant pour renouveler presque complètement l'armement de toutes les troupes montées à cheval ou à mehari ; à chacune de ces armes est adaptée une baïonnette du modèle Lebel. Loué soit le chef qui eut l'heureuse idée de doter de cette nouvelle arme blanche cavaliers et méharistes ! A Dieu ne plaise que je veuille renier chez notre arme la valeur de sa puissance de choc, de sa vitesse et de sa mobilité, mais en Afrique, plus encore qu'en Europe, les occasions se présentent à chaque instant du combat à pied ; tous les règlements sont unanimes aujourd'hui à proclamer que l'emploi de la carabine, combiné avec le mode d'action normal de la cavalerie, ne peut « qu'assurer son indépendance et développer ses qualités offensives ». L'importance de ce rôle admise, assurée de la façon la plus formelle, pourquoi donc ne pas mettre dans les mains de chaque cavalier le gros atout que sera, dans quantité de circonstances, la baïonnette au bout de son arme à feu, le combat de Djoua vient de m'en donner un rude exemple ?

Dans le courant de la semaine, j'ai libéré cinq Sénégalais arrivés au terme de leur engagement ; tous servaient au Tchad depuis huit à dix ans. Cela fait mal au cœur de voir le Territoire militaire dépossédé de pareils soldats, alors qu'il en a tellement besoin pourtant. Dans moins de deux ans, les soixante-huit spahis survivants auront disparu tour à tour. Une raison invalable que celle mise en avant pour la suppression de notre belle unité : trop peu souvent, a-t-on objecté, elle remplit, dans ces dernières années, son rôle par le fer. Eh bien ! mais quand il serait condamné à ne plus jouer son rôle que par le feu, quand sa valeur ne résiderait plus que dans les randonnées, portant rapidement, aux points voulus, les carabines qui ont meurtri les dos de longues heures en trinquebalant, l'escadron de cavalerie passera, aboutira là où la compagnie montée serait impuissante ; si même l'unité d'infanterie montée vient à bout d'un premier effort requis, — l'expérience l'a fréquemment démontré, — c'est à un prix tel qu'il faut un long temps avant qu'on puisse en risquer un nouvel emploi. Un exemple, parmi beaucoup d'autres que je pourrais citer : au mois d'août de l'an dernier, les trente spahis du lieutenant Labon furent appelés à coopérer à un raid en territoire ouadaïen, organisé par le capitaine commandant la 3e compagnie à Melfi ; de la vitesse de marche dépendait le succès ; on résolut de faire monter à cheval le plus grand nombre de tirailleurs ; le poste avait en réserve pour ces occasions une quarantaine de chevaux. Après huit jours de marches très pénibles, le détachement rentre à Melfi ; un mois et demi après j'y passais moi-même, on se le rappelle ; les chevaux de la compagnie me furent présentés : vidés, couverts de blessures graves, pitoyables, les malheureux animaux étaient immobilisés certainement pour plusieurs mois encore. Quelques jours plus tard, à Abouraï, je constatai dans le peloton Lebon deux chevaux touchés légèrement par la selle, tout le reste dispos. Des deux outils employés pour cet ouvrage, l'un avait la trempe nécessaire ; l'autre, ne la possédant pas, s'était ébréché, faussé.

10 septembre. — La fatalité continue à s'acharner sur les Européens du poste de Bokoro ; le sergent commandant la section de tirailleurs est alité depuis une quinzaine ; le commandant Julien, anémié, très fatigué, ne peut plus quitter sa chaise longue, et le docteur Cottard, au commencement de cette semaine, a été brutalement mis bas, par un violent accès de fièvre ; enfin, Guerry, très vigoureux mais parvenu à la fin d'une troisième année de séjour au Tchad, est cloué, lui aussi, sur son lit, par le paludisme, depuis avant-hier. Il est reconnu que les organismes européens sont particulièrement vulnérables par le fléau, pendant la période des pluies ; et puis, « L'arc d'Apollon lui-même ne peut toujours rester tendu », disaient les Anciens ; le mal trouve aujourd'hui d'autant plus facilement le défaut de la cuirasse que la tension nerveuse, causée par notre vie revêche et miséreuse depuis plusieurs mois, a amené chez nous un affaissement physique très sensible.

Le caporal infirmier Musset nous soigne à tour de rôle avec un dévouement inlassable.

J'ai envoyé un courrier rapide au médecin-major Cartron à Fort-Lamy ; l'état de Cottard inspire, en effet, les plus vives inquiétudes : la fièvre, très forte, ne le quitte pas ; le diagramme des températures prises depuis le premier jour de sa maladie n'en accuse pas au-dessous de 38°8, et presque tous les soirs le thermomètre monte jusqu'à 40°, malgré trois ou quatre injections de quinine. Notre malheureux camarade, avant de venir au Tchad, a passé en France six mois de repos seulement consécutifs à un pénible séjour à Madagascar ; il est tellement affaibli qu'il ne nous reconnaît plus ; la nuit dernière il remplissait le camp de cris arrachés par le délire.

Le docteur Cartron, accomplissant un vrai raid, est arrivé à Bokoro dans l'après-midi du quatrième jour après celui de son départ de Fort-Lamy. Il a trouvé l'élément européen du poste en aussi pîteux état ; période noire toujours : Guerry est debout maintenant, mais j'ai dû m'aliter encore. Le docteur Cartron a diagnostiqué chez Cottard et moi des symptômes de typho-malaria ; c'est la première fois que la maladie fait son apparition au Tchad.

Le docteur n'a pas voulu me dissimuler que je suis « bien touché ». Il faut rentrer au pays, a-t-il dit, partir dès que les forces seront suffisantes pour me porter à la côte. Diagnostic et arrêt sont durs, mais je n'en sens que trop le bien fondé et une exaspération me vient de me voir abattu par cet ennemi que vingt-cinq siècles après Hippocrate n'ont su dompter. Encore une fois, comme en 1906, lorsqu'il fallut, à Fort-Millot, quitter ma smalah, me voici à même de constater les liens secrets et serrés étroitement qui m'y attachent. Faut-il donc l'avouer ? O mystérieuse organisation humaine qui m'est une excuse ! O philtre étrange de cette terre prenante qui arrive à vous refaire une âme selon la formule d'Allah ! Combien ils paraissent éteints, étrangers à ma vie, ces échos parvenus tous les quarante jours de France : procès scandaleux, faits divers, tournois parlementaires, nouvelles à sensation et à grandes manchettes. Je n'ai presque plus de réminiscences des choses loin, si loin là-bas, au nord de nous ; je ne regrette rien, je ne désire rien, sinon conserver le présent : poste, secteur, beaux soldats, continuer à me laisser aller au charme de cette vie errante, indépendante, du corps-à-corps journalier avec la peine et la médiocrité, toujours suivi, en compensation, de cette satisfaction intime qui succède aux grandes dépenses d'effort et de volonté.

Avec beaucoup d'émotion refoulée, l'âme en deuil, il a donc fallu que je m'en aille, le 30 octobre au matin ; pour ne pas reculer le moment de la séparation, je n'ai pas voulu que Guerry m'accompagne, même un bout de piste, avec les spahis. A travers les chapelets de mares, les bahars remplis à pleins bords, huit jours d'étapes m'ont mené à Fort-Lamy. Au dernier campement avant ce poste, je me suis rencontré avec le capitaine Figenschue, arrivant de France et allant remplacer le capitaine Mongin à la tête de la com-

LES PIROGUES KOTOKO DU CHARI, A LA PROUE RETROUSSÉE COMME CELLE D'UNE GALÈRE...

DÉMARRAGE D'UN POSTE FLUVIAL DU CHARI.

(Photo lieutenant Potter, Cliché Tour du Monde, Hachette.)

pagnie d'Ati. Un personnage qui ne saurait passer inaperçu, le capitaine Figenschue : long de partout, efflanqué, un profil d'aigle, des escarboucles sous les paupières, la parole saccadée, les nerfs à fleur de peau ; une de ces organisations dont on dit qu'en elles la lame use le fourreau. Nous avons joint nos provisions. A la mi-nuit, il m'interrogeait toujours, aussi avidement, sur les moindres détails de ce qui se passa depuis six mois dans ce couloir du Bat-Ha, bien étroit, semble-t-il, pour contenir le désir d'activité qui brûle mon auditeur.

En retour j'ai des nouvelles des compagnons de voyage de l'an dernier : le 6 septembre, sur l'ordre du lieutenant-colonel Millot, le capitaine Cellier, à la tête d'une colonne de 112 méharistes, prenait la route du Borkou, au nord du cercle du Kanem qu'il commande. Vingt et un jours de marches pénibles dans la zone saharienne, le mènent à la Zaouïa d'Aïn-Galakha, principal repaire des Senoussistes. Le 26 septembre, à sept heures du matin, il donne l'ordre d'attaque ; mais en vain nos tirailleurs s'élancent contre le blockhaus, essaient d'en gravir les murs ; une fusillade meurtrière en a couché bientôt trente-cinq sur le sable ; quinze sont morts ; le lieutenant Langlois a le bras traversé, le sergent Désandré l'épaule brisée. Huit jours, la colonne reste au Borkou, espérant vainement entraîner l'ennemi hors de son enceinte. La pénurie de vivres, d'eau, l'oblige à se mettre en retraite. Depuis quelques jours seulement elle est de retour à son poste, après avoir parcouru plus de six cents kilomètres dans le pays de la soif. Chaque opération militaire dans ce Tchad est un tour de force !

Le 1er novembre, avec MM. Willotte et Lagroa, adjoints à l'Intendance, je m'embarquais à Fort-Lamy sur le chaland en fer la *Marie-Rose*, amené par M. Gentil à sa deuxième expédition. Vingt hommes armés de perches font remonter à cette masse, chargée à quatre tonnes, le courant du Chari, qui atteint près de trois nœuds à cette époque de sa plus grande crue. Êtres humains réduits à l'état de colis, sans plus d'influence sur la direction de nos personnes, nous sommes demeurés, jusqu'à Fort-Archambault, vingt-deux jours dans la torpeur du chimbek, sans préoccupation autre que de nous demander à quel jour nous passerons les postes intermédiaires : Fort-de-Cointet, Fort-Bretonnet, Damraou ; si nos repas comporteront la boîte de cornedbeaf ou celle de sardines ; sans aucun incident de route digne d'être rapporté. Si pourtant : après Fort-Bretonnet nous croisâmes une centaine de ces grandes pirogues kotoko, faites de planches assemblées, cousues ensemble et à la proue retroussée comme celle d'une galère ; l'une d'elles, en tête, était montée par deux Allemands ; debout près du chimbek, vêtus et casqués de blanc, ils nous saluèrent au passage du salut le plus rigide et le plus correct ; en arabe, l'un des pagayeurs de leur équipage cria au nôtre : « Nous venons de Miltou ». Miltou est un des points les plus peuplés des rives du Chari où les Allemands avaient construit un poste ; des arrangements récents, à la suite de travaux d'une commission de délimitation, nous ont donné une partie de la rive sur laquelle il s'élevait. Le lendemain, nous en longeâmes l'emplacement : les Allemands aussitôt opéré leur déménagement avaient fait place nette par le feu. Deux jours après, à Damraou, le sergent commandant le poste nous expliqua : le chef d'un des principaux villages avoisinant Miltou et placés, depuis leur francisation, sous son autorité, venait de l'avertir que les Allemands n'ayant pu décider les indigènes à abandonner la terre devenue française, avaient, en manière de représailles, incendié, non seulement le poste, mais les récoltes et une partie des villages. Vraiment, il est difficile de mieux imposer son souvenir en prenant congé.

Après un court séjour à Fort-Archambault, dix-neuf journées de baleinière nous ont fait côtoyer les berges désertes, inondées du Gribingui, nous déhalant dans l'enchevêtrement des troncs effondrés, retrouvant le soir les bivouacs boueux de l'année dernière. Les blancs lacets de la route d'étapes se dévidèrent ensuite à rebours ; pas un rail n'y a lui encore et les écuries de ses postes sont toujours pauvres en chevaux.

Puis sont venus l'Oubangui et le Congo : les rapides mugissants, passés en flèche cette fois, la plèbe nue cannibale, les grandes avenues d'eau roussâtre emprisonnées entre les tristes fouillis ténébreux, les cieux pommelés, les buées nocturnes qui excitent la débauche de végétation, les factoreries blanches ombragées de palmiers avec les avenues de papayers, de cactus et de baobabs difformes ; tout un dépaysement d'avec les savanes arides, le ciel sans une tache, le soleil dessiccant, les populations fières que nous avons quittés.

A Brazzaville, mon état de santé fut jugé tel qu'il ne pouvait me permettre l'attente du paquebot français mensuel partant dans trois semaines seulement de Matadi. Huit jours après mon arrivée dans la capitale du Congo français, j'avais mon *exeat* définitif, et le 1er février je m'embarquais sur le paquebot anglais battant pavillon belge l'*Albertville*. Là, un dépaysement encore, mais en sens inverse : une première impression d'Europe, très vive, venue de ces grands mâts, des casquettes galonnées, des tenues des mathurins infiniment plus impeccables que la mienne, des figures glabres qui circulent entre les petites tables correctement drapées de blanc, chargées de leur vaisselle brillante, des sons de l'orchestre jouant en sourdine dans l'entrepont, du lit retrouvé enfin, un vrai lit.

Aucun intérêt commercial n'arrête l'*Albertville* sur la côte d'Afrique.

Quelquefois une terre qui défile à l'horizon, basse et plate, soulignée par le rais d'argent de la « barre », dentelée des plumeaux de quelques cocotiers, jette un imprévu dans les journées vides, les longs moments d'inertie entre ciel et eau.

Une escale à Sierra-Leone pour refaire la provision de charbon interrompt notre balancement sur la longue houle, très supportable, de l'Atlantique, parmi les bancs de poissons volants et les ébats de centaines de marsouins; une station encore à Dakar, la ville neuve poudreuse, importante déjà de par son port, appelé bientôt à abriter des flottes de guerre ; et, aussitôt quittée la nouvelle capitale de l'Afrique occidentale française, on a la sensation que l'on entre dans les pays septentrionaux : le soc de l'*Albertville* ne déchire plus que des eaux vert sombre ; la lumière fuit, se décolore peu à peu, devient tout à fait glauque ; on peut se libérer du casque. Les alizés nous ont abandonnés ; sous un coup de vent de nord-ouest le paquebot roule bord sur bord, tangue lourdement, l'hélice affolée hors de l'eau, toute la coque de fer gémissant sous l'assaut furieux des « paquets de mer ».

Le vingt-deuxième jour après avoir quitté l'embouchure du Congo, à sept heures du matin, la côte de France se devine enfin, infime, écrasée sous de gros nuages qui roulent et s'entassent, porteurs de tempête ; la mer s'est couverte de mouettes et de gros goélands, escorte d'une escadrille de bateaux pêcheurs. Un vent aigre, glacé, siffle à travers les cordages qui vibrent comme des cordes à violon ; il soufflète le visage, soulève une poussière d'écume à la crête des vagues. L'aube, pour s'être affirmée, n'en reste pas moins grise, brouillée, maussade.

Sous l'effort des hélices, les encâblures s'ajoutent aux encâblures ; accoudé au bastingage, transi dans les plis de mon burnous, je contemple pour la première fois les grandes jetées du port de la Palice sur les blocs desquelles les grosses vagues déferlent en mugissant, sa passe étroite, la forêt de ses mâts derrière lesquels la Rochelle dort encore dans un suaire de neige Quelques rayons d'un misérable soleil filtrent seuls à travers deux nuages noirs menaçants. Que tout cela m'apparaît terne, triste, après les orgies de lumière de là-bas, où le moindre coin triste l'est de tristesse ensoleillée !...

L'*Albertville* a mouillé à deux milles ; au signal de son canon, un gros remorqueur a franchi la passe et force de vapeur vers nous, secoué comme un jouet par les lames. C'est sur son pont, et non sans difficultés, que se fait le transbordement de ma personne et de mes bagages, et c'est lui qui me conduit dans le brouhaha grisant du port et de la gare qui s'éveillent et s'animent, parmi les gens qui s'empressent avec des regards curieux, dans les sifflets des vapeurs et des locomotives, le gémissement des sirènes, les grincements des treuils et des grues, le déroulement des poulies. Je suis en pays civilisé, au pays natal ; des flocons de neige tombent du triste ciel gris, allant grossir l'épais manteau qui pèse sur le sol ; un regard sur la haute mer me montre les panaches de fumée noire qui s'échappent des cheminées de l'*Albertville*, ma dernière prison flottante, déjà en marche pour Southampton, sa dernière escale avant Anvers.

Aujourd'hui que j'ai fini de mettre en ordre ces dernières notes, tout cela me semble si loin et si près ! Le rêve tropical ne s'est pas évanoui : les êtres chers retrouvés, la reprise du train-train familier de jadis n'empêche pas que s'évoque le souvenir des camarades restés là-bas à la peine, des soldats si dévoués, des femmes coquettes et rieuses, des chevauchées sur les ardents petits chevaux toujours frémissants ; des bivouacs dans les nuits tièdes, délicieusement claires, peuplées de lucioles, vibrantes du cri de l'animal roi ; des régions vierges ardemment explorées ; des heures de solitude même où l'on s'écoute vivre et penser.

Et d'ailleurs, si j'avais pu oublier, ne les auraient-elles pas vite réveillés, ces souvenirs, les nouvelles parues récemment coup sur coup de la continuation de ce formidable effort d'une poignée d'hommes au cœur de l'Afrique ; elles ont malheureusement peuplé mon passé souriant de fantômes : aussitôt la saison des pluies terminée, la marche vers l'est des troupes d'Ati se continuait sur la ligne du Bat-Ha ; Acyl quittait Barouella pour s'installer à Birket-Fatmé. Doudemourrah se préparait à l'y attaquer quand le capitaine Figenschue le prévint en surprenant, après deux marches forcées, ses bannières concentrées à une journée d'Abécher. Après trois heures et demie de combat livré, de notre côté, avec cent quatre-vingt-quinze tirailleurs et une section d'artillerie, les Ouadaïens étaient rejetés sur leur capitale. Le capitaine Figenschue a été grièvement blessé ; le lieutenant Bourreau le remplace et, le lendemain, après un vigoureux engagement, emporte Abécher d'assaut.

Ce beau succès semblait inaugurer définitivement une ère de paix ; il avait été le signal de soumissions nombreuses ; Abécher avait reçu une forte garnison. Mais, le 4 janvier 1910, le capitaine Figenschue était attiré dans un guet-apens par Taggedin, sultan du Dar-Massalit, un de ces états esclavagistes du Dar-Four, aux intérêts desquels notre occupation d'Abécher ne pouvait que porter un coup mortel ; et, dans cette lamentable affaire, sont tombés, massacrés dans le lit du Bat-Ha, le capitaine Figenschue, le lieutenant d'artillerie Delacommune, le lieutenant de cavalerie Vasseur, le sergent d'infanterie coloniale Béranger, le maréchal des logis de cavalerie Breuillac et cent quatre-vingt-dix hommes ; deux tirailleurs, échappés par miracle à la tuerie, furent seuls à venir rapporter à Abécher comment les autres avaient su mourir. Un grand nombre des spahis, occupés à parer aux coups de rezzous senoussistes contre nos nomades du Kanem, ont ainsi été sauvés de l'hécatombe, j'avoue ma satisfaction égoïste en l'apprenant ; mais dans quelle affliction m'a jeté, malgré tout, la nouvelle de l'anéantissement de cette superbe compagnie du bataillon du Tchad, que, deux fois, j'eus le bonheur d'admirer au feu.

Ce que j'ai dit au cours de ces pages des troupes noires que j'ai eu l'honneur de commander a déjà indiqué en quelle haute estime je les tiens. Nous avons dans nos troupes sénégalaises et soudanaises un instrument guerrier remarquable, des soldats de premier ordre, qu'ils soient spahis, méharistes, tirailleurs ou canonniers. Ils sont merveilleusement doués au point de vue militaire, ce qui en fait l'instruction aisée ; ils acquièrent promptement non seulement le sens de la guerre, mais aussi le sens de la manœuvre, si rare chez les primitifs ; livrés à eux-mêmes, ils prennent au plus haut degré le sentiment de leur responsabilité. En veillant rigoureusement à l'observation d'une discipline sévère, intelligente, juste surtout, en s'affirmant toujours à eux comme un chef calme, maître de lui et d'humeur égale, en s'adressant à leur amour-propre, le sentiment le plus vif chez eux, on arrive très vite à des résultats surprenants : les épopées soudanaises sont pleines d'exemples de levées, au moment d'une campagne, de soldats dont l'instruction commençait au départ de la colonne et se poursuivait en cours de route ; lorsque deux mois après, quelquefois moins, on prenait contact avec l'ennemi, ces auxiliaires de fortune se comportaient de façon à mériter tous les éloges, montrant une bravoure à toute épreuve, des aptitudes manœuvrières naturelles, une résistance physique considérable leur permettant de parcourir de suite de nombreuses étapes de soixante, soixante-dix et même quatre-vingts kilomètres ; une endurance extrême aux privations. Le soldat noir, — ici je réponds à une critique faite communément, — est tout aussi bon tireur que le blanc ; il possède, du reste, les qualités maîtresses pour la bonne exécution du tir : vue excellente, carrure solide, maîtrise des nerfs ; l'emploi de la hausse est la seule difficulté, à cause de la lecture des distances, de son instruction sur ce point ; avec de la patience on arrive à la faire pratiquer couramment.

J'ai montré comment il manœuvrait sous le feu le plus vif, avec un calme et une crânerie admirables, pour déployer à l'effort final tout son entrain et toute sa fougue. Le dévouement au chef est absolu : le blanc est le drapeau des soldats sénégalais-soudanais ; il faut les avoir vus au milieu des fatigues d'une campagne et surtout au combat pour savoir de quelles marques de confiance et de dévouement ils sont capables : jamais je n'oublierai les regards que me jetèrent les spahis ou tirailleurs blessés tombés près de moi.

Un livre vient de paraître, *la Force Noire*, qui pourrait porter en sous-titre celui de « Livre d'or des soldats noirs » ; le colonel Mangin qui en est l'auteur, bien qualifié pour connaître les troupes du centre-africain, fait justement remarquer que leurs qualités guerrières sont, avant tout, le résultat de l'hérédité. On constate leur valeur au cours des combats du moyen âge, aussi bien que dans les campagnes coloniales des XIXe et XXe siècles ; il faut lire leurs prouesses exaltées par les Archinard, les Galliéni, les Baratier, les Monteil, les Lartigue, et tant d'autres, au cours du récit des magnifiques épopées dont ils furent les héros. On les retrouve sur les champs de bataille des armées contemporaines : nos bataillons de tirailleurs d'Algérie comprenaient, à l'origine, un tiers, beaucoup plus souvent, de leur effectif, de noirs originaires du Soudan. Le bataillon qui représenta pendant plusieurs années les tirailleurs algériens dans la garnison de Paris était presque entièrement composé de noirs ; la plupart des Français croyaient, à cette époque, que les *turcos* étaient tous de cette race. Un régiment de marche de ces turcos fait toute la campagne de Crimée ; à Inkermann il perd six officiers et cent quarante-quatre hommes, cinq cent trente hommes au Mamelon-Vert, deux cent soixante et onze à Malakoff, et se couvre de gloire dans ces affaires.

En 1859, pendant la campagne d'Italie, le corps du maréchal Mac-Mahon compte un régiment de tirailleurs, qui perd deux cent cinquante hommes à Magenta. Au Mexique, un de leurs bataillons prend deux drapeaux ennemis à San-Lorenzo.

En 1870, trois régiments sont à l'armée du Rhin, trois escadrons de spahis à l'armée de la Loire ; sur les neuf mille cinq cents hommes de ces contingents indigènes, trois mille étaient noirs ; on sait leurs prouesses à Wissembourg, Frœschwiller, Sedan ; ils se distinguent encore à Toury, Artenay, Maizières, Héricourt, aux sièges de Strasbourg, Thionville et Bitche. A propos de cette charge à la baïonnette des turcos à Frœschwiller, charge restée légendaire, le général Bonnal, témoin et acteur dans cette bataille où il fut blessé comme lieutenant, écrit : « Les rédacteurs de l'historique allemand ont eu honte d'avouer que quinze cents turcos, entraînés par des cadres français, ont infligé à dix mille ou quinze mille soldats prussiens une véritable panique, et, plutôt que de raconter une telle défaillance, ils ont altéré la vérité. » En effet, l'historique officiel allemand, pour expliquer le mouvement de recul précipité du 11e corps et d'une partie du 5e corps prussien, place la charge du 1er turcos avant celle des cuirassiers de la division de Bonnemains et suppose qu'elle fut exécutée par « des masses considérables d'infanterie ».

A tous ces beaux faits d'armes veut-on me permettre d'ajouter un plus humble appoint ? Le général commandant les troupes de l'Afrique occidentale française, auxquelles sont rattachées celles du Congo, vient d'adresser à tous les officiers et sous-officiers qui prirent part aux combats de Dokodji et de Djoua, un exemplaire des *Ordres généraux* parus à leur occasion. Parmi vingt citations notons celles-ci :

Matar-Diop, caporal à la 1re compagnie : « Commandant une escouade isolée, a montré la plus grande énergie, le plus grand sang-froid, un entier mépris du danger, commandant sa troupe comme à l'exercice, et maintenant l'ordre, la cohésion, la discipline du feu. »

Boubou-Diallo, sergent de la 1re compagnie : « A, pendant tout le combat, montré la plus grande bravoure, la plus grande énergie, commandant de façon parfaite sa section, maintenant chez les tireurs l'ordre et le calme et se signalant particulièrement lors de l'assaut final dans lequel il entraîna ses hommes avec une rare vigueur. »

Il en est d'autres plus éloquentes encore :

Le sergent Mamady-Kamara : « Blessé à l'avant-bras, a continué à seconder l'adjudant chef de sa section. »

Le sergent Bakhary-Keïta : « Blessé à la main, est resté à la tête de sa section, employant son autorité à maintenir ses hommes placés en réserve qui voulaient, sans cesse, aller de l'avant. »

Le tirailleur de 1re classe Kartago : « A désarmé et déséquipé un camarade mortellement blessé, l'a transporté à l'ambulance et est revenu aussitôt à sa place de combat. »

Le 2e canonnier conducteur Saboun : « Frappé d'une balle dans le dos en mettant le feu à sa pièce, et jeté à terre par le choc d'une seconde balle qui s'était écrasée sur son mousqueton, lui criblant le côté d'éclats de plomb, a réoccupé son poste après avoir repris connaissance et n'a plus voulu le quitter jusqu'au retour ; a voulu faire, le soir même, toute l'étape de Djoua à Ati, appuyé sur un bâton. »

Le tirailleur de 2e classe Boubou-Samaké : « Ayant eu la jambe brisée, a continué à combattre avec énergie jusqu'au moment où sa section s'est portée en avant. »

Le tirailleur de 1re classe Bemba-Diarra : « Blessé grièvement à la tête, crachant le sang à flots, demandait encore son fusil pour combattre et refusait de quitter la ligne de combat. »

Le tirailleur de 1re classe Moribani : « Blessé au pied, a cependant continué à combattre et à commander son escouade avec énergie. »

Le tirailleur de 2e classe Kalifari-Bandabou : « Blessé à l'avant-bras droit, a cependant continué à combattre. »

Le spahi de 2e classe Mohamet-Djellaba : « Grièvement blessé au pied dès le début du combat, a continué, sur sa demande, à combattre pendant quatre heures. »

Le spahi de 1re classe Arouna-Ba : « S'est particulièrement distingué par son calme et sa bravoure sous le feu le plus violent ; blessé grièvement, a continué le combat pendant quatre heures. »

Tels sont les soldats que, dans son beau et bon livre, le colonel Mangin propose à notre recrutement national. On connaît les grandes lignes de cette organisation de troupes noires, idée depuis longtemps très chère à tous les Africains, qu'il vient de faire rebondir et qui prend corps de façon sérieuse : elle a pour but immédiat le maintien de nos effectifs actuels, compromis par l'abaissement de la natalité française ; elle constitue en Afrique occidentale un réservoir d'hommes instruits et entraînés où la nation pourrait puiser, pour une action extérieure, à un moment où elle aurait besoin du concours de toutes ses forces disponibles ; elle permet l'augmentation de nos régiments de tirailleurs algériens qui coopéreront au même but ; dès le temps de paix, environ trente mille Français, actuellement en Algérie, peuvent être ramenés en France.

La population de l'Afrique occidentale française dépasse aujourd'hui dix millions d'habitants ; cette population nous a donné de cinq mille à sept mille hommes par an en ces dernières années ; on pourrait facilement, dès maintenant, lui en demander dix mille.

Une loi de finances vient de décréter la création d'un corps de vingt mille tirailleurs sénégalais qui seraient stationnés par moitié en Afrique occidentale et septentrionale. En Afrique septentrionale, il permet la constitution de quatre régiments à trois compagnies de huit cents hommes, un par province algérienne et un en Tunisie. Déjà un bataillon est stationné en Algérie depuis le mois de mai 1910 ; seize cent cinquante tirailleurs ont été levés en Afrique occidentale où ils s'instruisent, afin de pouvoir former en 1911 deux nouveaux bataillons qui iront rejoindre le premier et constituer avec lui un régiment.

L'organisation des troupes noires est donc en voie de réalisation. Néanmoins, comme tout projet, elle rencontre bien des objections, plus que tout autre et plus aisément, vaut-il mieux dire ; en dehors des cercles coloniaux, le grand public est, en effet, si peu ou si mal renseigné sur les plus belles pages des épopées africaines ; à côté des ignorants, des sceptiques, sont les gens mal disposés de parti pris ; une propagande patiente autant qu'hostile, encore plus que la routine ennemie des innovations, a beau jeu d'abuser une opinion mal préparée. Ne venons-nous pas de voir taxer de folie l'exploit du lieutenant Bourreau à Abécher, passer au crible de la critique les victimes du guet-apens de Bir-Taouil ?... Folie ?... si l'on veut, que cette guerre par petits paquets perdus, où l'on trouve moyen cependant d'être le plus souvent vainqueur, un contre vingt ou trente, ou de savoir tomber glorieusement; folie ?... que ce défi continuel jeté à la prudence, mais, du moins, folie héroïque et bien française, folie inspirée par un idéal jamais oblitéré là-bas.

Une lettre venue du Tchad vient de m'apporter des détails sur le désastre navrant du 4 janvier. Je n'en avais pas besoin pour me porter garant que tous ceux qui y ont été fauchés ont perpétué une fois de plus les traditions de bravoure, de dévouement et de discipline de leurs aînés, atténuant ainsi de façon considérable la portée du drame ; la meilleure preuve n'en est-elle pas dans le fait, pour l'ennemi, de n'avoir pas osé, profitant de son succès, aller se mesurer de front avec les cent cinquante hommes que l'on a pu trouver, en dégarnissant plusieurs postes, pour réoccuper Abécher en hâte. Ces détails de l'affaire de Bir-Taouil vont être, dans quelques jours sans doute, officiellement connus, et la cruelle leçon, au moment où l'on discute la question des troupes noires, aura du moins ce résultat de mettre dans la main de ses défenseurs un nouvel argument puissant ; il n'aura pas ainsi été inutile le sacrifice de ces vaillants, humbles héros noirs que salue bien bas, leur ancien lieutenant.

ERRATA

Pages 19, 20, 21, *Thgsville* au lieu de *Thiesville*.
Page 48, ligne 23, *auquel* au lieu de *que*.
Page 105, ligne 11, l'*Histoire ancienne* au lieu de l'*Histoire sainte*.

TABLE DES MATIÈRES

Poitiers. — Société française d'Imprimerie

www.ingramcontent.com/pod-product-compliance
Ingram Content Group UK Ltd.
Pitfield, Milton Keynes, MK11 3LW, UK
UKHW020603230726
13926UKWH00005B/2173

9 782013 275415